Jörg Wöltje

Jahresabschluss
Schritt für Schritt

UVK Verlagsgesellschaft mbH · Konstanz
mit UVK/Lucius · München

Prof. Dr. Jörg Wöltje lehrt an der Hochschule Karlsruhe – Technik und Wirtschaft – und ist Verfasser einer Vielzahl von Wirtschaftsbüchern.

Online-Angebote oder elektronische Ausgaben sind erhältlich unter www.utb-shop.de.

Bibliografische Information der Deutschen Bibliothek

Die Deutsche Bibliothek verzeichnet diese Publikation in der Deutschen Nationalbibliografie; detaillierte bibliografische Daten sind im Internet über <http://dnb.ddb.de> abrufbar.

© UVK Verlagsgesellschaft mbH, Konstanz und München 2015
Einbandgestaltung: Atelier Reichert, Stuttgart
Cover-Illustration: © branchecarica – Fotolia.com
Druck und Bindung: fgb · freiburger graphische betriebe, Freiburg

UVK Verlagsgesellschaft mbH
Schützenstr. 24 · 78462 Konstanz
Tel. 07531-9053-0 · Fax 07531-9053-98
www.uvk.de

UTB-Nr. 8595
ISBN 978-3-8252-8595-1

UTB 8595

Eine Arbeitsgemeinschaft der Verlage

Böhlau Verlag · Wien · Köln · Weimar
Verlag Barbara Budrich · Opladen · Toronto
facultas.wuv · Wien
Wilhelm Fink · Paderborn
A. Francke Verlag · Tübingen
Haupt Verlag · Bern
Verlag Julius Klinkhardt · Bad Heilbrunn
Mohr Siebeck · Tübingen
Nomos Verlagsgesellschaft · Baden-Baden
Ernst Reinhardt Verlag · München · Basel
Ferdinand Schöningh · Paderborn
Eugen Ulmer Verlag · Stuttgart
UVK Verlagsgesellschaft · Konstanz, mit UVK/Lucius · München
Vandenhoeck & Ruprecht · Göttingen · Bristol
vdf Hochschulverlag AG an der ETH Zürich

Vorwort

Liebe Leserinnen und Leser,

der Jahresabschluss hat für jedes Unternehmen eine sehr große Bedeutung. Er besteht mindestens aus einer Bilanz und einer Gewinn- und Verlustrechnung und dient dazu, der Unternehmensleitung einen klaren Einblick in die Vermögens-, Finanz- und Ertragslage des Unternehmens zu gewähren. Ferner ermöglicht der Jahresabschluss auch Gläubigern, Anteilseignern, Investoren oder anderen Interessenten, sich einen Überblick über die wirtschaftliche Lage eines Unternehmens zu machen. Der Jahresabschluss zeigt den Analysten, wie erfolgreich ein Unternehmen gewirtschaftet hat. Aus diesem Grund ist es so wichtig, dass man einen Jahresabschluss lesen und verstehen kann.

Um einen Jahresabschluss beurteilen zu können, ist es sehr wichtig, zu wissen, welche Möglichkeiten es beispielsweise gibt, den Vermögensausweis und den Gewinn zu beeinflussen. Daher wird in diesem Buch besonders auf die Posten der Bilanz sowie der Gewinn- und Verlustrechnung eingegangen. Denn um den richtigen Wert eines Postens in der Bilanz anzusetzen (= bilanzieren), ist es nicht nur wichtig, die Vermögensgegenstände und Schulden nach ihren verschiedenen Arten aufzuteilen, sondern auch zu bestimmen, wann und wo sie mit welchem Wert ausgewiesen werden müssen. Ziel dieses Lehr- und Arbeitsbuches ist es, die Grundlagen des Jahresabschlusses, aber auch die Bilanzpolitik und die Jahresabschlussanalyse verständlich, spannend und übersichtlich zu erläutern.

Dieses Lehr- und Arbeitsbuch eignet sich für Studierende an Universitäten, Hochschulen und Akademien, aber auch für das Selbststudium und die Weiterbildung. Das vorliegende Buch vermittelt in verständlicher und übersichtlicher Weise die Grundkenntnisse der Bilanzierung, der Bewertung, der Bilanzpolitik und der Jahresabschlussanalyse. Nachdem Sie das Buch gelesen haben, werden Sie in der Lage sein, eine Bilanz zu lesen und zu analysieren.

Bei diesem Lehr- und Arbeitsbuch wurde besonderer Wert auf die Didaktik gelegt.

- Die Lernziele werden zu Beginn eines jeden Kapitels beschrieben.
- Mithilfe von Übersichtsschaubildern, Ablaufdiagrammen, Zusammenfassungen und Merksätzen wird das Lernen erleichtert und das Einprägen des Lernstoffes gefördert.
- Es gibt zahlreiche Beispiele und sehr viele Übungsaufgaben zur optimalen Lernerfolgssicherung und zur Kontrolle des Lernerfolgs – sowohl im Buch integriert als auch online unter www.uvk-lucius.de/schritt-fuer-schritt.
- Die Lösungen zu allen Übungsaufgaben finden Sie ebenfalls online unter www.uvk-lucius.de/schritt-fuer-schritt.

Bedanken möchte ich mich bei meinen Studierenden der Studiengänge „International Management" und „Wirtschaftsingenieurwesen" an der Hochschule Karlsruhe für ihre wertvollen Hinweise und Anregungen. Ferner bedanke ich mich bei Maren Braun, Claudius Buchberger, Michaela Göggel, Nadja Hösel und Marius Krämer für ihre Unterstützung. Herrn Dr. Jürgen Schechler vom UVK-Verlag danke ich für die tolle Zusammenarbeit.

Da ich für Anregungen und Verbesserungsvorschläge immer sehr dankbar bin, möchte ich Sie, liebe Leserinnen und Leser bitten, Ihre Hinweise direkt an mich zu richten (E-Mail: joerg.woeltje @t-online.de).

Vielen Dank im Voraus für Ihre Unterstützung sowie viel Freude und Erfolg beim Lernen.

Karlsruhe, im Oktober 2014   Jörg Wöltje

Inhaltsübersicht

Inhalt

Abkürzungsverzeichnis

A	Aktiva
AB	Anfangsbestand
Abs.	Absatz
a. F.	alte Fassung
AfA	Absetzung für Abnutzung
AfaA	Absetzung für außergewöhnliche Abnutzung
AfS	Absetzung für Substanzverringerung
AG	Aktiengesellschaft
AktG	Aktiengesetz
AK	Anschaffungskosten
AHK	Anschaffungs- oder Herstellungskosten
aLuL	aus Lieferungen und Leistungen
ANK	Anschaffungsnebenkosten
AO	Abgabenordnung
ARAP	aktiver Rechnungsabgrenzungsposten
Art.	Artikel
AV	Anlagevermögen
AW	Anschaffungswert
BA	Bundesanzeiger
BB	Der Betriebs-Berater
BBK	Zeitschrift für Buchführung, Bilanzierung, Kostenrechnung
BetrAVG	Gesetz zur Verbesserung der betrieblichen Altersversorgung (Betriebsrentengesetz - BetrAVG)
BewG	Bewertungsgesetz
BfF	Bundesamt für Finanzen
BFH	Bundesfinanzhof
BGA	Betriebs- und Geschäftsausstattung
BGB	Bürgerliches Gesetzbuch
bgN	betriebsgewöhnliche Nutzungsdauer
BilKoG	Bilanzkontrollgesetz
BilMoG	Bilanzrechtsmodernisierungsgesetz
BilReG	Bilanzrechtsreformgesetz
BiRiLiG	Bilanzrichtlinien-Gesetz
BMF	Bundesministerium der Finanzen
BMG	Bemessungsgrundlage
BMJ	Bundesministerium für Justiz
BStBl	Bundessteuerblatt
BV	Bestandsveränderung
CF	Cashflow
Co.	Compagnie (Kompanie i.S.v. Gesellschaft)
DATEV	Datenverarbeitungsorganisation des steuerberatenden Berufes in der Bundesrepublik Deutschland eG
DAX	Deutscher Aktienindex

DB	Der Betrieb
DRS	Deutsche Rechnungslegungs Standards
DRSC	Deutsches Rechnungslegungs Standards Committee e.V.
DVFA	Deutsche Vereinigung für Finanzanalyse und Asset Management e.V.
DVFA/SG	Deutsche Vereinigung für Finanzanalyse und Anlageberatung/ Schmalenbach-Gesellschaft e.V.
€	Euro
EB	Endbestand, Eröffnungsbilanz
eBAnZ	elektronischer Bundesanzeiger
EBIT	Earnings before Interest and Taxes
EBITDA	Earnings before Interest, Taxes, Depreciation and Amortization
EBK	Eröffnungsbilanzkonto
EBT	Earnings before Taxes
EDV	elektronische Datenverarbeitung
EE-Steuern	Steuern vom Einkommen und Ertrag
EGHGB	Einführungsgesetz zum HGB
EK	Eigenkapital
ESt	Einkommensteuer
EStÄR	Einkommensteuer-Änderungsrichtlinien
EStDV	Einkommensteuer-Durchführungsverordnung
EStG	Einkommensteuergesetz
EStH	amtliches Einkommenssteuerhandbuch
EStH	Einkommensteuer-Hinweise
EStR	Einkommensteuer-Richtlinien
EU	Europäische Union
EUR	Euro
EUSt	Einfuhrumsatzsteuer
EVA	Economic Value Added
FE	Fertige Erzeugnisse
FEK	Fertigungseinzelkosten/Fertigungslöhne
f. oder ff.	folgende oder fortfolgende
FGK	Fertigungsgemeinkosten
Fibu	Finanzbuchhaltung
Fifo	First in first out
FK	Fremdkapital
F&E	Forschung und Entwicklung
GAAP	Generally Accepted Accounting Principles
GbR	Gesellschaft bürgerlichen Rechts
GenG	Genossenschaftsgesetz
GewSt	Gewerbesteuer
GewStG	Gewerbesteuergesetz
GJ	Geschäftsjahr
GKR	Gemeinschaftskontenrahmen der Deutschen Industrie
GKV	Gesamtkostenverfahren
GmbH	Gesellschaft mit begrenzter Haftung
GmbHG	GmbH-Gesetz
GMZ	Grundmietzeit

GoB	Grundsätze ordnungsmäßiger Buchführung
GrStG	Grundsteuergesetz
GuV	Gewinn- und Verlustrechnung
GWG	geringwertige Wirtschaftsgüter
H	Haben
HB	Handelsbilanz
HFA	Hauptfachausschuss des Instituts der Wirtschaftsprüfer
Hi	Hilfsstoffe
Hifo	Highest in first out
HGB	Handelsgesetzbuch
HK	Herstellungskosten
HR	Handelsregister
HRefG	Handelsreformgesetz
IAS	International Accounting Standard(s)
IASB	International Accounting Standards Board
IASC	International Accounting Standards Committee
IDW	Institut der Wirtschaftsprüfer in Deutschland e.V.
i_{EK}	Zinssatz der Eigenkapitalgeber
IFRS	International Financial Reporting Standards
IKR	Industriekontenrahmen
InsO	Insolvenzordnung
JA	Jahresabschluss
JÜ	Jahresüberschuss
kalk.	kalkulatorisch
KapCoRiLiG	Kapitalgesellschaften- und Co-Richtlinie-Gesetz
KapG	Kapitalgesellschaft(en)
KapAEG	Kapitalaufnahmeerleichterungsgesetz
KapESt	Kapitalertragsteuer
KfzSt	Kraftfahrzeugsteuer
KG	Kommanditgesellschaft
KGaA	Kommanditgesellschaft auf Aktien
KiSt	Kirchensteuer
KLR	Kosten- und Leistungsrechnung
KonTraG	Gesetz zur Kontrolle und Transparenz im Unternehmensbereich
KSt	Körperschaftsteuer
KStG	Körperschaftssteuergesetz
Lifo	Last in first out
LG	Leasinggeber
LN	Leasingnehmer
LSt	Lohnsteuer
LStDV	Lohnsteuerdurchführungsverordnung
ME	Mengeneinheit
MEK	Materialeinzelkosten
MGK	Materialgemeinkosten
Mio.	Million
Mrd.	Milliarde
MwSt.	Mehrwertsteuer

ND	Nutzungsdauer
OHG	Offene Handelsgesellschaft
P	Passiva
PHG	Personenhandelsgesellschaften
PublG	Publizitätsgesetz
PWB	Pauschalwertberichtigung
PublG	Publizitätsgesetz
RAP	Rechnungsabgrenzungsposten
RegE	Regierungsentwurf
Rewe	Rechnungswesen
RHB	Roh-, Hilfs- und Betriebsstoffe
Ro	Rohstoffe
RW	Restwert
RBW	Restbuchwert
S	Soll
SA	Securities Act
SAV	Sachanlagevermögen
SB	Schlussbestand, Schlussbilanz
SBK	Schlussbilanzkonto
SE	Societas Europaea
SEC	Securities and Exchange Commission
SFAS	Statement of Financial Accounting Standards
SKR	Spezialkontenrahmen
SK	Selbstkosten
SolZ	Solidaritätszuschlag
St.	Stück
StB	Steuerbilanz
Std.	Stunde
T€	Tausend Euro
UFE	Unfertige Erzeugnisse
UKV	Umsatzkostenverfahren
US GAAP	United States-Generally Accepted Accounting Principles
USt	Umsatzsteuer
UStG	Umsatzsteuergesetz
UV	Umlaufvermögen
vBP	vereidigter Buchprüfer
VermBG	Vermögensbildungsgesetz
VJ	Vorjahr
VK	Vertriebskosten
vwL	vermögenswirksame Leistungen
VSt	Vorsteuer
VtGKZ	Vertriebsgemeinkostenzuschlagssatz
VvGKZ	Verwaltungsgemeinkostenzuschlagssatz
WEK	Wareneinkaufskonto
WVK	Warenverkaufskonto
WP	Wirtschaftsprüfer

Schritt 1: Funktionen, Adressaten und Ziele des Jahresabschlusses

Lernziele

Nachdem Sie das erste Kapitel bearbeitet haben, werden Sie über die Funktionen des Jahresabschlusses Bescheid wissen und die folgenden Fragestellungen beantworten können:

- Was ist ein Jahresabschluss und welche Ziele können damit verfolgt werden?
- Aus welchen Bestandteilen besteht ein Jahresabschluss?
- Was verbirgt sich hinter den folgenden Begriffen wie z. B. Bilanz, Gewinn- und Verlustrechnung (GuV), Anhang, Kapitalflussrechnung, Eigenkapitalspiegel und Lagebericht?
- Für wen ist der Jahresabschluss bestimmt?
- Welche Insolvenzgründe gibt es?

1.1 Funktionen des Jahresabschlusses

Der handelsrechtliche Jahresabschluss hat vor allem drei Funktionen zu erfüllen:

- **Dokumentationsfunktion:** Gemäß § 238 Abs. 1 Satz 1 HGB ist jeder Kaufmann verpflichtet, Bücher zu führen und in diesen seine Handelsgeschäfte und die Lage seines Vermögens nach den Grundsätzen ordnungsmäßiger Buchführung ersichtlich zu machen. Unter dem Begriff „ordnungsmäßige Buchführung" versteht man im Allgemeinen die planmäßige und lückenlose, inhalts- und wertmäßige Aufzeichnung aller Geschäftsvorfälle eines Unternehmens. Der Jahresabschluss gibt eine verbindliche Auskunft über die Vermögens-, Finanz- und Ertragslage des Unternehmens.

- **Zahlungsbemessungsfunktion:** Der handelsrechtliche Jahresabschluss dient in erster Linie zur Ermittlung des ausschüttbaren Gewinns, wobei dem Gläubigerschutz besonders Rechnung getragen wird. Die Eigenkapitalgeber erhoffen sich möglichst hohe Gewinne, die ausgeschüttet werden können. Dagegen erwarten die Fremdkapitalgeber neben der Rückzahlung des ausgeliehenen Kapitals eine angemessene Verzinsung und die Mitarbeiter, die am Erfolg des Unternehmens beteiligt sind, möchten eine angemessene Tantieme. Der Staat möchte in Form von Ertragssteuern (Einkommensteuer, Körperschaftssteuer und Gewerbesteuer) möglichst hohe Steuereinnahmen erzielen. Das Ergebnis (Gewinn oder Verlust) wird mithilfe der Gewinn- und Verlustrechnung (GuV) ermittelt.

- **Informations- und Rechenschaftsfunktion:** Informationen sind immer erforderlich, um Entscheidungen innerhalb oder außerhalb eines Unternehmens treffen zu können. Diese Funktion muss den unterschiedlichen Interessenlagen der einzelnen, an einem Unternehmen beteiligten Adressaten gerecht werden. Für das Management und die an der Geschäftsführung beteiligten Anteilseigner, als interne Adressaten, dient der Jahresabschluss als Selbstinformation bzgl. der Finanz-, Vermögens- und Ertragslage eines Unternehmens. Das Management benötigt Informationen für die interne Kontrolle betrieblicher Prozesse sowie die Planung und Steuerung zukünftiger betrieblicher Prozesse. Bei den externen Adressaten unterscheiden wir zwischen den Gläubigern (Fremdkapitalgebern), den Anteilseignern (Eigenkapitalgebern), die nicht an der Geschäftsführung beteiligt sind, und der interessierten Öffentlichkeit (z. B. bei Großkonzernen). Die Gläubiger (z. B. Kreditgeber, Lieferanten und Arbeitnehmer, aber auch der Staat als Fiskus) benötigen Informationen darüber, ob sie mit einer termin- und betragsgerechten Begleichung ihrer Zahlungsansprüche rechnen können. Die folgende Abbildung zeigt Ihnen die Funktionen des Jahresabschlusses.

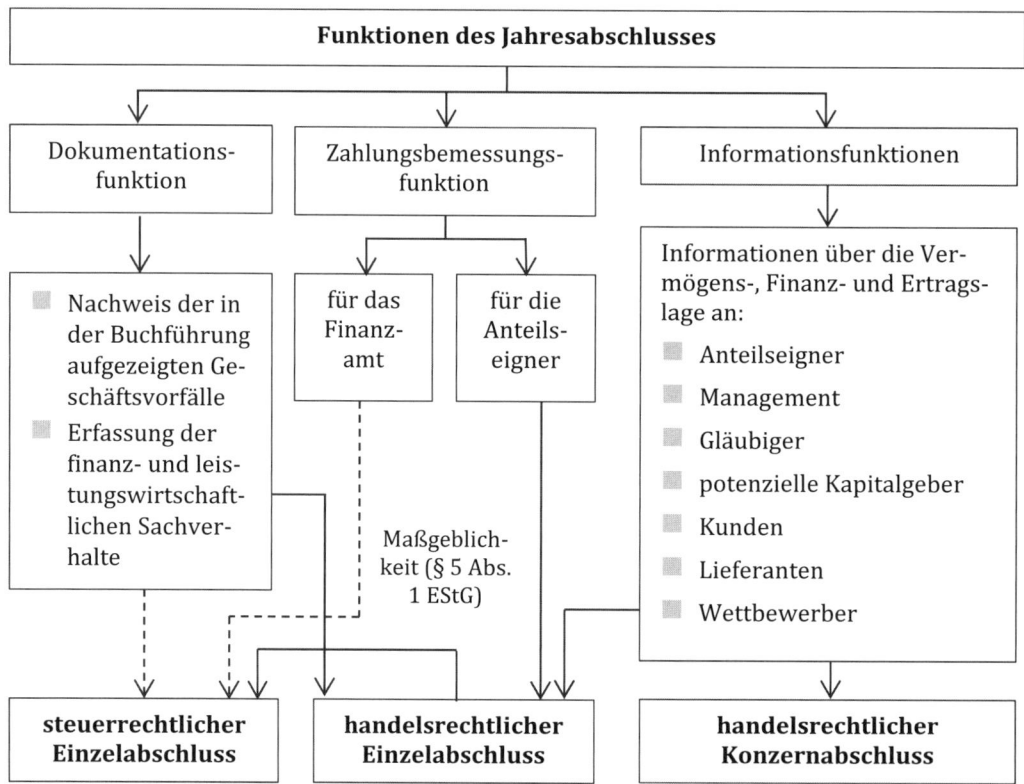

Abb. 1.1: Funktionen des Jahresabschlusses

1.2   Adressaten des Jahresabschlusses

Der handelsrechtliche Jahresabschluss stellt Informationen über die wirtschaftliche Lage des Unternehmens bereit. Dabei orientiert sich die handelsrechtliche Rechnungslegung an den gesetzlichen Vorgaben und den Grundsätzen ordnungsmäßiger Buchführung und Bilanzierung. Der Jahresabschluss sollte auch die Anforderungen der zahlreichen unterschiedlichen Adressaten berücksichtigen, wie die folgende Abbildung 1.2 verdeutlicht.

Die Adressaten sollten in der Lage sein, den Jahresabschluss eines Unternehmens zu verstehen und nach Möglichkeit auch zu interpretieren, vor allem dann, wenn man z. B. als zukünftiger Investor Aktien von einem Unternehmen erwerben möchte. Sehr häufig sind Schlagzeilen in der Wirtschaftspresse zu lesen, wie z. B.:

- Handelsblatt vom 05.05.2014: „Was Anleger zur Prokon-Insolvenz wissen sollten"
- Handelsblatt vom 08.05.2014: „Toyota fährt Rekordgewinn ein"
- FAZ vom 13.07.2014: „Daimler steigert Gewinn"

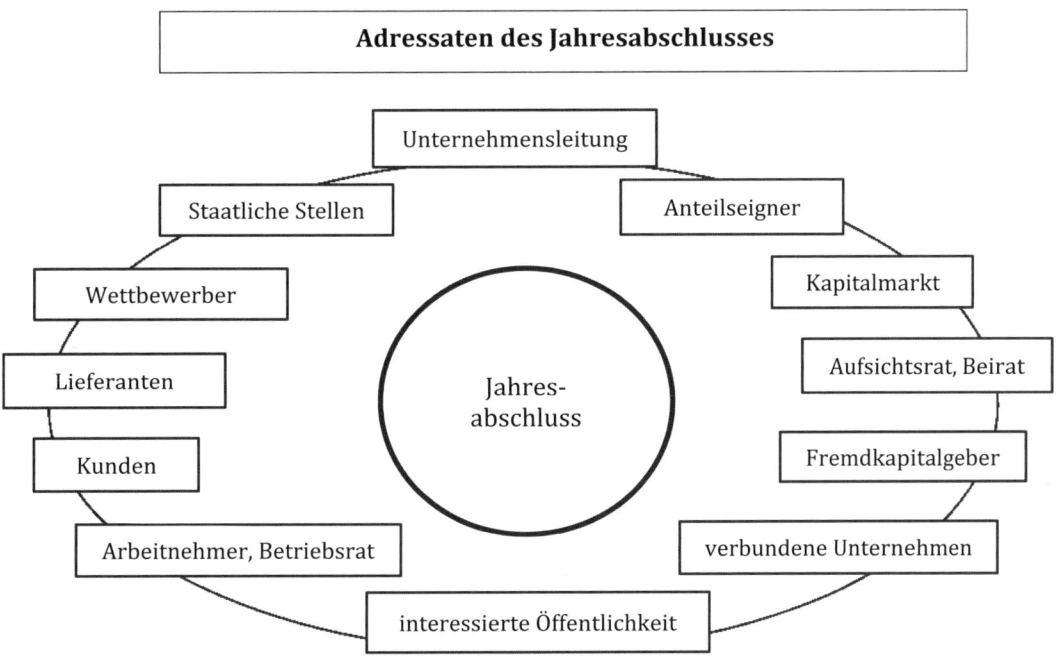

Abb. 1.2: Adressaten des Jahresabschlusses

Für die Beurteilung der Ertragskraft eines Unternehmens wird ein Gewinnmaßstab, z. B. der Jahresüberschuss (= Gewinn nach Steuern) oder das EBIT (Earnings before Interest and Taxes = Gewinn vor Zinsen und Steuern) benötigt. Das unternehmerische Handeln bzgl. der Ertragskraft eines Unternehmens ist positiv zu beurteilen, wenn z. B.:

▪ der Jahresüberschuss (Gewinn nach Steuern) bzw. das EBT (Earnings before Taxes) positiv sind sowie eine gewisse Mindesthöhe erreicht haben und außerdem

▪ die Eigenkapitalrentabilität = $\frac{\text{Jahresüberschuss}}{\text{Eigenkapital}} \times 100$ höher als das vorgegebene Verzinsungsziel der Eigenkapitalgeber (i_{EK}) oder

▪ die vorgegebene EBIT-Marge = $\frac{\text{EBIT}}{\text{Umsatzerlöse}} \times 100$ erreicht worden ist.

In diesem Zusammenhang sollten Analysten aber auch überprüfen, ob irgendwelche bilanzpolitischen Maßnahmen das Ergebnis (Gewinn/Verlust) erhöht oder verringert haben.

Leser bzw. Analysten von Jahresabschlüssen sollten auch folgende Fragen beantworten können:

▪ Woran kann man ein insolvenzgefährdetes Unternehmen erkennen?

Damit Unternehmen dauerhaft existieren können, müssen sie rentabel arbeiten, d. h. nachhaltige Gewinne erwirtschaften und ihren Zahlungsverpflichtungen zu jedem Zeitpunkt nachkommen. Dies bedeutet, dass die Unternehmen stets liquide sein müssen.

1.3   Ziele des Jahresabschlusses

Die folgende Abbildung zeigt die Ziele des handelsrechtlichen Jahresabschlusses.

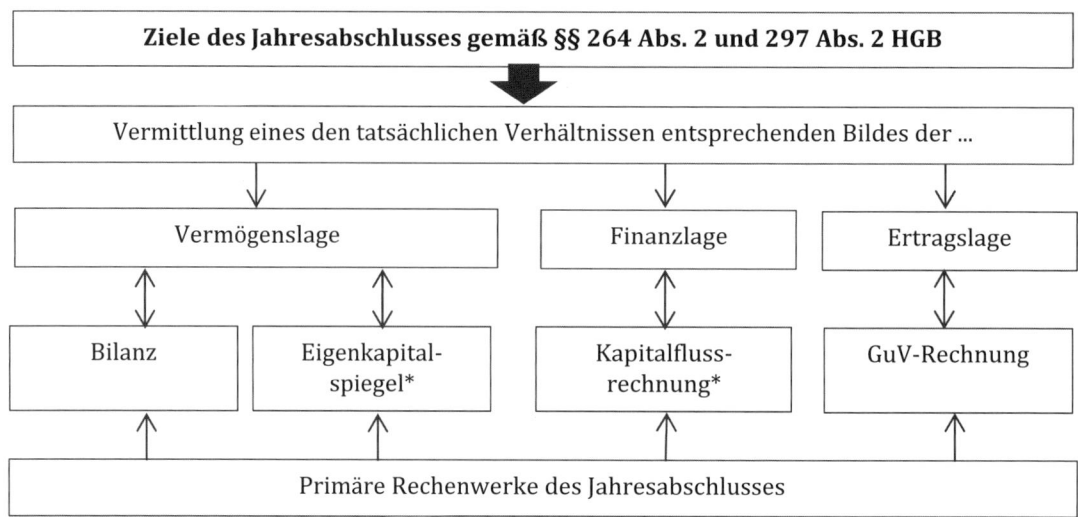

* Der Eigenkapitalspiegel und die Kapitalflussrechnung sind Pflichtbestandteile des Jahresabschlusses von kapitalmarktorientierten Kapitalgesellschaften gemäß § 264 Abs. 1 Satz 2 HGB und von Konzernen gemäß § 297 Abs. 1 HGB.

Abb. 1.3: Ziele des Jahresabschlusses

Mithilfe des Jahresabschlusses können Sie die Vermögens-, Finanz- und Ertragslage eines Unternehmens beurteilen:

- Für die **Beurteilung der Vermögenslage** ist eine isolierte Betrachtung der Vermögensseite (Aktiva) der Bilanz mit den Vermögensgegenständen nicht ausreichend. Vielmehr muss auch die Kapitalseite (Passiva) der Bilanz miteinbezogen werden, d. h. es werden Informationen über die Höhe, die Quellen und die Zusammensetzung des Kapitals nach der Rechtsstellung der Kapitalgeber (Fremdkapital- oder Eigenkapitalgeber) sowie über die Dauer der Kapitalüberlassungsfristen und der eingeräumten Sicherheiten benötigt. Ferner sind auch Informationen über nicht bilanzierungsfähige Vermögensgegenstände, Bürgschaften und Eigentumsvorbehalten notwendig, um die Vermögenslage eines Unternehmens beurteilen zu können. Hierzu sollten die Angaben im Anhang des Jahresabschlusses kritisch betrachtet werden.

- Die **Finanzlage** vermittelt Kenntnisse über die Finanzierung und die Liquidität eines Unternehmens. Die Passiva, d. h. die Kapitalseite der Bilanz gibt Auskunft über die Finanzierung des Unternehmens. Für die Beurteilung der Finanzlage und die so wichtige Liquiditätslage ist aber auch die Aktivseite der Bilanz miteinzubeziehen. Denn die Zahlungsfähigkeit eines Unternehmens muss zu jedem Zeitpunkt gewährleistet sein, damit ein Unternehmen weiter bestehen kann. Eine drohende oder bestehende Zahlungsunfähigkeit würde zur Eröffnung des Insolvenzverfahrens (vgl. §§ 17 bis 19 InsO) führen.

- Ein Einblick in die **Ertragslage** ist neben der Vermögens- und Finanzlage für die Jahresabschlussadressaten von großer Bedeutung. Neben der Darstellung der absoluten Höhe des ausgewiesenen Erfolgs (Gewinn oder Verlust) des bzw. der vergangenen Geschäftsjahre ist vor allem die Struktur der Aufwendungen und Erträge von Bedeutung. Dabei muss unbedingt unterschieden werden, ob es sich bei den ausgewiesenen Erfolgen um betriebliche Tätigkeiten oder um betriebsfremde Aktivitäten handelt. Des Weiteren sollte analysiert werden, ob es sich um regelmäßige oder nur um einmalig erzielte Erfolge handelt.

Schritt 2: Grundlagen und Bestandteile des Jahresabschlusses

Lernziele

In diesem Kapitel lernen Sie die Bestandteile des Jahresabschlusses der Kapitalgesellschaften, d. h. Bilanz, GuV, Anhang, Lagebericht und zusätzlich bei kapitalmarktorientierten Kapitalgesellschaften den Eigenkapitalspiegel und die Kapitalflussrechnung kennen. Darüber hinaus wird auf die einzelnen Posten der Bilanz näher eingegangen.

- Was ist der Jahresabschluss und was beinhaltet er?
- Welche Funktionen erfüllt der Jahresabschluss?
- Welche gesetzlichen Vorschriften finden Anwendung bei der Erstellung des Jahresabschlusses?
- Welche Pflichtbestandteile umfasst der Jahresabschluss?
- Für wen ist der Jahresabschluss bestimmt?
- Welche Arten von Angaben im Anhang dienen dem Ziel der Informationsvermittlung?
- Was versteht man unter einer Kapitalflussrechnung?
- Welche zentralen Inhalte weist der Lagebericht aus?
- Welche Kriterien bestehen bzgl. der Prüfungs- und Offenlegungspflicht?
- Welchen Einfluss haben die Betriebsgrößenmerkmale und die Rechtsform auf den Umfang des Jahresabschlusses?

2.1 Einführung

Mit Ausnahme der kleingewerbetreibenden Einzelkaufleute ist gemäß § 242 HGB jeder Kaufmann verpflichtet, zum Geschäftsjahresende einen Jahresabschluss (Bilanz mit Gewinn- und Verlustrechnung) zu erstellen. Einzelkaufleute sind von der handelsrechtlichen Buchführungs- und Bilanzierungspflicht befreit, wenn sie nicht mehr als 50.000 € Jahresüberschuss und nicht mehr als 500.000 € Umsatzerlöse erzielen.

Die zentralen Rechnungslegungsnormen des Handelsrechts befinden sich im Dritten Buch des HGB. Das Dritte Buch des HGB ist in sechs Abschnitte gegliedert:

1. Abschnitt Die Vorschriften für alle Kaufleute (§§ 238–263 HGB) enthalten die Grundlagen für alle Rechtsformen:

   - Buchführung, Inventar (§§ 238–241a HGB)
   - Eröffnungsbilanz, Jahresabschluss
     - Allgemeine Vorschriften (§§ 242–245 HGB)
     - Ansatzvorschriften (§§ 246–251 HGB)
     - Bewertungsvorschriften (§§ 252–263 HGB)

2. Abschnitt Die ergänzende Vorschriften für Kapitalgesellschaften sowie bestimmte Personenhandelsgesellschaften (PHG) (§§ 264–335 HGB) enthalten Angaben zu:

- Jahresabschluss und Lagebericht (§§ 264–335a HGB)
- Konzernabschluss (§§ 290–315a HGB)
- Prüfung (§§ 316–324a HGB)
- Verordnungsermächtigung (§ 330 HGB)
- Straf- und Bußgeldvorschriften (§§ 331–335b HGB)

3. Abschnitt   Ergänzende Vorschriften für eingetragene Genossenschaften (§§ 336–339 HGB)

4. Abschnitt   Ergänzende Vorschriften für Unternehmen bestimmter Geschäftszweige (§§ 340–341 HGB)

5. Abschnitt   Privates Rechnungslegungsgremium, Rechnungslegungsbeirat (§§ 342, 342a HGB)

6. Abschnitt   Prüfstelle für Rechnungslegung (§§ 342b–342e HGB)

Grundsätze ordnungsmäßiger Buchführung

Bei den „Grundsätzen ordnungsmäßiger Buchführung (GoB)" handelt es sich um einen unbestimmten Rechtsbegriff, da diese im Handelsrecht (z. B. § 238 HGB) nur teilweise definiert sind. Sie stellen allgemeine durch die Wissenschaft und durch die Praxis entwickelte sowie anerkannte Regeln über das Führen von Handelsbüchern und der Jahresabschlusserstellung dar.[1] Diese Grundsätze sind teilweise in Gesetzen niedergeschrieben und teils durch die Rechtsprechung festgelegt worden.

2.2 Systematisierung der Rechnungslegungsgrundsätze

Rechnungslegungsgrundsätze sind für das Verständnis eines Jahresabschlusses von maßgeblicher Bedeutung.

2.2.1 Die Rahmengrundsätze

Die Rahmengrundsätze enthalten allgemeine Formulierungen. Damit soll gewährleistet werden, dass die Darstellung der wirtschaftlichen Lage eines Unternehmens die geforderte Informationsvermittlung erfüllt. Zu den Rahmengrundsätzen gehören:

- **Grundsatz der Richtigkeit und Willkürfreiheit**: Der Grundsatz der Richtigkeit fordert, dass der Jahresabschluss aus dem richtigen Zahlenmaterial unter Beachtung der GoBs erstellt wurde. Der Jahresabschluss muss von einem sachverständigen Dritten überprüft werden können. Daneben fordert die Willkürfreiheit, dass bei Schätzungen diejenigen Annahmen zugrunde gelegt werden, die der Bilanzierende nach seiner persönlichen Einschätzung am wahrscheinlichsten hält, damit es zu keinen Bilanzmanipulationen kommt.

- **Grundsatz der Klarheit und Übersichtlichkeit**: Dieser Grundsatz beinhaltet eine klare und eindeutige Bezeichnung sowie die hinreichende Aufgliederung der Posten in der Bilanz und in der Gewinn- und Verlustrechnung. Es gilt das Bruttoprinzip, d. h., Forderungen und Verbindlichkeiten der Bilanz sowie Aufwendungen und Erträge der GuV dürfen nicht gegenseitig verrechnet, d. h. saldiert werden. Ferner muss sich ein sachverständiger Dritter innerhalb ei-

---

[1] Bornhofen, M., Bornhofen M. C.: Buchführung 2, 2014, S. 24

ner angemessenen Zeit einen Überblick über die wirtschaftliche Lage eines Unternehmens verschaffen können.

- **Grundsatz der Bilanzidentität**: Die Schlussbilanz des abgelaufenen Geschäftsjahres entspricht der Eröffnungsbilanz des laufenden Geschäftsjahres.
- **Grundsatz der Ansatz- und Bewertungsstetigkeit** (Vergleichbarkeit): Die wirtschaftliche Lage eines Unternehmens kann nur dann korrekt beurteilt werden, wenn die Informationen über ein Unternehmen zu verschiedenen Zeitpunkten vergleichbar sind. Der Stetigkeitsgrundsatz verlangt die Vergleichbarkeit und umfasst folgende Ausprägungen des Stetigkeitsprinzips:

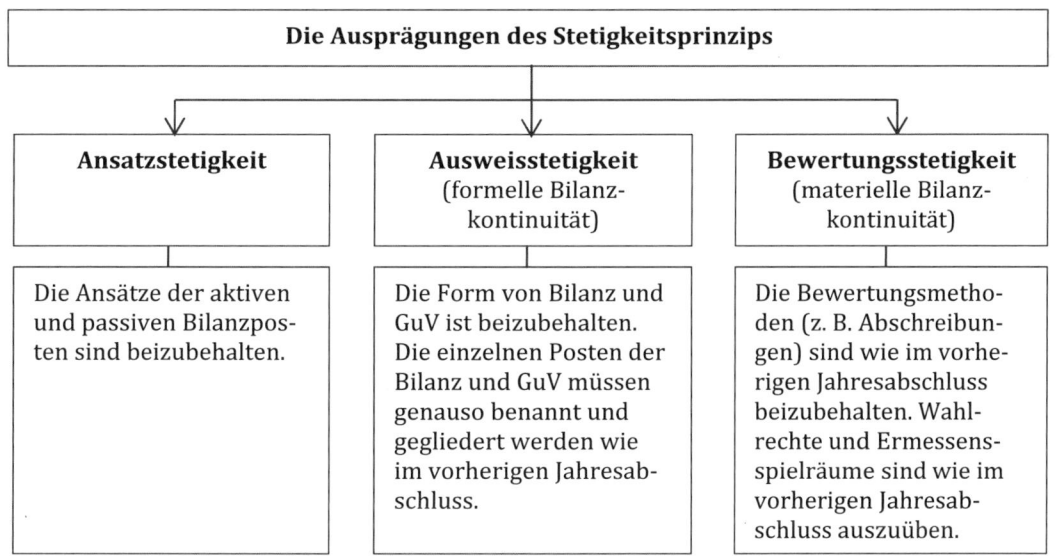

Abb. 2.1: Ausprägungen des Stetigkeitsprinzips

- **Grundsatz der Vollständigkeit**: Es müssen alle buchungspflichtigen Geschäftsvorfälle in der Buchführung und dem Jahresabschluss erfasst werden. Der Vollständigkeitsgrundsatz wird ergänzt durch das Stichtagsprinzip, in dem die betrieblichen Sachverhalte zu einem bestimmten Zeitpunkt (Abschlussstichtag) darzustellen sind.

2.2.2 Die Systemgrundsätze

Sie haben die Aufgabe dafür zu sorgen, dass die Einheitlichkeit, die Folgerichtigkeit und die einheitliche Bezugsbasis der GoBs gewährleistet sind. Die Systemgrundsätze umfassen:

- **Grundsatz der Fortführung der Unternehmenstätigkeit** (Going-Concern-Prinzip): Bei der Bewertung der Vermögensgegenstände und Schulden ist im Jahresabschluss von der Fortführung der Unternehmenstätigkeit auszugehen.
  Ausnahmen: Auflösung des Unternehmens durch Schließung oder Insolvenz.
- **Grundsatz der Pagatorik**: In der Bilanz dürfen nur Vermögensgegenstände und Schulden angesetzt werden, die letztendlich auf Zahlungsvorgänge zurückzuführen sind. Kalkulatorische Kosten dürfen somit im Jahresabschluss nicht angesetzt werden.
- **Grundsatz der Einzelbewertung**: Gemäß § 253 Abs. 1 Nr. 3 HGB sind die in der Bilanz enthaltenen Vermögensgegenstände und Schulden grundsätzlich einzeln zu bewerten. In Aus-

nahmefällen kann aus Gründen der Wirtschaftlichkeit vom Grundsatz der Einzelbewertung abgewichen werden. Zu den Bewertungsvereinfachungsverfahren gehören die gesetzlich zugelassene Gruppenbewertung, Sammelbewertung, Festbewertung, Pauschalwertberichtigung auf Forderungen und die Pauschalrückstellung.

- **Grundsatz der Vorsicht**: Das Vorsichtsprinzip ist das dominierende Prinzip im Handelsrecht. Im Interesse der Gläubiger sollte die Rechnungslegung vorsichtig durchgeführt werden. Das bedeutet, dass die Vermögensgegenstände eher niedriger und die Schulden eher höher anzusetzen sind, um keine zu optimistische wirtschaftliche Lage des Unternehmens darzustellen und um überhöhte Gewinnausschüttungen zu verhindern. Das Vorsichtsprinzip konkretisiert sich im **Realisationsprinzip**, d. h. Gewinne dürfen nur berücksichtigt werden, wenn sie am Abschlussstichtag realisiert sind, sowie im **Imparitätsprinzip**. Gemäß dem **Imparitätsprinzip** müssen bereits vorhersehbare Verluste, die noch nicht eingetreten sind, im Jahresabschluss berücksichtigt werden.

2.2.3 Abgrenzungsgrundsätze

Sie legen fest, in welcher Periode die Wertänderungen zu erfassen sind. Unter dem Oberbegriff „Abgrenzungsgrundsätze" werden die folgenden Prinzipien zusammengefasst[2]:

- **Grundsatz der sachlichen Abgrenzung**: Die durch die Leistungserstellung verursachten Nettovermögensminderungen sind als Aufwand der Periode zuzurechnen, in der auch die sachlich zugehörigen Leistungen (Nettovermögensmehrungen) als Ertrag realisiert werden.

- **Grundsatz der zeitlichen Abgrenzung**: Es sind alle zeitraumbezogen anfallenden Nettovermögensänderungen (Aufwendungen und Erträge) pro rata temporis, d. h. zeitproportional zu periodisieren. Das bedeutet, zeitraumbezogene Ausgaben und Einnahmen sind zeitanteilig, d. h. verhältnismäßig als Aufwendungen oder Erträge auf die jeweiligen Geschäftsjahre aufzuteilen, zu denen sie wirtschaftlich gehören.[3]

- **Realisationsprinzip**: Gewinne dürfen erst dann ausgewiesen werden, wenn sie durch den Verkauf realisiert sind (§ 252 Abs. 1 Nr.4 HGB). Ein Erlös aus dem Verkauf gilt erst zu dem Zeitpunkt als realisiert, wenn die Lieferung vollzogen ist bzw. die Dienstleistung beendet ist, d. h. zum Zeitpunkt des Gefahrenübergangs. Noch nicht abgesetzte Güter dürfen höchstens mit den Anschaffungs- oder Herstellungskosten bewertet werden.

- **Imparitätsprinzip**: Im Vergleich zur Behandlung der Gewinne müssen gemäß dem Imparitätsprinzip noch nicht realisierte Verluste sofort GuV-wirksam erfasst werden, auch wenn die Leistung noch nicht erbracht oder der Leistungszeitraum noch nicht abgeschlossen ist. Das Imparitätsprinzip hat zwei Ausprägungen: Für die Bewertung der Vermögensgegenstände gilt das Niederstwertprinzip und für die Bewertung der Schulden gilt das Höchstwertprinzip.

Übungsaufgabe 2.1: Realisationsprinzip

Die IMMO AG hat vor 30 Jahren in der Innenstadt von Karlsruhe ein unbebautes Grundstück für umgerechnet 220.000 € erworben. Es besteht die Absicht und die Möglichkeit, das Grundstück im folgenden Geschäftsjahr zu veräußern. Laut eines Immobiliengutachtens hat das Grundstück einen Wert von 1.920.000 €. Beim Verkauf würde die IMMO AG einen Gewinn in Höhe von 1.700.000 € erzielen. Mit welchem Wert darf die IMMO AG das Grundstück in der Bilanz des abgelaufenen Geschäftsjahres maximal ausweisen? Begründen Sie den Wertansatz in der Bilanz.

---

2 Coenenberg et al.: Jahresabschluss und Jahresabschlussanalyse, 2014, S. 42ff.

3 Bitz, M. et al.: Der Jahresabschluss, 2011, S. 234

Nutzen Sie die unten vorgegebenen Zeilen.

_____

_____

_____

Übungsaufgabe 2.2

Diese Aufgabe finden Sie unter www.uvk-lucius.de/schritt-fuer-schritt

2.3   Die Bestandteile des Jahresabschlusses

Der Begriff des **Jahresabschlusses** ist im 3. Buch des HGB (§§ 238–342e HGB) für Einzelkaufleute/Personengesellschaften und Kapitalgesellschaften mit unterschiedlichen Inhalten belegt:

- In § 242 Abs. 3 HGB heißt es: „Die Bilanz und die Gewinn- und Verlustrechnung bilden den Jahresabschluss." Hiernach umfasst der Jahresabschluss nur zwei Bestandteile. Dieser Umfang gilt jedoch nur für Einzelunternehmen und Personengesellschaften (GbR, OHG, KG, Partnerschaftsgesellschaft).

- Für **Kapitalgesellschaften** fordert § 264 Abs. 1 HGB ausdrücklich, dass der Jahresabschluss um einen **Anhang** zu erweitern ist, der mit der Bilanz und Gewinn- und Verlustrechnung eine Einheit bildet. Des Weiteren müssen mittelgroße und große Kapitalgesellschaften einen **Lagebericht** aufstellen.

- **Kapitalmarktorientierte Kapitalgesellschaften** haben den Jahresabschluss (§ 264 Abs. 1 Satz 1 HGB) zusätzlich um eine **Kapitalflussrechnung** und einen **Eigenkapitalspiegel** zu erweitern. Diese bilden zusammen mit der Bilanz, Gewinn- und Verlustrechnung eine Einheit. Sie können den Jahresabschluss um einen Segmentbericht erweitern.

- Seit dem Inkrafttreten des Kapitalgesellschaften- und Co-Richtlinien-Gesetzes (KapCoRiLiG) ist für die von Personengesellschaften anzuwendenden Rechnungslegungsvorschriften die Ausgestaltung der Haftungsverhältnisse entscheidend.

Der Umfang des Jahresabschlusses ist abhängig von der Rechtsform der Unternehmen und davon, ob es sich um einen Einzel- oder einen Konzernabschluss handelt, wie die folgende Abbildung 2.2 zeigt.

Der **Jahresabschluss** der **mittelgroßen** und **großen Kapitalgesellschaften** sowie der haftungsbeschränkten Personengesellschaften wird durch den sogenannten **Lagebericht ergänzt**. Während der Anhang einen integralen Bestandteil des Jahresabschlusses bei den mittelgroßen und großen Kapitalgesellschaften darstellt, bildet der Lagebericht lediglich einen ergänzenden Bestandteil.

Bestandteile des Jahresabschlusses						
Rechnungslegungsinstrumente						
Bilanz	Gewinn- und Verlustrechnung	Anhang	Lagebericht	Eigenkapitalspiegel	Kapitalflussrechnung	Segmentberichterstattung
alle Kaufleute, Personengesellschaften und Kleinstkapitalgesellschaften						
kleine Kapitalgesellschaften						
mittelgroße und große Kapitalgesellschaften sowie haftungsbeschränkte Personengesellschaften (z. B. GmbH & Co. KG)						
kapitalmarktorientierte Kapitalgesellschaften Konzernabschluss nicht kapitalmarktorientierter Unternehmen						
Konzernabschluss kapitalmarktorientierter Unternehmen nach IFRS						
„Informationsabschluss" optional zusätzlich als IFRS-Einzelabschluss						

Abb. 2.2: Bestandteile des HGB-Jahresabschlusses

Der Jahresabschluss umfasst bei mittelgroßen und großen Kapitalgesellschaften mindestens die folgenden Rechnungslegungselemente:

Bilanz	Sie stellt die Vermögensgegenstände, das Eigenkapital, die Schulden sowie die Rechnungsabgrenzungsposten (und die latenten Steuern) eines Unternehmens systematisch dar.
Gewinn- und Verlustrechnung (GuV)	In der GuV werden die im Geschäftsjahr entstandenen und in Gruppen zusammengefassten Aufwendungen und Erträge unsaldiert gegenübergestellt und so das Jahresergebnis, d. h. der Jahresüberschuss bzw. der Jahresfehlbetrag ermittelt.
Anhang	Der Anhang erläutert die quantitativen Angaben der Bilanz und der GuV. Er bildet mit ihnen eine Einheit. Ferner werden im Anhang einzelne Bilanz- und GuV-Posten aufgegliedert.
Lagebericht	Der Lagebericht dient mit seinen spezifischen Angaben zum besseren Verständnis des Geschäftsverlaufs und zur Lage des Unternehmens. Ferner wird über die Entwicklung des Unternehmens sowie Chancen, Risiken und Nachtragsinformationen berichtet.

Abb. 2.3: Rechnungslegungselemente bei mittelgroßen und großen Kapitalgesellschaften

Die folgende Übersicht zeigt Ihnen die Behandlung der Personengesellschaften bei der Rechnungslegung nach dem Handelsrecht.

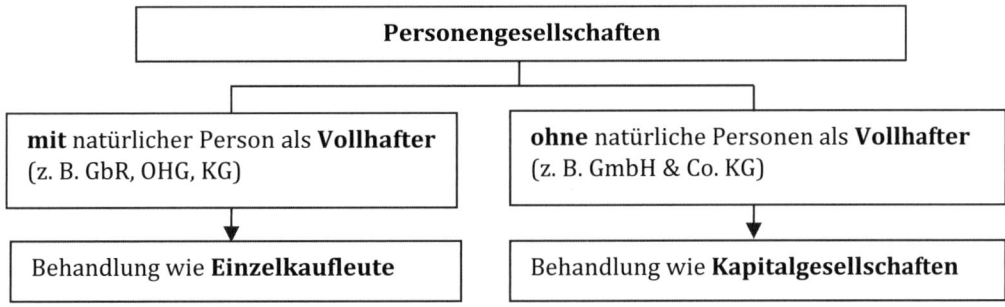

Abb. 2.4: Behandlung der Personengesellschaften

2.3.1 Weitere Elemente der Finanzberichterstattung

Kapitalmarktorientierte Kapitalgesellschaften müssen ihren handelsrechtlichen Jahresabschluss zusätzlich um eine Kapitalflussrechnung und einen Eigenkapitalspiegel ergänzen.

Kapitalflussrechnung (Bestandteil eines Konzernabschlusses)	Alle in einer Periode angefallenen und nach Bereichen gegliederten Ein- und Auszahlungen werden in der Kapitalflussrechnung dargestellt. Es wird die Liquiditätslage und das zukünftige Liquiditätspotenzial eines Unternehmens gezeigt.
Eigenkapitalspiegel (Bestandteil eines Konzernabschlusses)	Der Eigenkapitalspiegel zeigt die Gründe für die Eigenkapitalveränderung (z. B. durch Gewinn/Verlust, Kapitalrücklage, Gewinnrücklage etc.) innerhalb einer Periode.
Segmentberichterstattung (Bestandteil eines Konzernabschlusses)	In der Segmentberichterstattung werden die Informationen des Jahresabschlusses nach bestimmten Kriterien (z. B. nach Geschäftsbereichen oder Regionen) aufgegliedert. Es werden die Chancen und Risiken in den einzelnen Geschäftsbereichen eines Konzerns aufgezeigt.

Abb. 2.5: Zusätzliche Elemente der Finanzberichterstattung

2.3.2 Zusammenhänge der primären Rechenwerke des Jahresabschlusses

Die folgende Abbildung 2.6 zeigt die Zusammenhänge zwischen den einzelnen Rechenwerken.

Der Jahresabschluss liefert Informationen über:

- die Vermögens- und Kapitalstruktur in der Bilanz,
- die Ertragslage in der Gewinn- und Verlustrechnung (GuV) und
- die Finanzlage in der Kapitalflussrechnung.

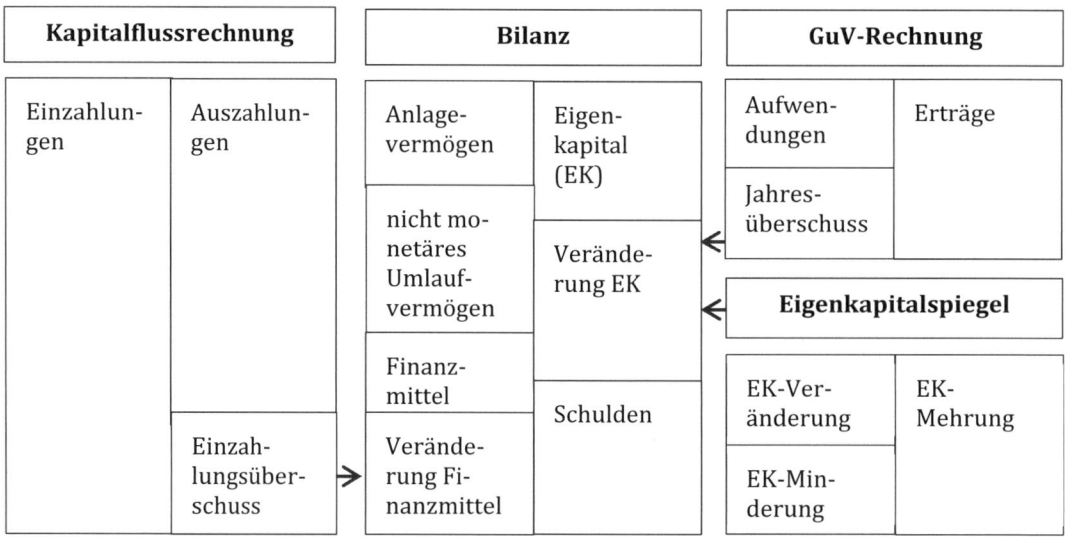

Abb. 2.6: Zusammenhang zwischen Bilanz, GuV, Kapitalflussrechnung und Eigenkapitalspiegel

2.3.3   Konzernabschluss und Konzernlagebericht

Der Konzernabschluss besteht nach § 297 Abs. 1 HGB aus der Konzernbilanz, der Konzern-Gewinn- und Verlustrechnung, dem Konzernanhang, der Kapitalflussrechnung und dem Eigenkapitalspiegel. Er kann um eine Segmentberichterstattung erweitert werden.

Gemäß § 297 Abs. 2 HGB ist der Konzernabschluss klar und übersichtlich aufzustellen. Er hat unter Beachtung der Grundsätze ordnungsmäßiger Buchführung ein den tatsächlichen Verhältnissen entsprechendes Bild der Vermögens-, Finanz- und Ertragslage des Konzerns zu vermitteln.

Durch das **Bilanzrechtsreformgesetz** (BilReG) haben sich in Bezug auf die Konzernrechnungslegung und den Konzernabschluss sowie den Konzernlagebericht folgende wesentliche Änderungen ergeben:

- Kapitalmarktorientierte Mutterunternehmen müssen nach § 315a HGB seit 2005 einen Konzernabschluss nach internationalen Rechnungslegungsvorschriften gemäß IFRS aufstellen.

- Für alle anderen Mutterunternehmen gilt, dass sie freiwillig einen befreienden Konzernabschluss nach internationalen Rechnungslegungsvorschriften gemäß IFRS aufstellen können, d. h., in diesem Fall müssen sie keinen Konzernabschluss nach HGB aufstellen.

Die Jahresabschlüsse der einzelnen deutschen Konzernunternehmen müssen dagegen weiterhin nach den allgemeinen deutschen Rechnungslegungsvorschriften aufgestellt werden.

In der **Kapitalflussrechnung** werden Informationen über die Zahlungsströme sowie die Zahlungsmittelbestände eines Unternehmens vermittelt. Darüber hinaus wird dargestellt, wie das Unternehmen finanzielle Mittel erwirtschaftet hat und welche zahlungswirksamen Investitions- und Finanzierungsmaßnahmen vorgenommen wurden.

Der **Konzerneigenkapitalspiegel** soll zur Verbesserung des Informationswertes des Konzernabschlusses eine detaillierte Darstellung des komplexen Konzerneigenkapitals liefern. Dazu wird zum einen die Entwicklung des Eigenkapitals für das Mutterunternehmen und die Minderheitsgesellschafter gesondert dargestellt, zum anderen wird das in der Gewinn- und Verlustrechnung ermittelte Jahresergebnis, ebenfalls gesondert für das Mutterunternehmen und die Minderheitsgesellschafter, auf ein Konzerngesamtergebnis übergeleitet.

Mit der **Segmentberichterstattung** sollen externen Jahresabschlussadressaten Informationen über die wesentlichen Geschäftsfelder eines Unternehmens bzw. eines Konzerns gegeben werden, um einen besseren Einblick in die Vermögens-, Finanz- und Ertragslage sowie eine zutreffendere Einschätzung der Chancen und Risiken der unterschiedlichen Geschäftsfelder zu ermöglichen. Ein Segment ist definiert als Teil eines Unternehmens, das im Rahmen seiner Geschäftstätigkeit potenziell oder tatsächlich Umsatzerlöse generiert und regelmäßig vom Management zur Beurteilung der wirtschaftlichen Lage überwacht wird. Die Unterscheidung im Unternehmen erfolgt in produktorientierte und geografische Segmente.

Für die berichtspflichtigen Segmente und Sammelsegmente sind folgende Angaben zu machen:

- Segmentumsatzerlöse,
- Segmentergebnis und, wenn darin enthalten:
  - Abschreibungen,
  - andere nicht zahlungswirksame Posten,
  - Ergebnisbeiträge aus Beteiligungen an assoziierten Unternehmen,
  - Erträge aus sonstigen Beteiligungen,
- Segmentvermögen einschließlich Beteiligungen,
- Investitionen in das langfristige Segmentvermögen,
- Segmentschulden.

Eigene Notizen

Schritt 3: Bilanz

Lernziele

In diesem Kapitel lernen Sie den Aufbau, den Inhalt und die Struktur der Bilanz kennen. Ferner werden Ihnen die Unterschiede zwischen der Handels- und der Steuerbilanz bewusst. Des Weiteren werden Sie die Posten innerhalb der Bilanz verstehen und erläutern können sowie die Antworten auf folgende Fragestellungen kennen:

- Nach welchen Kriterien ist eine Bilanz gegliedert?
- Welche Bilanzarten gibt es?
- Welche Bilanztheorien gibt es?
- Welche Posten (Vermögen/Schulden) werden in der Bilanz aufgenommen?
- Wie kann man den Bilanzgewinn/Bilanzverlust ermitteln?
- Wie entstehen stille Reserven?

3.1 Einführung

Die **Bilanz** als Teil des Jahresabschlusses ist eine Gegenüberstellung der an einem Bilanzstichtag (z. B. dem 31.12.01) vorhandenen, nach bestimmten Grundsätzen bewerteten und in Gruppen zusammengefassten

- Vermögensgegenstände **(Aktiva)**,
- Kapital, mit dem Fremdkapital und der Saldogröße Eigenkapital **(Passiva)**.

Sie **stellt** am Ende eines Geschäftsjahres **Vermögen und Kapital** bzw. **Aktiva und Passiva** eines Unternehmens **gegenüber**. Die **Passivseite** der Bilanz zeigt die **Herkunft** der finanziellen Mittel in einem Unternehmen. Die **Aktivseite** enthält das Vermögen, d. h. die **Mittelverwendung**, und zeigt die Investitionen. Die Grundlage für die Bilanz bildet die Inventur mit einer körperlichen und buchmäßigen Bestandsaufnahme des Vermögens und der Schulden.

Bei der Bilanz unterscheidet man zwischen der **Handelsbilanz**, diese wird nach den handelsrechtlichen Vorschriften gemäß §§ 238 ff. HGB erstellt, und der **Steuerbilanz**, die den steuerrechtlichen Vorschriften entspricht. Die Gliederung der Bilanz nach der Kontoform hat das Aussehen wie unten (Abb. 3.1).

Die Gliederung der Bilanz dient der Klarheit und der übersichtlichen Darstellung aller in der Bilanz enthaltenen Informationen. Ein einheitliches System der Gliederung dient nicht nur dem Vergleich der Bilanzen innerhalb eines Unternehmens, sondern auch dem Vergleich der Bilanzen unterschiedlicher Unternehmen. Dabei werden die Aktiva (Vermögensgegenstände) entsprechend dem Grad ihrer üblichen Bindungsdauer (Liquidierbarkeit) und die Passiva entsprechend ihrer Fälligkeit (Überlassungsdauer) gegliedert.

Aktiva	Bilanzgliederung	Passiva
A. Anlagevermögen	A. Eigenkapital	
I. Immaterielle Vermögensgegenstände	I. Gezeichnetes Kapital	
II. Sachanlagen	II. Kapitalrücklagen	
III. Finanzanlagen	III. Gewinnrücklagen	
B. Umlaufvermögen	IV. Gewinnvortrag	
I. Vorräte	V. Jahresüberschuss/-fehlbetrag	
II. Forderungen und sonstige Vermögensgegenstände	(bei Personengesellschaften mit natürlicher Person als Vollhafter gegliedert nach Vollhafter und Teilhafter)	
III. Wertpapiere	B. Rückstellungen	
IV. Kassenbestand, Bundesbankguthaben, Guthaben bei Kreditinstituten und Schecks	C. Verbindlichkeiten	
C. Rechnungsabgrenzungsposten	D. Rechnungsabgrenzungsposten	
D. Aktive latente Steuern	E. Passive latente Steuern	
E. Aktiver Unterschiedsbetrag aus Vermögensverrechnung		
Bilanzsumme	**Bilanzsumme**	

Abb. 3.1: Verkürzte Bilanzgliederung gemäß § 266 HGB in Verbindung mit § 267 Abs. 1 HGB

Damit soll annähernd deutlich gemacht werden,

- in welcher zeitlichen Folge die Aktiva durch den üblichen Umsatzprozess wieder zu Geld umgewandelt werden können und

- in welcher zeitlichen Folge die einzelnen Kapitalteile dem Betrieb wieder entzogen werden können.

Für Einzelkaufleute und Personengesellschaften sind die Grundsätze ordnungsmäßiger Buchführung (GoB) die Richtschnur für die Bilanzgliederung (§ 243 Abs. 1 HGB). Für Kapitalgesellschaften und publizitätspflichtige Unternehmen sieht das Handelsrecht die Gliederung nach § 266 HGB vor. Die Tiefe der Gliederung hängt dabei zusätzlich von der Größe des Unternehmens ab (siehe Kapitel 13.1).

Übungsaufgabe 3.1: Aufstellen einer Bilanz

Stellen Sie anhand der folgenden Angaben die Bilanz für die Lenktechnik Max Muster e. K. auf und ordnen Sie die Vermögens- und Kapitalposten entsprechend der Bilanzgliederung nach HGB. Alle Angaben sind in T€.

	Jahr 02	Jahr 01
Rohstoffe	1.300	920
Rückstellungen	530	500
Kassenbestand	40	30
Grundstücke und Gebäude	4.000	4.200
Forderungen aLuL	980	890

	280	260
Fuhrpark	280	260
Verbindlichkeiten aLuL	800	700
technische Anlagen und Maschinen	1.200	1.150
Betriebsstoffe	150	120
Bankguthaben	740	710
fertige Erzeugnisse	650	550
Hypothekenschulden	1.800	1.600
Darlehensschulden	3.800	3.900
kurzfristige Bankschulden	300	350
Betriebs- und Geschäftsausstattung	400	390
Hilfsstoffe	350	300

Nutzen Sie bitte die nachfolgende Tabelle.

Aktiva		Bilanz Max Muster e. K. zum 31.12.02					Passiva	
		02	01				02	01
A	Anlagevermögen			A	Eigenkapital			
				Fremdkapital				
B	Umlaufvermögen							

3.2   Bilanzarten

Es gibt verschiedene Merkmale, nach denen Bilanzen kategorisiert werden können:

- nach der Häufigkeit der Bilanzerstellung,
- nach dem Adressatenkreis und dem Bilanzierungsanlass,
- nach der gesetzlichen Bestimmung zur Bilanzerstellung.

Die folgende Tabelle stellt die Gruppierung der oben genannten drei Merkmale und die dazugehörigen Bilanzarten dar.

Merkmal	Bilanzarten								
	laufende Bilanzen			Sonderbilanzen					
Häufigkeit der Bilanzerstellung	Monatsbilanz	Quartalsbilanz	Jahresbilanz	Gründungsbilanz	Umwandlungsbilanz	Fusionsbilanz	Auseinandersetzungsbilanz	Sanierungsbilanz	Insolvenzbilanz
Adressatenkreis und Bilanzierungsanlass	externe Bilanzen					interne Bilanzen			
	gesetzlich vorgeschriebene Bilanzen			vertraglich vereinbarte Bilanzen			freiwillig erstellte Bilanzen		
gesetzlich vorgeschriebene Bilanzen	laufende Bilanzen		Sonderbilanzen wie oben						
	Handelsbilanz	Steuerbilanz							

Abb. 3.2: Bilanzarten[4]

Zu den laufenden Bilanzen, die auch als **ordentliche Bilanzen** bezeichnet werden, gehören die Monats-, die Quartals- und die Jahresbilanz. Die Jahresbilanz ist die wichtigste und am häufigsten verwendete Bilanzart. Sonderbilanzen werden auch als außerordentliche Bilanzen bezeichnet, da sie, wie z. B. die Gründungsbilanz, nur einmalig und nicht für jede Periode erstellt werden.[5]

3.3   Handelsbilanz und Steuerbilanz im Vergleich

Handels- und Steuerbilanz können übereinstimmen, sie müssen es aber nicht. Falls beide Bilanzen übereinstimmen, so spricht man von einer **Einheitsbilanz**.

3.3.1   Die Handelsbilanz

Die **Handelsbilanz** ist eine Bilanz, deren Vorschriften aus dem Handelsrecht hervorgehen. Sie wird jährlich aufgestellt und dient einerseits als Erfolgsbilanz, um das Bilanzergebnis, also den

---

[4] Nach: Wöhe: Einführung in die Allgemeine Betriebswirtschaftslehre, 2013, S. 660
[5] Vgl. Wöhe: Einführung in die Allgemeine Betriebswirtschaftslehre, 2013, S. 659

Bilanzgewinn oder den Bilanzverlust, einer Periode auszuweisen. Zum anderen weist sie als Vermögensbilanz das Vermögen, Eigen- und Fremdkapital aus.

Das Bilanzergebnis wird mithilfe des Jahresergebnisses, das entweder als Jahresüberschuss oder als Jahresfehlbetrag vorliegt, ermittelt. Ein Jahresüberschuss entsteht, wenn die Erträge die Aufwendungen während einer Rechnungslegungsperiode übersteigen. Dementsprechend gilt, dass ein Jahresfehlbetrag aus einem Überschuss an Aufwendungen gegenüber den Erträgen hervorgeht.[6]

Das **Bilanzergebnis** wird folgendermaßen ermittelt:

	Jahresüberschuss bzw. Jahresfehlbetrag
+	Gewinnvortrag aus dem Vorjahr
-	Verlustvortrag aus dem Vorjahr
+	Entnahme aus der Kapitalrücklage zum Ausgleich
+	Entnahme aus Gewinnrücklagen
-	Einstellungen in Gewinnrücklagen
=	**Bilanzergebnis (Bilanzgewinn bzw. Bilanzverlust)**

Abb. 3.3: Ermittlung des Bilanzgewinns bzw. des Bilanzverlusts

Der **Bilanzgewinn** ist der Eigenkapitalbetrag, der den Anteilseignern vom Vorstand und vom Aufsichtsrat zur Ausschüttung vorgeschlagen wird.

3.3.2   Die Steuerbilanz

Die **Steuerbilanz** wird nach steuerrechtlichen Vorschriften gemäß § 60 Abs. 2 EStDV erstellt und dient der Ermittlung der Steuerlast für das Finanzamt. Die Aufgabe der Steuerbilanz besteht darin, gemäß § 5 Abs. 1 EStG den steuerrechtlichen Gewinn, oder anders ausgedrückt: das zu versteuernde Einkommen, mithilfe der ertragsteuerlichen Grundlagen zu ermitteln. Zur Gruppe der **Ertragsteuern** gehören die Einkommensteuer (ESt), die Körperschaftsteuer (KSt) und die Gewerbesteuer (GewSt).

Laut § 4 Abs. 1 Satz 1 EStG berechnet sich der Gewinn/Verlust wie folgt:

	Betriebsvermögen am Ende des Wirtschaftsjahres
-	Betriebsvermögen am Ende des vorangegangenen Wirtschaftsjahres
+	Entnahmen
-	Einlagen
=	**Gewinn oder Verlust**

Abb. 3.4: Steuerrechtliche Gewinnermittlung nach § 4 Abs. 1 Satz EStG

---

[6] Vgl. Falterbaum et al.: Buchführung und Bilanz, 2010, S. 1504

Die Handels- und Steuerbilanz sind in Deutschland eng miteinander verbunden. Dies ergibt sich aus dem **Maßgeblichkeitsprinzip** nach § 5 Abs. 1 Satz 1 EStG, welches besagt, dass die meisten Wertansätze der Handelsbilanz auch für die Steuerbilanz gelten.[7]

Abweichungen zwischen der Handels- und der Steuerbilanz entstehen vor allem deshalb, weil die steuerrechtlichen Bilanzierungs- und Bewertungsvorschriften oft weniger Spielraum zulassen als die handelsrechtlichen Vorschriften. Diese strengeren Regelungen in der Steuerbilanz stammen daher, dass der steuerrechtliche Jahresabschluss andere Ziele verfolgt als der handelsrechtliche Jahresabschluss. Da die Handelsbilanz vor allem die Aufgabe der Transparenz eines Unternehmens und des Informationsflusses zwischen Unternehmen und Außenstehenden erfüllt, werden bei der Aufstellung einige Ermessensspielräume zugelassen. Der steuerrechtliche Jahresabschluss hingegen hat sich an die allgemein geltenden Besteuerungsprinzipien zu halten. Die beiden Prinzipien **Gleichmäßigkeit der Besteuerung und Prinzip der objektivierten Gewinnermittlung** besagen einerseits, dass für gleiche Wirtschaftssubjekte immer die gleichen Besteuerungsgrundlagen gelten, und andererseits, dass dem Bilanzierenden so wenig Freiraum wie möglich zugestanden wird. Das soll verhindern, dass der Steuerpflichtige die Möglichkeit hat, seine Steuerbelastung zeitlich zu verschieben. Durch diese Vorbehalte kommt es meist zu höheren bzw. zeitlich früheren Gewinnen in der Steuerbilanz als in der Handelsbilanz.[8] Das soll anhand des nächsten Beispiels veranschaulicht werden.

Beispiel[9]: Handelsbilanzielle und steuerbilanzielle Gewinnermittlung

Die Life-Tech GmbH erwirbt am 02.01.01 eine neue Maschine für 100.000 € zzgl. 19 % USt. Die Nutzungsdauer beträgt voraussichtlich 10 Jahre. Ein Liquidationserlös wird am Ende der Nutzungsdauer nicht erwartet. Die Maschine soll handelsrechtlich jährlich um 25 % des jeweiligen Restbuchwertes (geometrisch-degressiv) abgeschrieben werden. Ohne Berücksichtigung der Abschreibungen betrug der Gewinn 200.000 €.

Wie hoch ist sowohl der handelsrechtliche als auch der steuerrechtliche Jahresüberschuss?

Lösung: Im Steuerrecht ist die geometrische-degressive Abschreibung nicht mehr zulässig. Hieraus folgt, dass die Maschine linear über 10 Jahre abgeschrieben und die Anschaffungskosten in Höhe von 100.000 € gleichmäßig auf die Nutzungsdauer verteilt werden. Somit muss gemäß § 60 Abs. 2 EStDV die Steuerbilanz korrigiert werden.

	Handelsrecht			Steuerrecht	
	vorläufiger Gewinn	200.000 €		vorläufiger Gewinn	200.000 €
-	degressive Abschreibung (25 %)	- 25.000 €	-	lineare Abschreibung (10 %)	- 10.000 €
=	handelsrechtlicher Gewinn (Ausweis in der GuV)	= 175.000 €	=	steuerrechtlicher Gewinn	= 190.000 €
	Wertansatz Handelsbilanz (100 T€ - 25 T€ = 75 T€)	75.000 €		Wertansatz Steuerbilanz (100 T€ - 10 T€ = 90 T€)	90.000 €
				steuerlicher Mehrgewinn	**15.000 €**

---

[7] Vgl. Hayn et al.: HGB und Steuerbilanz im Vergleich – Synoptische Darstellung von Handels- und Steuerbilanzrecht, 2012, S. 11

[8] Vgl. Heno: Jahresabschluss nach Handelsrecht, Steuerrecht und internationalen Standards (IFRS), 2010, S. 31

[9] Nach: Heno: Jahresabschluss nach Handelsrecht, Steuerrecht und internationalen Standards (IFRS), 2010, S. 31

Weichen Handels- und Steuerbilanz in ihren Regelungen nicht voneinander ab, ist es möglich, eine sogenannte **Einheitsbilanz** zu erstellen. Das bedeutet, dass die Handelsbilanz parallel auch als Steuerbilanz dient. Die Einheitsbilanz ist vor allem für kleine und mittelständische Unternehmen von Vorteil, da zusätzliche Kosten für die Erstellung der Steuerbilanz entfallen und auf diese Weise der Aufwand für eine doppelte Bewertung vermieden werden kann.[10]

3.4 Bilanztheorien

Aus der Betriebswirtschaftslehre gehen verschiedene Bilanztheorien hervor, die den Zweck der Bilanzen erklären sollen. Die Bilanztheorien beschäftigen sich mit dem Inhalt, der Aufgabe und der Ausgestaltung des Jahresabschlusses. Obwohl diese Theorien oder Auffassungen nicht unbedingt maßgeblich für die praxisrelevante Bilanz im Rechtssinne sind, beeinflussen sie die Gesetzgebung, Rechtsfortbildung und Rechtsanwendung. Das ist vor allem der Fall, wenn die Zwecksetzungen einer Bilanz gesetzlich und betriebswirtschaftlich übereinstimmen oder Gesetzeslücken geschlossen werden sollen.[11]

Die **statische**, **dynamische** und **organische** Bilanzauffassung stellen die drei klassischen Bilanztheorien dar.

3.4.1 Statische Bilanzauffassung

Die statische Bilanztheorie besagt, dass die Aufgabe der Bilanz primär darin liegt, das Reinvermögen (Vermögen minus Schulden) eines Unternehmens, überwiegend im Interesse der Gläubiger, zu einem bestimmten Bilanzstichtag zu ermitteln. Daher werden nur selbstständige Vermögensbestandteile und Schulden in der Bilanz ausgewiesen, die außerdem eindeutig zu bewerten sind. Die Vermögensbestandteile werden mit den Anschaffungs- oder Herstellungskosten bzw. mit dem niedrigeren beizulegenden Wert bewertet. Für die Vermögensgegenstände gilt das Niederstwertprinzip. Die Schulden sind mit ihrem Erfüllungsbetrag am Bilanzstichtag anzusetzen, hier gilt das Höchstwertprinzip.

Ziel der statischen Bilanz ist vor allem die Vermögensbestandsermittlung. Die Vermögensmehrung innerhalb einer Periode wird als Gewinn bezeichnet.

3.4.2 Dynamische Bilanzauffassung

Im Gegensatz zur statischen Bilanztheorie liegt das Ziel der dynamischen Bilanztheorie darin, den Erfolg eines Unternehmens zu analysieren. Der Jahresabschluss stellt nach der dynamischen Bilanztheorie eine Zeitraumrechnung dar. Der Erfolg wird definiert als Differenzbetrag zwischen Ertrag und Aufwand.[12] Aufwendungen ergeben sich innerhalb eines Geschäftsjahres durch den Verbrauch von Gütern und Dienstleistungen (z. B. durch Abschreibungen, Materialverbrauch, Löhne und Gehälter, Zinsen etc.). Der Ertrag (z. B. Umsatzerlöse, Mieterträge, Zuschreibungen, Zinserträge etc.) steht dem Aufwand gegenüber und bezeichnet den Wertezuwachs, den ein Unternehmen innerhalb einer Periode erzielt.

---

[10] Vgl. Falterbaum et al.: Buchführung und Bilanz, 2010, S. 367

[11] Vgl. Federmann: Bilanzierung nach Handelsrecht, Steuerrecht und IAS/IFRS, 2010, S. 175

[12] Vgl. Falterbaum et al.: Buchführung und Bilanz, 2010, S. 369

Die Aufstellung der Bilanz findet über die verursachungsgerechte Periodenzurechnung von Einnahmen und Ausgaben statt. Dies erfolgt durch die Erfassung künftiger Aufwendungen und Einnahmen auf der Aktivseite sowie künftiger Ausgaben und Erträge auf der Passivseite.[13]

Die dynamische Bilanzauffassung folgt dem Prinzip der Verursachung. Es ist von größter Bedeutung, dass die Ausgaben und Einnahmen zeitlich korrekt zugeordnet werden. Auch Rückstellungen, dies sind ungewisse Verpflichtungen, folgen dem Verursachungsprinzip, d. h. sie werden in dem Jahr erfasst, in dem sie zustande gekommen sind. Sie werden, anders als bei der statischen Bilanztheorie, auch dann erfasst, wenn zum Zeitpunkt des Stichtags noch keine Verbindlichkeit besteht. Bei der dynamischen Bilanzauffassung werden Rechnungsabgrenzungsposten nicht vernachlässigt. Sie werden auch dann erfasst, wenn sie keine Verpflichtung darstellen. Ein Beispiel hierfür sind bezahlte Kfz-Steuern, die auch in der folgenden Periode wieder anfallen.[14]

Beispiel[15]: Statische und dynamische Bilanzauffassung

Eine Bauunternehmung verpflichtet sich, alle Mängel, die innerhalb von zwei Jahren nach Fertigung auftreten, zu reparieren. Bis zum Bilanzstichtag wurden noch keine Fehler gemeldet.

Lösung: Da bisher keine Verbindlichkeit besteht und auch nach den GoB keine erwartet werden kann, darf nach der **statischen** Bilanzauffassung keine Rückstellung gebildet werden.

Für die **dynamische** Bilanztheorie gilt jedoch das Verursachungsprinzip. D. h. die eventuell später anfallenden Kosten müssen dem Herstellungsjahr, durch einen Rückstellungsposten auf der Passivseite, zugeordnet werden.

3.4.3   Organische Bilanzauffassung

Mit der **organischen** Bilanzauffassung werden das Vermögen und der Erfolg eines Unternehmens ermittelt. Hauptmerkmal dieser Bilanztheorie ist die Berücksichtigung der Verbindung zwischen dem Unternehmen und der volkswirtschaftlichen Geldwertänderung. Daher ist für die Bewertung und die Abschreibungen der Wiederbeschaffungswert am Bilanzstichtag maßgeblich. So sollen Geldwertschwankungen aus der Bilanz beseitigt werden. Das Ergebnis ist dann der Unterschiedsbetrag zwischen dem, jeweils nach Wiederbeschaffungskosten bewerteten Anfangs- und Endvermögen.[16] Mithilfe dieser Theorie sollen **Scheingewinne** verhindert werden. Scheingewinne entstehen, wenn der Geldwert sinkt und die Wiederbeschaffungskosten, für z. B. Vorräte, steigen. Das bedeutet, dass der Wert der Ware zwar nominal gestiegen ist, real, oder anders ausgedrückt: substanziell, aber gleich geblieben oder sogar gesunken ist.

Beispiel: Scheingewinn

Ein Unternehmen hat 1.000 Stück Fertigerzeugnisse mit einem Wert von 15,00 € pro Stück auf Lager, welche zu einem Preis von insgesamt 23.000 € abgesetzt werden. Die Wiederbeschaffungskosten betragen am Bilanzstichtag aber 18,40 € pro Stück = 18.400 €. Wie hoch ist hier der Gewinn oder Verlust, der ausgewiesen werden kann?

Lösung: Durch die Veräußerung der Ware hat sich ein Scheingewinn in Höhe von 8.000 € ergeben (23.000 € - 15.000 € = 8.000 €), durch die Preiserhöhung bzw. die Geldwertminderung ist aber substanziell ein Verlust von 3.400 € (18.400 € - 15.000 € = 3.400 €) entstanden.

---

[13] Vgl. Federmann: Bilanzierung nach Handelsrecht, Steuerrecht und IAS/IFRS, 2010, S. 178

[14] Vgl. Falterbaum et al.: Buchführung und Bilanz, 2010, S. 369 f.

[15] Nach: Falterbaum et al.: Buchführung und Bilanz, 2010, S. 370

[16] Vgl. Falterbaum et al.: Buchführung und Bilanz, 2010, S. 371

3.5 Ausgewählte Posten des Anlagevermögens

Zum Anlagevermögen gehören alle Vermögensgegenstände, die dazu bestimmt sind, dauernd dem Geschäftsbetrieb des Unternehmens zu dienen und die technische Betriebsbereitschaft zu sichern (§ 247 Abs. 2 HGB). Das Anlagevermögen besteht aus immateriellen Vermögensgegenständen, Sach- und Finanzanlagen.

3.5.1 Immaterielle Vermögensgegenstände

Diese sind nicht materiell, d. h., sie sind nicht körperlich fassbar, und stellen keine finanziellen Vermögensgegenstände dar. Es handelt sich bei ihnen überwiegend um Wissen, Rechte und Werte. Bei den immateriellen Vermögensgegenständen besteht:

- eine Aktivierungs**pflicht** für **entgeltlich erworbene** immaterielle Vermögensgegenstände sowie für selbst geschaffenes immaterielles Umlaufvermögen und

- ein Aktivierungs**wahlrecht** für **selbst geschaffene** immaterielle Vermögensgegenstände des **Anlage**vermögens (§ 248 Abs. 2 HGB), wenn sie einzeln verwertbar sind, sei es durch Veräußerung oder anderweitig (beispielsweise durch Verarbeitung, Verbrauch oder Nutzungsüberlassung[17]). Um eine Ausschüttung solcher Beträge auszuschließen, wurde in § 268 Abs. 8 HGB eine Ausschüttungssperre eingebaut, wonach das Volumen selbst erstellter immaterieller Vermögensgegenstände nicht ausschüttbar ist.

Für selbsterstelltes immaterielles Vermögen gilt gemäß §§ 248 und 255 Abs. 2a HGB Folgendes:

Ansatzverbot für:

- Aufwendungen für die Gründung eines Unternehmens
- Aufwendungen für die Beschaffung des Eigenkapitals
- Aufwendungen für den Abschluss von Versicherungsverträgen
- Selbst erstellte Marken, Drucktitel, Verlagsrechte, Kundenlisten, vergleichbare immaterielle Vermögensgegenstände des Anlagevermögens
- Ausgaben für die Forschung
- Ausgaben, bei denen sich die Zwecke Forschung und Entwicklung nicht verlässlich voneinander unterscheiden lassen (§ 255 Abs. 2a Satz 2 HGB)

Ansatzpflicht für:

- entgeltlich erworbene immaterielle Rechte (z. B. Konzessionen, gewerbliche Schutzrechte)
- entgeltlich erworbenen Geschäfts- oder Firmenwert (§ 246 Abs. 1 Satz 4)
- selbst geschaffenes immaterielles Umlaufvermögen (z. B. Software zum Verkauf an Dritte bestimmt, Forschungstätigkeit im Auftrag nach Weisung und Rechnung Dritter)

Ansatzwahlrecht für:

- Ausgaben von Entwicklungskosten, d. h. Anwendung der Forschungsergebnisse

---

[17] Referentenentwurf zum Bilanzrechtsmodernisierungsgesetz

3.5.1.1   Selbst geschaffene gewerbliche Schutzrechte und ähnliche Rechte und Werte

Hierbei handelt es sich um immaterielle Vermögensgegenstände, die das Unternehmen nicht entgeltlich von Dritten erworben, sondern selbst hergestellt hat. Typische Beispiele für solche immateriellen Vermögensgegenstände sind selbst erstellte Entwicklungsprozesse, Produktionsverfahren und Software. Die Aktivierung beschränkt sich auf die angefallenen Herstellungsaufwendungen während der Entwicklungsphase. Kosten für die Forschung dürfen nach § 255 Abs. 2 Satz 4 und Abs. 2a Satz 1 HGB nicht aktiviert werden.

Oftmals sind Forschung und Entwicklung nur sehr schwer voneinander abzugrenzen, z. B. wenn Forschung und Entwicklung nicht nacheinander, sondern parallel laufen. Ist eine Unterscheidung zwischen Forschung- und Entwicklungskosten nicht möglich, besteht gemäß § 255 Abs. 2a Satz 4 HGB ein **Aktivierungsverbot**. Die angefallenen Kosten sind dann als Aufwendungen in der Gewinn- und Verlustrechnung erfolgswirksam zu verbuchen.

> **Merke**
>
> Handelsrechtlich besteht für selbst erstellte immaterielle Vermögensgegenstände ein Aktivierungswahlrecht. Steuerrechtlich besteht aber ein Aktivierungsverbot.

Übungsaufgabe 3.2

Diese Aufgabe finden Sie unter www.uvk-lucius.de/schritt-fuer-schritt

3.5.1.2   Entgeltlich erworbene Konzessionen, gewerbliche Schutzrechte und ähnliche Rechte und Werte sowie Lizenzen an solchen Rechten

Entgeltlich erworbene immaterielle Vermögensgegenstände sind Güter, die nicht vom Unternehmen selbst erstellt wurden, sondern durch Geld oder andere Tauschgeschäfte und Gegenleistungen angeschafft wurden.[18] Das betrifft nach § 266 Abs. 2 HGB vor allem Konzessionen, gewerbliche Schutzrechte und ähnliche Rechte und Werte:

- **Konzessionen** sind Genehmigungen von Behörden zur Ausübung eines konzessionspflichtigen Gewerbes oder zur Nutzung von öffentlichen Sachen, z. B. Mineralgewinnungs- und Bergbaurechte, Energieversorgungsrechte, Wassernutzungsrechte, Schankerlaubnis in Gaststätten und Verkehrskonzessionen etc.

- Die **gewerblichen Schutzrechte** und ähnliche Rechte und Werte schützen die technisch verwertbare geistige Leistung. Zu den gewerblichen Schutzrechten gehören z. B. Patente, Lizenzen, Urheberrechte, Nutzungsrechte, Warenzeichen, EDV-Software, ungeschützte Erfindungen, Know-how, Kundenkartei, Archive, Erfindungen, Rezepturen, Brenn- und Baurechte etc.

3.5.1.3   Geschäfts- oder Firmenwert

Beim **Geschäfts- oder Firmenwert** unterscheidet man zwischen zwei Arten: dem **derivativen** und dem **originären Geschäfts- oder Firmenwert**. Als **derivativ** wird der entgeltlich erworbene Geschäfts- oder Firmenwert (auch Goodwill genannt) bezeichnet. Er stellt die Differenz zwischen dem gezahlten Kaufpreis für ein Unternehmen und dessen Substanzwert dar.

---

[18] Vgl. Federmann, R.: Bilanzierung nach Handelsrecht, Steuerrecht und IAS/IFRS, 2010, S. 350 ff.

Es besteht sowohl handels- als auch steuerrechtlich eine Aktivierungs**pflicht** für den **derivativen** Geschäfts- oder Firmenwert, der z. B. aus einem Unternehmenskauf oder einer Verschmelzung resultiert. Der derivative Geschäfts- oder Firmenwert wurde handelsrechtlich, im Wege einer Fiktion, zum zeitlich begrenzt nutzbaren Vermögensgegenstand erhoben, der zwingend zu aktivieren und planmäßig über seine individuelle betriebliche Nutzungsdauer abzuschreiben ist (§ 246 Abs. 1 Satz 4 HGB). Falls der planmäßigen Abschreibung eine Nutzungsdauer von mehr als fünf Jahren zugrunde gelegt wird, ist dies von Kapitalgesellschaften und haftungsbeschränkten Personengesellschaften im Anhang zu begründen (§ 285 Nr. 13 HGB). Zusätzlich zur planmäßigen Abschreibung ist der derivative Geschäfts- oder Firmenwert, bei Vorliegen der entsprechenden Tatbestandsmerkmale, außerplanmäßig abzuschreiben. In Vorjahren vorgenommene außerplanmäßige Abschreibungen auf den derivativen Geschäfts- oder Firmenwert sind beizubehalten, auch wenn die Gründe für die Abschreibung nicht mehr bestehen (Wertaufholungsverbot gemäß § 253 Abs. 5 Satz 2 HGB).

In der **Steuerbilanz** besteht ebenfalls eine **Aktivierungspflicht**, aber der Abschreibungszeitraum beträgt exakt 15 Jahre. Wird der derivative Geschäfts- oder Firmenwert handelsrechtlich über einen kürzeren Zeitraum abgeschrieben als steuerlich, sind latente Steuern zu bilden.

Der vom Unternehmen selbstgeschaffene, sogenannte **originäre** Geschäfts- oder Firmenwert **darf nicht aktiviert** werden.

3.5.1.4   Geleistete Anzahlungen

Mit „geleisteten Anzahlungen" sind Vorauszahlungen für den Erwerb eines immateriellen Vermögensgegenstandes gemeint. Sie sind in einem gesonderten Bilanzposten auszuweisen, obwohl sie Forderungen gegenüber dem Lieferanten oder Geschäftspartner darstellen. Diese spezielle Aufteilung dient einer besseren Übersicht. Sobald die immateriellen Gegenstände auf das Unternehmen übergegangen sind, findet eine Umbuchung von den geleisteten Anzahlungen auf das jeweilige andere Vermögenskonto statt.

3.5.2   Sachanlagen

Sachanlagen sind physisch greifbare Vermögensgegenstände, die entweder keiner ständigen Wertminderung unterliegen (z. B. Grundstücke) oder deren Werte durch Nutzung und im Zeitablauf kontinuierlich abnehmen (z. B. Maschinen, Fahrzeuge und Gebäude).

3.5.2.1   Grundstücke, grundstücksgleiche Rechte und Bauten einschl. der Bauten auf fremden Grundstücken

Dieser Posten umfasst die unbeweglichen Sachanlagen. Steuerrechtlich spricht man vom Posten des Grund und Bodens. Dazu gehören:

- **Grundstücke:** Hier ist eine festgelegte Fläche des Grund und Bodens gemeint. Man unterscheidet zwischen bebautem und unbebautem Grund und Boden, der im Eigentum des Unternehmens steht. Grundstücke gehören zu den nicht abnutzbaren Vermögensgegenständen, weshalb sie keiner planmäßigen Abschreibung unterliegen.
- **Grundstücksgleiche Rechte:** Dies sind dingliche Rechte, die im BGB den Vorschriften über Grundstücke unterliegen[19], wie z. B. Erbbaurecht, Abbaurecht, Dauerwohn- und Nutzungsrecht.

---

[19] Baetge et al.: Bilanzen, 2012, S. 239

- **Bauten:** Zu den Bauten zählen Gebäude und (unselbstständige) Gebäudeteile, die in einem einheitlichen Nutzungszusammenhang mit dem Gebäude stehen, wie z. B. Heizungs-, Beleuchtungs-, Lüftungsanlagen, Zuleitungen, Rolltreppen, Installationen (wenn sie wirtschaftlich als Teil des Gebäudes anzusehen sind und keine Betriebsvorrichtungen darstellen).

- **Andere Bauten:** Sie dienen besonderen Zwecken und sind gesondert zu aktivieren, wie z. B. Straßen, Parkplätze, Brücken, Eisenbahnanlagen, Hafenanlagen etc.

- **Bauten auf fremden Grundstücken:** wenn die Bebauung auf einem gemieteten bzw. gepachteten Grundstück erfolgt.

3.5.2.2   Technische Anlagen und Maschinen

Der nächste Posten der Sachanlagen heißt **technische Anlagen und Maschinen**. Dieser umfasst alle „Vermögensgegenstände des Anlagevermögens, die unmittelbar dem betrieblichen Leistungserstellungsprozess dienen."[20] D. h. diese Vermögensgegenstände werden für den Produktionsprozess benötigt. Sie können wie folgt unterschieden werden:

- **Technische Anlagen:** z. B. Hochöfen, Tanks, Anlagen der chemischen Industrie, Kraftwerke, Transportanlagen, Krananlagen etc.

- **Maschinen:** z. B. Werkzeugmaschinen, Bohr-, Dreh-, Fräs-, Schleif- und Stanzmaschinen, Setz- und Druckmaschinen, Bagger, Arbeitsbühnen etc.

3.5.2.3   Andere Anlagen, Betriebs- und Geschäftsausstattung

Zu unterscheiden von den vorherigen beiden Posten ist der Posten der **anderen Anlagen, Betriebs- und Geschäftsausstattung.** Er kann wie folgt differenziert werden:

- **Andere Anlagen:** Sammelposten für Sachanlagen, die nicht eindeutig einem anderen Posten zuzuordnen sind, wie z. B. Telefon-, Überwachungsanlagen, Feuerlöscheinrichtungen etc.

- **Betriebs- und Geschäftsausstattung:** Dies betrifft Vermögensgegenstände, die in erster Linie der Verwaltung und dem Vertrieb dienen, wie z. B. Büro- und Lagereinrichtung, Fuhrpark, Kantinen, geringwertige Wirtschaftsgüter etc.

3.5.2.4   Geleistete Anzahlungen und Anlagen im Bau

Anzahlungen, die ein Unternehmer auf Sachanlagen leistet, werden auf dem Konto „Geleistete Anzahlungen auf Sachanlagen" gebucht und in der Bilanz unter dem Posten „Geleistete Anzahlungen und Anlagen im Bau" separat ausgewiesen.

- **Geleistete Anzahlungen** sind Vorleistungen auf eine vom anderen Vertragsteil zu erbringende Lieferung/Leistung, deren Lieferung bis zum Bilanzstichtag noch nicht erfolgt ist. Hier liegt ein schwebendes Geschäft vor, das erfolgsneutral ausgewiesen wird.

- Der Bilanzposten **„Anlagen im Bau"** enthält sämtliche (aktivierungsfähige) Aufwendungen für Eigen- und Fremdleistungen, die zum Bilanzstichtag für unvollendete und damit noch nicht nutzbare Sachanlagegüter angefallen sind.

Die Anzahlungen sind mit den tatsächlich geleisteten Beträgen und die Anlagen im Bau sind mit den Anschaffungs- oder Herstellungskosten anzusetzen.

---

[20] Baetge et al.: Bilanzen, 2012, S. 240

3.5.3   Finanzanlagen

Finanzanlagen sind Anteile an verbundenen Unternehmen, Beteiligungen an Unternehmen und Ausleihungen (z. B. Darlehens- und Hypothekenforderungen), die von langfristiger Natur sind und nicht nur vorübergehend gehalten bzw. gewährt werden sollen, sowie Wertpapiere des Anlagevermögens.

Die Finanzanlagen lassen sich in die Anteilsfinanzierung und die Darlehensfinanzierung aufteilen. Bei der **Anteilsfinanzierung** ist das Unternehmen Anteilseigner, d. h. das investierte Kapital wird im anderen Unternehmen, an dem eine Beteiligung gehalten wird, als Eigenkapital aufgeführt. Dies kommt bei Anteilen, Beteiligungen und Wertpapieren vor. Handelt es sich bei der Investition um Ausleihungen, spricht man von einer **Darlehensfinanzierung.** Dabei wird das investierte Kapital in dem nehmenden Unternehmen als Fremdkapital ausgewiesen. [21]

Die Finanzanlagen können wie folgt aufgeteilt werden:

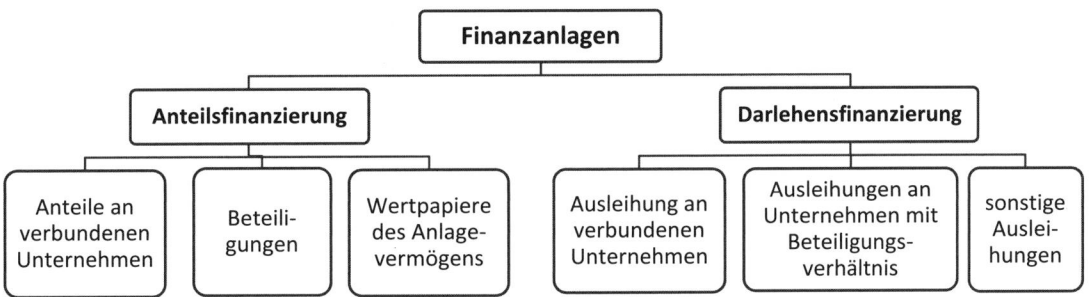

Abb. 3.5: Aufteilung der Finanzanlagen des Anlagevermögens

3.5.3.1   Anteile an verbundenen Unternehmen

Verbundene Unternehmen im Sinn des HGB sind solche Unternehmen, die zwar rechtlich selbstständig sind, aber im Verhältnis einer Mutter- und Tochtergesellschaft zueinander stehen. Sie sind gemäß § 290 HGB in den Konzernabschluss einzubeziehen.

3.5.3.2   Ausleihungen an verbundene Unternehmen

Sie stellen langfristige Finanzforderungen (i. d. R. über eine Dauer von mindestens 12 Monaten) gegenüber verbundenen Unternehmen dar. Bei den Ausleihungen an verbundene Unternehmen kann sich die Forderung sowohl von der Tochtergesellschaft an die Muttergesellschaft als auch von der Muttergesellschaft an die Tochtergesellschaft richten.[22]

3.5.3.3   Beteiligungen

Beteiligungen sind Anteile an Unternehmen, die die Voraussetzungen des § 271 Abs. 1 HGB, nicht aber die des § 271 Abs. 2 HGB erfüllen. Nach § 271 Abs. 1 HGB sind Beteiligungen Anteile, bei denen die wirtschaftliche und nicht die rein finanzielle Verbindung im Vordergrund steht. Wenn die Anteile 20 % des Nennkapitals einer Kapitalgesellschaft überschreiten, geht man von einer Beteiligung aus. Allerdings gilt, dass die Anteilsrechte des Nennkapitals jedoch nicht mehr als

---

[21] Vgl. Wehrheim u. Renz: Die Handels- und Steuerbilanz, 2011, S. 40

[22] Vgl. Wehrheim u. Renz: Die Handels- und Steuerbilanz, 2011, S. 41

50 % (da es sich sonst um ein verbundenes Unternehmen handeln würde) betragen dürfen, damit eine Beteiligung an einer Kapitalgesellschaft besteht.

3.5.3.4   Ausleihungen an Beteiligungsunternehmen

Der vierte Posten der Finanzanlagen heißt **Ausleihungen an Unternehmen, mit denen ein Beteiligungsverhältnis besteht**. Dabei handelt es sich um langfristige Finanzforderungen gegenüber den oben beschriebenen Beteiligungsunternehmen.

3.5.3.5   Wertpapiere des Anlagevermögens

Bei den Wertpapieren des Anlagevermögens handelt es sich um eine langfristige Kapitalanlage. In der Regel dürfen die Anteile an anderen Unternehmen 20 % nicht übersteigen, damit sie den Wertpapieren des Anlagevermögens zugeordnet werden können. Als Beispiele können Aktien, Anleihen, Pfandbriefe, Wandelschuldverschreibungen, Investmentanteile oder Zero Bonds genannt werden.

3.5.3.6   Sonstige Ausleihungen

Dies sind langfristige Kapitalüberlassungen an Dritte in Form von Darlehen oder Krediten. Das bilanzierende Unternehmen ist Gläubiger einer Finanzforderung mit einer Mindestlaufzeit von mehr als einem Jahr.

3.6   Ausgewählte Posten des Umlaufvermögens

Das Umlaufvermögen umfasst alles, was nicht zum Anlagevermögen, zu den aktiven Rechnungsabgrenzungsposten, den aktiven latenten Steuern und dem aktiven Unterschiedsbetrag aus der Vermögensrechnung zählt. Unter dem Umlaufvermögen werden alle Vermögensgegenstände erfasst, die nur kurz im Unternehmen verbleiben. Es erfolgt die Erläuterung der einzelnen Posten des Umlaufvermögens.

3.6.1   Vorräte

Die Vorräte umfassen:

- **Roh-, Hilfs- und Betriebsstoffe:** Fremdbezogene, unverarbeitete Stoffe, die mittel- oder unmittelbar in Erzeugnisse eingehen. Rohstoffe stellen die Hauptbestandteile (z. B. Blech, Glas, Holz, Kunststoff), Hilfsstoffe die Nebenbestandteile (z. B. Farbe, Nägel, Schrauben, Kleber) dar. Betriebsstoffe sind kein Bestandteil der Erzeugnisse (z. B. Strom, Wasser etc.), sondern werden bei der Herstellung verbraucht.
- **Unfertige Erzeugnisse:** Vermögensgegenstände, die sich im Produktionsprozess befinden, noch nicht verkaufsfähig sind, aber bereits Aufwendungen (Fertigungs-, Materialkosten etc.) verursacht haben.
- **Unfertige Leistungen:** Aufträge, die sich bei Dienstleistungsunternehmen in Bearbeitung befinden.
- **Fertige Erzeugnisse:** Selbst erstellte, versandfertige Vermögensgegenstände, die den Produktionsprozess schon vollständig durchlaufen haben.
- **Waren (Handelswaren):** Fremdbezogene Vorräte, die ohne wesentliche Be- bzw. Verarbeitung zum Verkauf bestimmt sind.
- **Geleistete Anzahlungen:** Vorleistung auf eine, vom anderen Vertragsteil, zu erbringende Leistung, d. h. die Lieferung ist bis zum Bilanzstichtag vom Lieferanten noch nicht erfolgt.

3.6.2 Forderungen und sonstige Vermögensgegenstände

Eine Forderung entsteht grundsätzlich, wenn die geschuldete Leistung erbracht und die Abrechnungsfähigkeit gegeben sind. Sie erlischt bei Erfüllung, Aufrechnung, Erlass, Verkauf (Factoring), befreiender Schuldübernahme und Novation (Schuldumwandlung).

- **Forderungen aus Lieferungen und Leistungen**: Unter diesem Posten werden all jene Forderungen zusammengefasst, die aus der Umsatztätigkeit des Unternehmens resultieren.
- **Sonstige Vermögensgegenstände**: Dieser Sammelposten enthält Forderungen des Unternehmens gegenüber Dritten, die mit der eigentlichen Geschäftätigkeit nichts zu tun haben, z. B. Gehalts-, Kostenvorschüsse, Kautionen, Steuererstattungsansprüche, Ansprüche auf Zulagen/Zuschüsse, Schadenersatzansprüche, Personaldarlehen und Ansprüche auf Boni.

3.6.3 Wertpapiere

Zu den Wertpapieren des Umlaufvermögens gehören alle Wertpapiere, die nicht im Anlagevermögen enthalten sind. Wertpapiere des Umlaufvermögens gehören zu den kurzfristigen Finanzanlagen, die jederzeit veräußert werden können. Es wird unterschieden zwischen:

- **Anteile an verbundenen Unternehmen**: Zum Umlaufvermögen gehören solche Anteile nur dann, wenn nur eine kurzfristige Anlage geplant ist.
- **Sonstige Wertpapiere**: Alle Wertpapiere, von denen ein Ausweis an anderer Stelle nicht möglich ist.

3.6.4 Kassenbestand, Bundesbankguthaben, Guthaben bei Kreditinstituten und Schecks

Dies sind die flüssigen Mittel. Der Kassenbestand und die Bankguthaben sind zum Nominalbetrag anzusetzen. Die Schecks sind wie Forderungen zu bewerten. Fremdwährungsbestände sind gemäß § 256a HGB mit dem Devisenkassamittelkurs am Bilanzstichtag umzurechnen. Die flüssigen Mittel können jederzeit in eine andere Vermögensform umgewandelt werden.

3.7 Aktive Rechnungsabgrenzungsposten

Unter der Position „**Rechnungsabgrenzungsposten**" sind nur sogenannte **transitorische Posten** auszuweisen und ausweispflichtig. Ein aktiver Rechnungsabgrenzungsposten wird gebildet, wenn Ausgaben vor dem Abschlussstichtag, Aufwendungen für eine bestimmte Zeit nach dem Abschlussstichtag darstellen (z. B. Miet-, Pachtvorauszahlung, Versicherungsprämie, Honorare und Gebühren, die im Voraus bezahlt wurden etc.).

3.8 Aktive latente Steuern

Latente Steuern entstehen durch unterschiedliche handels- und steuerrechtliche Bilanzierung. Im Handelsrecht besteht für die aktiven latenten Steuern ein Aktivierungswahlrecht. Aktive latente Steuern stellen einen Vermögenswert dar, der auf einer Steuermehrzahlung beruht und eine zukünftige Steuerminderung hervorruft. Somit sind die aktiven latenten Steuern als Forderung gegenüber dem Finanzamt anzusehen.

Aktive Steuerabgrenzung: Es erfolgt eine periodengerechte Berücksichtigung von Steueraufwand bei Bewertungsdifferenzen zwischen Handels- und Steuerbilanz. Wenn diese Differenzen in nachfolgenden Geschäftsjahren abnehmen und dadurch zu einer Steuerentlastung führen, kann die Entlastung als aktive latente Steuer bilanziert werden. Mögliche Ursachen für aktive latente Steuern sind:

- In der Handelsbilanz sind die Vermögensgegenstände niedriger bewertet als in der Steuerbilanz, bzw. Aktivposten sind in der Steuerbilanz aber nicht in der Handelsbilanz angesetzt.

- In der Handelsbilanz sind Schulden höher bewertet als in der Steuerbilanz, bzw. Schulden sind in der Handelsbilanz, aber nicht in der Steuerbilanz angesetzt.

- Aktive latente Steuern sind aufzulösen, sobald die Steuerentlastung eintritt oder mit ihr nicht mehr zu rechnen ist.

3.9   Aktiver Unterschiedsbetrag aus der Vermögensverrechnung

Vermögensgegenstände, die ausschließlich der Erfüllung von Schulden aus Altersversorgungsverpflichtungen oder vergleichbaren langfristig fälligen Verpflichtungen dienen und dem Zugriff aller übrigen Gläubiger entzogen sind (§ 255 Abs. 1 Satz 4 HGB i. V. m. § 246 Abs. 2 HGB), werden mit dem Zeitwert bewertet. In der Bilanz ist der Nettowert der korrespondierenden Vermögensgegenstände und Schulden aus Altersvorsorgeverpflichtungen auszuweisen. Übersteigt der Wert des Vermögens die Schulden, verlangt § 246 Abs. 2 Satz 2 HGB i. V. m. § 266 Abs. 2 HGB den gesonderten Ausweis des Saldos als letzten Posten auf der Aktivseite der Bilanz unter der Bezeichnung „Aktiver Unterschiedsbetrag aus der Vermögensverrechnung".

Es werden die beizulegenden Zeitwerte der zur Absicherung der Ansprüche der Mitarbeiter dienenden Vermögensgegenstände mit den Werten der Altersversorgungsverpflichtungen (Rückstellungen) des Unternehmens gegenüber den Mitarbeitern saldiert. Ein aktiver Restbetrag aus der Verrechnung ist unter dem Posten „aktiver Unterschiedsbetrag aus der Vermögensverrechnung auszuweisen. Ein passiver Unterschiedsbetrag ist unter den Rückstellungen auszuweisen.[23]

3.10   Nicht durch Eigenkapital gedeckter Fehlbetrag

Ein **nicht durch Eigenkapital gedeckter Fehlbetrag** stellt einen rechnerischen Gegenposten zum Eigenkapital bei bilanzieller Überschuldung (§ 268 Abs. 3 HGB) dar. Dieser Posten entsteht, wenn das Eigenkapital durch Verluste aufgezehrt und vollständig vernichtet wurde.

3.11   Ausgewählte Posten des Eigenkapitals

Das Eigenkapital ist die Differenz zwischen der Summe der Aktiva und der Summe der Schulden abzüglich der passiven Rechnungsabgrenzungsposten und der passiven latenten Steuern. Die Höhe des Eigenkapitals ergibt sich erst nach Ansatz und Bewertung der restlichen Bilanzposten.

Die Summe der finanziellen Mittel, die eine Unternehmung von ihren Eigentümern bzw. Anteilseignern ohne zeitliche Begrenzung zur Verfügung gestellt werden, stellt das Eigenkapital dar.

---

[23] von Eitzen & Zimmermann: Bilanzierung nach HGB und IFRS, 2013, S. 127

Bei einer **Kapitalgesellschaft** wird in dem **Gliederungsschema** der Bilanz (§ 266 Abs. 3 HGB) das Eigenkapital wie folgt zusammengefasst ausgewiesen:

A. Eigenkapital
- I. Gezeichnetes Kapital
- II. Kapitalrücklage
- III. Gewinnrücklagen
    1. gesetzliche Rücklage
    2. Rücklage für Anteile an einem herrschenden oder mehrheitlich beteiligtem Unternehmen
    3. satzungsmäßige Rücklagen
    4. andere Gewinnrücklagen
- IV. Gewinnvortrag/Verlustvortrag
- V. Jahresüberschuss/Jahresfehlbetrag
- VI. Bilanzgewinn/Bilanzverlust, davon Ergebnisvortrag gemäß § 268 Abs. 1 HGB (als Alternative zu den Posten des Eigenkapitals A. IV. und A. V.)

3.11.1 Gezeichnetes Kapital

Unter dem Posten „**Gezeichnetes Kapital**" ist der Teil des Eigenkapitals einer Kapitalgesellschaft auszuweisen, zu dessen Einzahlung sich die Gesellschafter oder Mitglieder eines Unternehmens verpflichtet haben und auf den die Haftung für die Verbindlichkeiten des Unternehmens beschränkt ist (§ 272 Abs. 1 HGB). Dem **gezeichneten Kapital entsprechen**

- bei der AG das Grundkapital [= (Nennbetrag) × (Zahl der Anteile)],
- bei der GmbH das Stammkapital und
- bei der Genossenschaft das Geschäftsguthaben der Genossen.

Das Grundkapital einer AG muss mindestens 50.000 € und das Stammkapital einer GmbH muss mindestens 25.000 € betragen. Nicht eingeforderte **ausstehende Einlagen** sind offen vom gezeichneten Kapital abzusetzen.

3.11.1.1 Ausstehende Einlagen

Die nicht eingeforderten ausstehenden Einlagen sind zwingend vom gezeichneten Kapital offen abzusetzen. In der Hauptspalte der Bilanz wird der verbleibende Betrag, das eingeforderte Kapital, unter dieser Bezeichnung ausgewiesen. Korrespondierend dazu ist der eingeforderte, aber noch nicht einbezahlte Betrag unter den Forderungen gesondert auszuweisen und entsprechend zu bezeichnen.

Beispiel: Ausstehende Einlagen

Von den ausstehenden Einlagen in Höhe von 700.000 € wurden 300.000 € eingefordert. Der folgende Bilanzausschnitt zeigt den Nettoausweis:

Aktiva	Eigenkapitalausweis gemäß § 272 Abs. 1 Satz 3 HGB (Nettoausweis)		Passiva
Forderungen und sonstige Vermögensgegenstände:		Eigenkapital	
eingeforderte, noch nicht eingezahlte ausstehende Einlagen	300 T€	gezeichnetes Kapital	2.700 T€
		ausstehende nicht eingeforderte Einlagen	- 400 T€
		eingefordertes Kapital	2.300 T€

3.11.1.2 Ausweis von eigenen Anteilen

Der Erwerb eigener Anteile stellt, wirtschaftlich betrachtet, eine Rückzahlung von Einlagen und damit eine Verringerung der Haftungssumme dar. Aus diesem Grund unterliegt dieser Erwerb bestimmten Restriktionen (z. B. ist er nach § 71 AktG auf 10 % des Grundkapitals beschränkt) und Ausweispflichten.[24]

Eigene Anteile werden in der Höhe des Nennwertes[25] oder des rechnerischen Wertes auf der Passivseite offen vom **gezeichneten Kapital** abgesetzt. Die Differenzen zu den Anschaffungskosten werden mit den frei verfügbaren Rücklagen verrechnet. Nebenkosten des Kaufes und der Veräußerung von eigenen Anteilen sind gemäß § 272 Abs. 1a Satz 3 HGB und § 272 Abs. 1b Satz 4 HGB unmittelbar erfolgswirksam zu behandeln.

Die Veräußerung der eigenen Anteile wird, im Gegenzug zum Erwerb der eigenen Anteile, als Kapitalerhöhung behandelt. Verbleibt nach Rückgängigmachung der Verrechnung mit den frei verfügbaren Rücklagen noch ein Differenzbetrag, ist dieser in die Kapitalrücklage einzustellen.

Beispiel: Eigene Anteile

Ein Unternehmen kauft eigene Anteile mit einem Nennwert von 100 T€, Kaufpreis 800 T€, Anschaffungsnebenkosten 8 T€, Veräußerungspreis 1.000 T€ abzüglich 1 % Transaktionskosten.

Bilanzielle Behandlung des Kaufs (in T€):

gez. Kapital (eigene Anteile)	100			
Gewinnrücklagen	700	an	Bank	800
sonstige Aufwendungen	8	an	Bank	8

Bilanzielle Behandlung der späteren Veräußerung (in T€):

Bank	990			
sonstige Aufwendungen	10	an	gezeichnetes Kapital	100
		an	Gewinnrücklagen	700
		an	Kapitalrücklage	200

3.11.2 Offene Rücklagen

Die offenen Rücklagen unterscheiden sich in:

- Kapitalrücklage (Zuführung nicht erwirtschafteter Beträge von außen) und
- Gewinnrücklagen (Zuführung erwirtschafteter Beträge von innen)

3.11.2.1 Kapitalrücklage

Als **Kapitalrücklage** sind im Einzelnen auszuweisen (§ 272 Abs. 2 HGB):

- Beträge, die bei der Ausgabe von Anteilen über den Nennbetrag hinaus erzielt wurden (§ 272 Abs. 2 Nr. 1 HGB) (also die Differenz von Emissionskurs und Nennwert = Agio).
- Zuweisung von Agio-Beträgen bei der Emission (Ausgabe) von Wandel- und Optionsschuldverschreibungen über ihrem Rückzahlungsbetrag.

---

[24] Hahn, K.: BilMoG Kompakt, 2009, S. 77

[25] Vgl. Küting, K.; Pfitzer, N. & Weber, C.-P.: Das neue deutsche Bilanzrecht, 2009, S. 27

- Zuzahlungen, die Gesellschafter gegen Gewährung eines Vorzugs für ihre Anteile leisten (**Zuzahlung von Gesellschaftern für Vorzugsrechte**);
- andere Zuzahlungen, die Gesellschafter in das Eigenkapital leisten (Zahlungen bei Sanierungen, Nachschüsse bei der GmbH).

Beispiel: Einstellung in die Kapitalrücklage

Die expandierende aim-AG erhöht ihr gezeichnetes Kapital um 200.000 € durch Ausgabe junger (neuer Aktien). Für die Ausgabe der jungen Aktien (=Emission) schreibt die Bank der aim-AG 300.000 € (Ausgabekurswert) gut.

Das **Aufgeld** (**Agio** bei Aktienausgabe) in Höhe von 100.000 € ist der Kapitalrücklage zuzuführen und wie folgt zu buchen.

Buchungssatz:

| Bank | 300.000 | an | gezeichnetes Kapital | 200.000 |
| | | an | Kapitalrücklage | 100.000 |

Für welche Zwecke kann die Kapitalrücklage verwendet werden?

- Zum Ausgleich eines Jahresfehlbetrags/Verlustvortrags sofern dieser nicht durch Auflösung anderer Gewinnrücklagen gedeckt werden kann (§ 150 Abs. 3 AktG).
- Umwandlung in Grundkapital durch Gewährung von Berichtigungsaktien (Kapitalerhöhung aus Gesellschaftsmitteln), falls gesetzliche Rücklage und Kapitalrücklage zusammen 10 % des gezeichneten Kapitals übersteigen (§ 150 Abs. 4 Nr. 3 AktG).

Beispiel: Kapitalerhöhung aus Gesellschaftsmitteln bei der Patrizia AG

Augsburg, 10. Juli 2014 – Die ordentliche Hauptversammlung der PATRIZIA Immobilien AG (ISIN DE000PAT1AG3) vom 27. Juni 2014 hat beschlossen, das Grundkapital der Gesellschaft aus Gesellschaftsmitteln von 63.077.300,00 Euro um 6.307.730,00 Euro auf 69.385.030,00 Euro nach den Vorschriften der §§ 207 ff. AktG zu erhöhen. Die Kapitalerhöhung erfolgt durch Umwandlung eines Teilbetrags in Höhe von 6.307.730,00 Euro der in der Jahresbilanz der Gesellschaft zum 31. Dezember 2013 ausgewiesenen Kapitalrücklage in Grundkapital. Die Kapitalerhöhung wird durch Ausgabe von 6.307.730 neuen auf den Namen lautenden Stückaktien (Berichtigungsaktien) mit einem rechnerischen Anteil am Grundkapital von 1,00 Euro je Aktie durchgeführt, die an die Aktionäre der PATRIZIA Immobilien AG im Verhältnis 10:1 ausgegeben werden. Die neuen Aktien sind ab dem 1. Januar 2014 gewinnberechtigt. Die entsprechende Satzungsänderung ist am 3. Juli 2014 in das Handelsregister der Gesellschaft beim Amtsgericht Augsburg eingetragen und damit wirksam geworden. Das Grundkapital der Gesellschaft beträgt nunmehr 69.385.030,00 Euro und ist eingeteilt in 69.385.030 auf den Namen lautende Stückaktien. Die Transaktion wird von der VEM Aktienbank AG, München, begleitet.

3.11.2.2 Gewinnrücklagen

In den Gewinnrücklagen werden die kumulierten thesaurierten (einbehaltene) Gewinne nach Steuern, die im Geschäftsjahr oder in früheren Geschäftsjahren gebildet wurden, eingestellt. Dabei wird unterschieden zwischen:

- **gesetzlicher Rücklage** bei der AG: Gemäß § 150 Abs. 2 AktG sind in die gesetzliche Rücklage so lange 5 % des Jahresüberschusses einzustellen, bis diese zusammen mit der Kapitalrückla-

ge 10 % des Grundkapitals erreicht hat. Ist aus den Vorjahren ein Verlustvortrag vorhanden, ist der Jahresüberschuss vor Verwendung entsprechend zu kürzen.

- **gesetzlicher Rücklage** bei der Unternehmergesellschaft (haftungsbeschränkt): Es sind 25 % des, um einen Verlustvortrag aus dem Vorjahr gemilderten, Jahresüberschusses einzustellen, bis das Stammkapital einer GmbH nach § 5 GmbHG von mindestens 25.000 € erreicht ist.

- **Rücklage für Anteile an einem herrschenden oder mehrheitlich beteiligten Unternehmen:** Für diese Anteile ist eine Rücklage zu bilden. In die Rücklage ist ein Betrag einzustellen, der dem auf der Aktivseite der Bilanz für diese Anteile entspricht.

- **satzungsmäßigen Rücklagen:** Wird die Rücklagenbildung durch die Satzung bestimmt, so handelt es sich um satzungsmäßige Rücklagen. Es können den Gewinnrücklagen bestimmte Beträge aus dem Jahresüberschuss zugeführt werden.

- **anderen Gewinnrücklagen:** Dies ist der Sammelposten all jener Rücklagen, die aus dem Jahresüberschuss ohne gesonderten Bilanzausweis eingestellt werden.

Gesetzliche Rücklagen sind Rücklagen, die gesetzlich vorgeschrieben sind. In die **gesetzliche Rücklage einer AG sind jährlich einzustellen 5 %** des ggf. um einen Verlustvortrag des Vorjahres geminderten Jahresüberschusses, **bis die gesetzliche Rücklage und die Kapitalrücklage zusammen 10 %** des Grundkapitals erreichen.

Beispiel: Einstellung in die gesetzliche Rücklage

Die Dienstleistungs-AG hat ein Grundkapital von 5.000.000 €. Die gesetzliche Rücklage einschließlich Kapitalrücklage beträgt am Schluss des Vorjahres 300.000 €. Im abgelaufenen Geschäftsjahr haben die Erträge 20.000.000 € und die Aufwendungen 19.000.000 € betragen.

Es ist ein Verlust aus dem Vorjahr von 200.000 € vorhanden.

Berechnung der Einstellung der gesetzlichen Rücklage:

	Erträge	20.000.000 €
-	Aufwendungen	-19.000.000 €
=	Jahresüberschuss	= 1.000.000 €
-	Verlustvortrag	- 200.000 €
=	Berechnungsgrundlage	= 800.000 €
	davon 5 % = Einstellung in die gesetzliche Rücklage	= 40.000 €

Diese **40.000 €** sind in die gesetzliche Rücklage einzustellen, da die bisher gebildete gesetzliche Rücklage den zehnten Teil des Grundkapitals noch nicht erreicht hat.

3.11.2.3 Gewinn-/Verlustvortrag

Unter diesem Posten werden nicht verwendete Gewinne oder nicht ausgeglichene Verluste aus den Vorjahren vorgetragen. Falls das Vorjahr mit einem Verlust abgeschlossen wurde, wird dieser Verlust unter dem Posten „Verlustvortrag" ausgewiesen. Im Falle eines nicht komplett ausgeschütteten Bilanzgewinns im Vorjahr wird, in dem Posten „Gewinnvortrag", der Betrag aufgenommen, der nach einer Gewinnausschüttung bzw. Zuführung zu den Gewinnrücklagen übrig geblieben ist.

3.11.2.4 Jahresüberschuss/-fehlbetrag

Der Jahresüberschuss stellt den Gewinn des laufenden Geschäftsjahres nach Steuern vor der Gewinnausschüttung dar. Der Jahresfehlbetrag bildet den Verlust des laufenden Geschäftsjahres nach Steuern ab. Diese Posten erscheinen nur dann in der Bilanz, wenn diese vor Verwendung des Jahresergebnisses aufgestellt wird.

3.11.2.5 Bilanzergebnis (Bilanzgewinn/-verlust)

Die Mindestgliederungsschemata der GuV sowie der Bilanz nach HGB (§§ 275 Abs. 2 und 3 bzw. 266 Abs. 3 HGB) enthalten lediglich die Posten Jahresüberschuss bzw. -fehlbetrag. Sofern die Bilanz unter Berücksichtigung der teilweisen Gewinnverwendung des Jahresergebnisses aufgestellt wird, werden die Posten „Jahresüberschuss/Jahresfehlbetrag" und „Gewinn-/Verlustvortrag" durch die Posten „Bilanzgewinn/Bilanzverlust" ersetzt.[26]

3.11.2.6 Ermittlung des Bilanzgewinns

Bei Aktiengesellschaften wird das Jahresergebnis nach Steuern in der Regel bereits **bei der Aufstellung der Bilanz** auf **Beschluss des Vorstandes** teilweise **verwendet** und ist in der GuV oder im Anhang darzustellen. Der Ausweis des **Bilanzgewinns** bedeutet, dass der Vorstand von seinem Recht Gebrauch gemacht hat, einen Teil des Jahresüberschusses (bei Aktiengesellschaften gemäß § 58 AktG bis zu 50 %) in die Rücklagen einzustellen. Der Rest wird „als Bilanzgewinn" der Hauptversammlung oder Gesellschafterversammlung zur Disposition gestellt, wobei oft ein Verwendungsvorschlag gemacht wird. Den zur Ausschüttung vorgesehenen Teil rechnet man den kurzfristigen Verbindlichkeiten zu. Im Übrigen stellt der Bilanzgewinn Eigenkapital dar.

> **Merke**
>
> Der Bilanzgewinn ist der Gewinn, der zur Ausschüttung zur Verfügung steht.
>
> Der Bilanzverlust ist der Verlust, der das Eigenkapital reduziert, er wird als Korrekturposten mit negativem Vorzeichen ausgewiesen und wird in der nachfolgenden Periode als Verlustvortrag behandelt.

Der Bilanzgewinn wird wie folgt berechnet:

	Gewinnverwendung	Kompetenzabgrenzung bei der AG
	Jahresüberschuss/-fehlbetrag	gesetzlich oder satzungsmäßig bestimmte Beträge
+/-	Gewinn-/Verlustvortrag a. d. Vorjahr	
-	Einstellungen in die Gewinnrücklagen aufgrund von Gesetz und Satzung (§ 150 Abs. 2 AktG)	
+	Entnahmen aus den Kapitalrücklagen[27]	Kompetenz von Vorstand und Aufsichtsrat vor Jahresabschlussfeststellung
+	Entnahmen aus den Gewinnrücklagen[28]	

[26] Coenenberg, A. et al.: Jahresabschluss und Jahresabschlussanalyse, 2014, S. 592

[27] Kapitalrücklagen umfassen das dem Unternehmen neben dem Nominalkapital von außen insbesondere durch das Aufgeld (Agio) bei der Ausgabe von Stammanteilen zugeführte Eigenkapital.

[28] Gewinnrücklagen: Bei der AG sind 5 % des Jahresüberschusses in die Gewinnrücklagen auf das Konto „gesetzliche Rücklagen" einzustellen, bis die gesetzlichen Rücklagen zusammen mit den Kapitalrücklagen 10 % am Grundkapital erreichen. Darüber hinaus gibt es noch satzungsmäßige und andere Gewinnrücklagen.

-	Einstellungen in die Gewinnrücklagen (§ 58 Abs. 2 und 2a AktG)	
=	**Bilanzgewinn/-verlust**	Kompetenz der Hauptversammlung nach Jahresabschlussfeststellung
-	Einstellungen in die Gewinnrücklagen (§ 58 Abs. 3 AktG)	
-	Gewinnvortrag ins neue Jahr (§ 58 Abs. 3 AktG)	
=	**Ausschüttung**	

Abb. 3.6: Jahresüberschuss, Bilanzgewinn, Ausschüttung[29]

Nach § 158 Abs. 1 Satz 1 AktG sind dem Jahresergebnis der Gewinnvortrag aus dem Vorjahr und Entnahmen aus der Kapitalrücklage oder aus Gewinnrücklagen hinzuzurechnen, während der Verlustvortrag aus dem Vorjahr und Einstellungen in die Gewinnrücklagen abzuziehen sind. Somit errechnet sich das Bilanzergebnis nach folgendem Schema (§ 158 Abs. 1 Satz 1 AktG):

	Jahresüberschuss/Jahresfehlbetrag
-	Verlustvortrag
=	**Bemessungsgrundlage 1**
-	Pflichteinstellung in die gesetzliche Rücklage (so lange 5 % von der positiven Bemessungsgrundlage 1, bis gesetzliche Rücklage und Kapitalrücklage zusammen 10 % des Grundkapitals erreicht haben)
=	korrigierter Jahresüberschuss: **Bemessungsgrundlage 2**
-	Einstellung in andere Gewinnrücklagen (max. 50 % der positiven Bemessungsgrundlage 2)
=	**Bemessungsgrundlage 3**
-	Einstellung in die Rücklage für Anteile an einem herrschenden oder mehrheitlich beteiligtem Unternehmen
-	Einstellung in satzungsmäßige Rücklagen
=	**Bemessungsgrundlage 4**
+	Gewinnvortrag
+	Entnahme aus der Kapitalrücklage
+	Entnahmen aus den Gewinnrücklagen
=	**Bilanzgewinn/Bilanzverlust (Bilanzergebnis)**

Abb. 3.7: Ermittlung des Bilanzergebnisses

Beispiel: Berechnung des Bilanzgewinns

Die XY AG weist in der folgenden Gewinn- und Verlustrechnung (nach dem Gesamtkostenverfahren) einen Jahresüberschuss in Höhe von 1.700.000 € aus. Gemäß der Satzung beschließt der

---

[29] Heyd, R.; Beyer, M. & Zorn, D.: Bilanzierung nach HGB, 2014, S. 107

Vorstand der XY AG, 500.000 € in die Gewinnrücklagen einzustellen — es handelt sich um eine **teilweise Gewinnverwendung** (vom Jahresüberschuss von 1,7 Mio. € werden 500.000 € für Gewinnrücklagen verwendet).

Bilanzgewinn (Posten Nr. 22) in der GuV nach dem Gesamtkostenverfahren (Angaben in €)

	1.	Umsatzerlöse	12.000.000
+	2.	Bestandserhöhung an fertigen und unfertigen Erzeugnissen	+ 1.000.000
+	3.	andere aktivierte Eigenleistungen	+ 500.000
+	4.	sonstige betriebliche Erträge	+ 250.000
	5.	Materialaufwand	
-		a) Aufwendungen für Roh-, Hilfs- und Betriebsstoffe und für bezogene Waren	- 3.950.000
-		b) Aufwendungen für bezogene Leistungen	- 350.000
	6.	Personalaufwand	
-		a) Löhne und Gehälter	- 3.300.000
-		b) soziale Abgaben und Aufwendungen für Altersversorgung und für Unterstützung	- 1.000.000
	7.	Abschreibungen	
-		a) auf immaterielle Vermögensgegenstände des AV und Sachanlagen	- 1.200.000
-		b) auf Vermögensgegenstände des UV, soweit übliche Abschreibungen überschreiten	0
-	8.	Sonstige betriebliche Aufwendungen	- 1.800.000
=		**Betriebsergebnis** (EBIT)	= 2.150.000
+	9.	Erträge aus Beteiligungen	+ 300.000
+	10.	Erträge aus anderen Wertpapieren und Ausleihungen des Finanzanlagevermögens	+ 100.000
+	11.	sonstige Zinsen und ähnliche Erträge	+ 100.000
-	12.	Abschreibungen auf Finanzanlagen und auf Wertpapiere des Umlaufvermögens	- 50.000
-	13.	Zinsen und ähnliche Aufwendungen	- 600.000
=	14.	**Ergebnis der gewöhnlichen Geschäftstätigkeit**	= 2.000.000
+	15.	außerordentliche Erträge	+ 300.000
-	16.	außerordentliche Aufwendungen	- 100.000
=	17.	**außerordentliches Ergebnis** (Pos. 15 - Pos. 16)	= 200.000
-	18.	Steuern vom Einkommen und Ertrag	- 450.000
-	19.	Sonstige Steuern	- 50.000
=	20.	**Jahresüberschuss** (Pos. 14 + Pos. 17 - Pos. 18 - Pos. 19)	= 1.700.000
-	21.	Einstellung in die Gewinnrücklagen	- 500.000
=	22.	**Bilanzgewinn** (Pos. 20 - Pos. 21)	= 1.200.000

Weiter im Beispiel:

Über die Verwendung des verbleibenden Bilanzgewinns in Höhe von 1.200.000 € (z. B. Ausschüttung als Dividende an die Aktionäre oder Vortrag auf neue Rechnung) beschließt die Hauptversammlung in einem Gewinnverwendungsbeschluss. Liegt aus den Vorjahren noch ein Gewinnvortrag/Verlustvortrag vor, wäre dieser in die Berechnung und Überleitung des Bilanzgewinns einzubeziehen.

3.11.2.7 Die Problematik beim Bilanzgewinn

Der Bilanzgewinn ist einerseits für den Aktionär bedeutend, da er die Höhe der Dividende bestimmt. Andererseits sagt der Bilanzgewinn nichts über die Ertragskraft des Unternehmens aus. Der Bilanzgewinn kann, beispielsweise über Entnahmen aus den Gewinn- oder Kapitalrücklagen, ein negatives Jahresergebnis gut kaschieren, um so Aktionäre bei Laune zu halten (siehe Beispielrechnung unten). Ein gutes Beispiel hierfür ist die RWE AG, die ihren Aktionären für das Geschäftsjahr 2013, trotz eines negativen Nettoergebnisses in Höhe von -2.757 Mrd. €[30], eine Dividende von einem Euro je Aktien ausgeschüttet haben. Die RWE AG wies einen Bilanzgewinn in Höhe von 615 Mio. € aus.

Beispiel: Ausweis eines höheren Bilanzgewinns

Die ABC AG hat im vergangenen Geschäftsjahr einen Jahresüberschuss in Höhe von 30 Mio. € erwirtschaftet. Allerdings verfügt die ABC AG noch über einen Verlustvortrag in Höhe von 2 Mio. €. Damit den Aktionären wie in den vergangenen Jahren wieder eine Dividende in Höhe von 2 € je Aktie ausgeschüttet werden kann, muss der Bilanzgewinn 40 Mio. € betragen. Um einen Bilanzgewinn in Höhe von 40 Mio. € auszuweisen, entnimmt der Vorstand aus den Gewinnrücklagen 8 Mio. € und aus den Kapitalrücklagen noch weitere 4 Mio. €.

Der Bilanzgewinn in Höhe von 40 Mio. € wird wie folgt ermittelt:

	Jahresüberschuss	30 Mio. €
-	Verlustvortrag	- 2 Mio. €
+	Entnahme aus der Gewinnrücklage	+ 8 Mio. €
+	Entnahme aus der Kapitalrücklage	+ 4 Mio. €
-	Einstellung in die Gewinnrücklage	0 €
=	**Bilanzgewinn**	**40 Mio. €**

Der Bilanzgewinn der ABC AG in Höhe von 40 Mio. € liegt deutlich über dem Jahresüberschuss in Höhe von 30 Mio. €. Der Vorstand kann aufgrund der Entnahmen aus den offenen Rücklagen auf der Hauptversammlung einen Bilanzgewinn in Höhe von 40 Mio. € vorweisen. Auf der Hauptversammlung entscheiden die Aktionäre über die Verwendung des Bilanzgewinns. In der Regel erhalten die Aktionäre den Bilanzgewinn als Dividende.

Übungsaufgaben 3.3, 3.4 und 3.5

Diese Aufgaben finden Sie unter www.uvk-lucius.de/schritt-fuer-schritt

---

[30] RWE: Geschäftsbericht 2013

3.11.3 Stille Rücklagen (stille Reserven)

Stille Rücklagen (Reserven) sind Rücklagen, die aus der Bilanz nicht ersichtlich sind. Sie können als **Zwangs-, Ermessens- und Willkürreserven** vorkommen.

- **Zwangsreserven** entstehen durch gesetzliche Bilanzierungs- und Bewertungsvorschriften (z. B. darf ein Vermögensgegenstand bei einem höheren Marktwert nicht über den Anschaffungs- oder Herstellungskosten bewertet werden).

- **Ermessensreserven** resultieren aus der Ausübung von Wahlrechten (z. B. Nichtaktivierung von Entwicklungskosten).

- **Unzulässig** sind **Willkürreserven**. Sie basieren auf Verstößen gegen Bilanzierungs- und Bewertungsnormen (z. B. Ansatz von Vermögensgegenständen mit Werten, die unter den zulässigen handelsrechtlichen Wertuntergrenzen liegen, oder Bildung unzulässig hoher Rückstellungen).

Stille Reserven stellen den positiven Unterschiedsbetrag zwischen dem tatsächlichen Wert eines Vermögensgegenstandes und seinem Bilanzwert dar. Sie entstehen durch Unterbewertung von Aktivposten und Überbewertung von Passivposten.

Beispiele für stille Reserven

a) Ein Unternehmer hat vor zehn Jahren ein unbebautes Grundstück gekauft. Die Anschaffungskosten betrugen 20.000 €. Heute hat das Grundstück infolge von Preissteigerungen einen Wert von 50.000 €. In der Bilanz darf das Grundstück nur mit den Anschaffungskosten von 20.000 € angesetzt werden. Die zwangsläufig gebildete stille Reserve beträgt 30.000 €.

b) Ein Unternehmen entscheidet sich für die Nichtaktivierung der selbstgeschaffenen immateriellen Vermögenswerte oder der Nichtaktivierung von geringwertigen Wirtschaftsgütern.

c) Ein Unternehmen wählt bei kontinuierlich steigenden Preisen für die Rohstoffe als Bewertungsmethode die Lifo-Methode. Dies bedeutet, dass die Bestände der vorhandenen Rohstoffe mit den ältesten, d. h. den niedrigeren Einkaufspreisen bewertet werden. Dadurch entstehen stille Reserven, da der tatsächliche Wert der Rohstoffe höher ist als die Rohstoffe in der Bilanz ausgewiesen sind.

3.12 Ausgewählte Posten des Fremdkapitals

Schulden stellen Fremdkapital dar. Das Fremdkapital wird von Dritten zur Verfügung gestellt. Diese haben Ansprüche auf Zahlungen jedoch ohne Beteiligungsrechte (z. B. Banken, Lieferanten, Inhaber von Anleihen). Das Fremdkapital setzt sich aus Rückstellungen und Verbindlichkeiten zusammen.

3.12.1 Rückstellungen

Rückstellungen sind Verpflichtungen eines Unternehmens, die am Abschlussstichtag zwar dem Grunde nach, aber hinsichtlich der Höhe und/oder des Fälligkeitszeitpunkts, noch nicht genau feststehen. Sie dienen der periodengerechten Erfolgsermittlung des Jahresabschlusses und stellen spätere Ausgaben dar, die bereits am Abschlussstichtag als Aufwand erfasst werden.

Grundsätzlich lassen sich Rückstellungen in zwei Arten unterscheiden. Rückstellungen aufgrund von **Außen**verpflichtungen und Rückstellungen aufgrund von **Innen**verpflichtungen.

3.12.1.1 Rückstellungsarten

▪ **Verbindlichkeitsrückstellungen**: Es besteht eine rechtliche oder faktische **Außenverpflichtung**, d. h. eine Inanspruchnahme ist wahrscheinlich und die rechtliche Entstehung bzw. wirtschaftliche Verursachung lag vor dem Bilanzstichtag (§ 249 Abs. 1 Satz 1, 2 und Nr. 2 HGB). Hierbei handelt es sich beispielsweise um Pensions-, Steuer-, Prozesskosten-, Kulanz-, Drohverlust- oder Garantierückstellungen.

  – **Drohverlustrückstellungen**: Antizipation von Verlusten aus schwebenden Geschäften (§ 249 Abs. 1 Satz 1 HGB; steuerlich nicht zulässig). Voraussetzungen wie bei Verbindlichkeitsrückstellung.

  – **Kulanzrückstellungen**: Sie sind zu bilden, wenn ein Unternehmen über die gesetzlichen Verpflichtungen hinaus freiwillig Gewährleistungen übernimmt.

▪ **Aufwandsrückstellungen**: Hierbei handelt es sich um eine **Innenverpflichtung**, d. h. es besteht eine Schuld gegenüber sich selbst, welche als Aufwandsrückstellung bezeichnet wird. Hier hat der Gesetzgeber in § 249 Absatz 1 Nr. 1 HGB eine abschließende Vorschrift erlassen, für welche Arten der Innenverpflichtung Rückstellungen gebildet werden dürfen, z. B. für unterlassene Instandhaltung, die innerhalb der ersten drei Monate des folgenden Geschäftsjahres nachgeholt wird, oder für Abraumbeseitigung, die im folgenden Geschäftsjahr nachgeholt wird.

In Abbildung 3.8 werden die Rückstellungen anhand ihres Verpflichtungscharakters systematisiert.

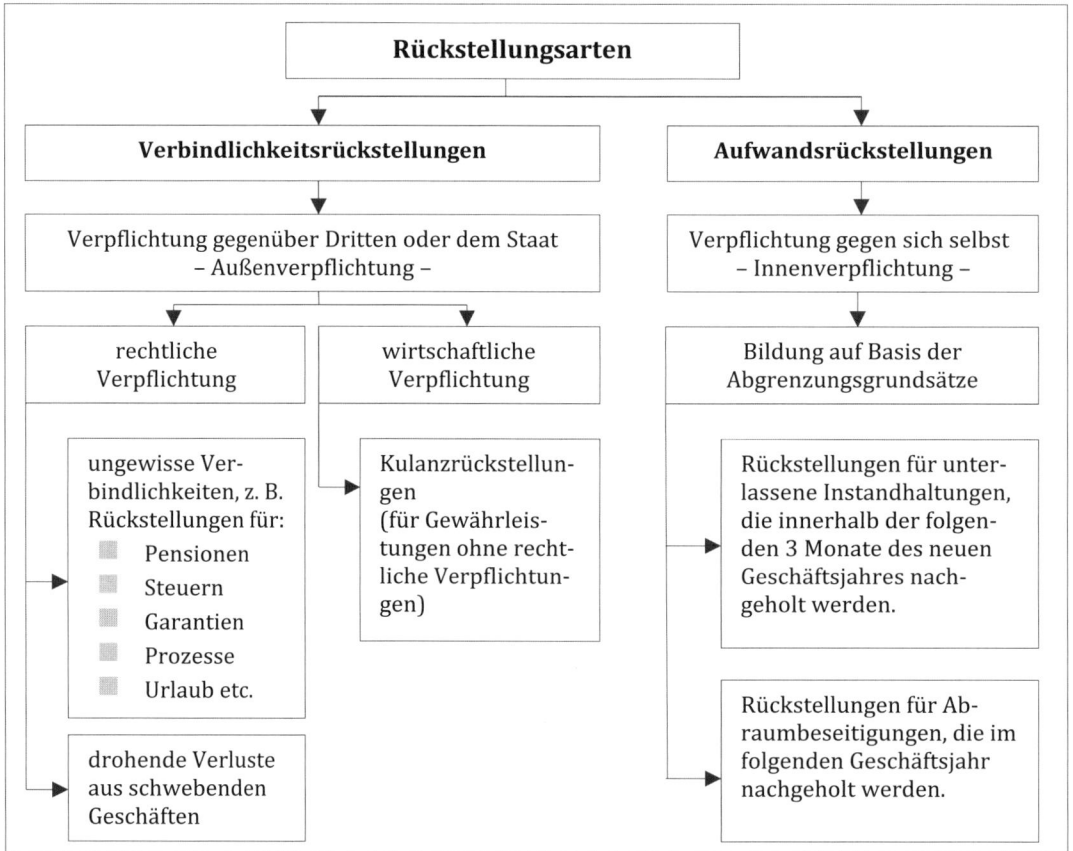

Abb. 3.8: Systematisierung der Rückstellungen nach Verpflichtungscharakter[31]

---

[31] Vgl. Coenenberg et al.: Einführung in das Rechnungswesen, 2014, S. 423 und Baetge et al.: Bilanzen, 2012, S. 420

3.12.1.2 Ausweis der Rückstellungen in der Handelsbilanz

In dem § 264a HGB ist der bilanzielle Ausweis der Rückstellungen für Kapitalgesellschaften und haftungsbeschränkte Personengesellschaften (KapCoRiLiG, z. B. GmbH & Co. KG) geregelt. Demnach müssen die Rückstellungen nach § 266 Abs. 3 HGB in drei Unterposten ausgewiesen werden:

- Rückstellungen für Pensionen und ähnliche Verpflichtungen,
- Steuerrückstellungen und
- sonstige Rückstellungen.

- Auf den Posten der sonstigen Rückstellungen muss gemäß § 285 Nr. 12 HGB im Anhang näher eingegangen werden, soweit diese einen nicht unerheblichen Umfang haben. Kleine Kapitalgesellschaften und Kleinstkapitalgesellschaften können gemäß § 266 Abs. 1 Satz 3 HGB alle Rückstellungen unter einem Posten ausweisen und müssen diese auch nicht näher erläutern.

3.12.1.3 Beispiele: Häufige rückstellungspflichtige Sachverhalte

- **Pensionsrückstellungen**
  - Dies sind Rückstellungen für unmittelbare Versorgungsleistungen (Alters-, Invaliden- und Hinterbliebenenversorgung) gegenüber versorgungsberechtigten Arbeitnehmern. Pensionsverpflichtungen entstehen, wenn ein Unternehmen seinen Arbeitnehmern bzw. anderen Personen die Zusage auf einmalige (Kapitalzusage) oder wiederkehrende Geld- oder Sachleistungen (Rentenzusage) gibt, die ihnen nach Beendigung der Erwerbstätigkeit gewährt werden. Im Regelfall erfolgt die Rentenzahlung lebenslänglich bis zum Tode des Empfängers, sie kann aber auch befristet sein. Diese Rückstellungen können ebenso als Leistungen für die Versorgung bei Invalidität oder Hinterbliebenen angesehen werden, hauptsächlich beschränken sie sich aber auf die Altersversorgung.[32]
- **Steuerrückstellungen**
  - Die Höhe der Steuerrückstellung ergibt sich aus der Differenz zwischen der voraussichtlichen Jahressteuerschuld und den bis zum Abschlussstichtag schon geleisteten Vorauszahlungen.[33]
- Zu den **sonstigen Rückstellungen** gehören beispielsweise:
  - **Gratifikationen** (Tantiemen, Gewinnbeteiligungen): Diese sind rückstellungspflichtig, sofern vor dem Abschlussstichtag den Arbeitnehmern eine Erfolgsprämie zugesagt wurde. Die Erfolgsprämie ist z. B. an den Jahresüberschuss oder das EBIT geknüpft.
  - **Urlaub:** Häufig ist es nicht möglich, dass die Arbeitnehmer ihren Urlaub im laufenden Geschäftsjahr in Anspruch nehmen. Für die Verpflichtung des Arbeitgebers zur Gewährung von **bezahltem Alturlaub** im folgenden Geschäftsjahr ist eine Rückstellung zu bilden, da dem für diese Zeit gezahlten Gehalt **keine Arbeitsleistung** seitens des Arbeitnehmers **gegenübersteht**. Die Urlaubsrückstellungen sind in Höhe der zu zahlenden Lohn- und Gehaltsanteile einschließlich Sozialabgaben, Nebenverpflichtungen (Urlaubs- und Weihnachtsgeld, Altersversorgung etc.) zu bilden.
  - **Überstunden:** Für diese Mehrstunden, die erst im folgenden Geschäftsjahr entweder abgebaut oder ausbezahlt werden, sind Rückstellungen für ungewisse Verbindlichkeiten zu bilden. Diese Rückstellungen sind genauso zu bewerten wie die Urlaubsrückstellungen.

---

[32] Vgl. § 1 Abs. 1 BetrAVG

[33] Bitz, M. et al.: Der Jahresabschluss, 2011, S. 450

- **Berufsgenossenschaftsbeiträge:** Für Unternehmen besteht gesetzlich die Verpflichtung zur Mitgliedschaft in der Berufsgenossenschaft. Die Jahresbeiträge bemessen sich nach den Jahresbruttoentgelten, die erst nach dem Abschlussstichtag feststehen und erst dann an den Versicherungsträger gemeldet werden können. Die Beiträge sind regelmäßig im Mai des folgenden Geschäftsjahres fällig. Die Rückstellung ist in Höhe der für das abgelaufene Geschäftsjahr zu leistenden Beiträge zu bilden.

- **Jubiläumsaufwendungen:** Handelsrechtlich sind für sämtliche rechtsverbindlich zugesagten Leistungen des Arbeitgebers anlässlich von Dienstjubiläen der Arbeitnehmer Rückstellungen zu bilden. Dadurch wird der Aufwand für die Jubiläumsgeldzahlungen in die Jahre verlagert, in denen er wirtschaftlich verursacht wurde, d. h. in denen der Arbeitnehmer seine Arbeitsleistung erbracht hat. Die Jubiläumsgeldzahlung ist quasi ein nachträgliches Entgelt für geleistete Arbeit.

- **Freistellung und Ausscheiden von Mitarbeitern:** Vereinbaren Arbeitgeber und Arbeitnehmer vor dem Abschlussstichtag die Beendigung des Arbeitsverhältnisses, so können hieraus rückstellungspflichtige Sachverhalte resultieren. Eine im Folgejahr fällige **Abfindung** ist zurückzustellen. Wird ein Arbeitnehmer für eine **bestimmte Zeit im neuen Jahr** bis zum Ende des Arbeitsverhältnisses **von der Arbeitsleistung freigestellt**, so ist zum anderen für sämtliche auf diesen Zeitraum entfallenden Personalkosten (Lohn und Gehalt, Sozialversicherungsanteil des Arbeitgebers, anteiliges Urlaubs- und Weihnachtsgeld etc.) eine Rückstellung zu bilden.

- **Gewährleistung:** Beruht eine Garantieleistung auf einer **verbindlichen Zusage** gegenüber dem Kunden, so liegt eine rückstellungspflichtige Verpflichtung vor.

- **Prozessrisiko und Prozesskosten:** Eine Rückstellung, bei der die tatsächliche Inanspruchnahme in der Regel ungewiss ist. Ihre Bildung steht nicht im Ermessen des Kaufmanns. Muss er nach den Verhältnissen am Abschlussstichtag damit rechnen, dass ein Kunde gegen ihn Schadensersatzansprüche geltend machen wird, so muss er eine Rückstellung bilden.

- **Buchführung und Jahresabschluss:** Der Jahresabschluss wird im Folgejahr aufgestellt und geprüft. Wegen der gesetzlichen Verpflichtung liegen hier der Höhe nach ungewisse Verbindlichkeiten vor, die zurückzustellen sind. Hierzu gehören die Kosten der Inventurdurchführung, die eigentlichen Abschlussarbeiten, Kosten des Abschlussprüfers sowie die Kosten der Veröffentlichung beim elektronischen Bundesanzeiger.

- **Ausstehende Rechnungen:** Rechnungen von Lieferanten für Wareneingänge vor dem Abschlussstichtag, die bis zum Buchungsschluss nicht vorliegen oder nicht mehr erfasst werden können, müssen entweder als Verbindlichkeit aus Lieferungen und Leistungen oder – sofern Ungewissheit bezüglich Eingang und/oder Höhe besteht – als Rückstellung für ungewisse Verbindlichkeit bilanziert werden.

- **Abbruchkosten:** Besteht eine vertragliche Verpflichtung zum Abbruch von Gebäuden auf fremdem Grund und Boden, ist eine Rückstellung für die voraussichtlichen Abbruchkosten zu bilden.

- **Instandhaltungs- und Abraumbeseitigungsrückstellungen:** Diese Aufwandsrückstellungen stellen eine Verpflichtung des Unternehmens gegen sich selbst dar. Handelsrechtlich besteht eine Bilanzierungspflicht, sofern die unterlassene Instandhaltung im folgenden Geschäftsjahr innerhalb von drei Monaten nachgeholt wird bzw. die Abraumbeseitigung im folgenden Geschäftsjahr vorgenommen wird (§ 249 Abs. 1 Satz 2 Nr. 1 HGB).

 Übungsaufgabe 3.6

Diese Aufgabe finden Sie unter www.uvk-lucius.de/schritt-fuer-schritt

3.12.2 Verbindlichkeiten

Verbindlichkeiten stellen sichere Verpflichtungen gegenüber Dritten dar, die sich vermögensmindernd auswirken, d. h. sie stehen der Höhe und dem Grunde nach fest.[34] Sie sind das Gegenstück zu den auf der Aktivseite ausgewiesenen Forderungen. Es besteht eine rechtliche oder faktische Außenverpflichtung gegenüber Dritten. Die rechtliche Entstehung oder wirtschaftliche Verursachung liegt vor dem Bilanzstichtag. Zusammen mit den Rückstellungen und dem passiven Rechnungsabgrenzungsposten bilden sie das Fremdkapital eines Unternehmens. Sie führen bei der bilanzierenden Einheit zu einer wirtschaftlichen Belastung. Zu den Verbindlichkeiten gehören beispielsweise:

- **Anleihen, davon konvertibel:** Es handelt sich hierbei um, vom Unternehmen auf dem Kapitalmarkt aufgenommene langfristige verbriefte Kredite (Schuldverschreibungen), Genussscheine (sofern das Genussrechtskapital Fremdkapital darstellt) und konvertible Schuldverschreibungen (z. B. Wandelanleihen und Optionsanleihen).

- **Verbindlichkeiten gegenüber Kreditinstituten:** Hierzu gehören sämtliche Verbindlichkeiten gegenüber inländischen und ausländischen Banken, sonstigen Kreditinstituten, Sparkassen und Bausparkassen. Es wird nur der in Anspruch genommene Betrag, nicht die eingeräumte Kreditlinie passiviert.

- **Erhaltene Anzahlungen auf Bestellungen:** Solange das bilanzierende Unternehmen seine Leistung noch nicht erbracht hat, sind die erhaltenen Beträge eines Kunden in Form einer Teilzahlung oder der Zahlung des Gesamtbetrags unter den „erhaltenen Anzahlungen auf Bestellungen" auszuweisen. Es besteht aber auch gemäß § 268 Abs. 5 Satz 2 HGB die Möglichkeit, die „erhaltenen Anzahlungen auf Bestellungen" offen von den Vorräten abzusetzen. Die erhaltenen Anzahlungen dienen der Vorfinanzierung und bilden zugleich eine Sicherheitsleistung.

Beispiel: Erhaltene Anzahlungen

Ein Bauunternehmen weist unter den unfertigen Erzeugnissen teilfertige Bauwerke in Höhe von 1.650.000 € aus. Aufgrund von Vorauszahlungsrechnungen hat das Bauunternehmen Anzahlungen in Höhe von 1.450.000 € erhalten, die es unter den Verbindlichkeiten ausweist. Jedoch hat das Bauunternehmen auch die Möglichkeit, die erhaltenen Anzahlungen mit den unfertigen Erzeugnissen zu saldieren. Bei Anwendung dieses Ausweiswahlrechts würde das Bauunternehmen unter den „unfertigen Erzeugnissen" nur 200.000 € ausweisen. Dies führt zu einer Verkürzung der Bilanzsumme.

- **Verbindlichkeiten aus Lieferungen und Leistungen:** Sie entstehen im Geschäftsverkehr mit Lieferanten als Verpflichtung zur Gegenleistung. Diese Verbindlichkeiten ergeben sich durch sogenannte Zielkäufe. Das bedeutet, dass der Lieferant seinen Abnehmern eine Zahlungsfrist (z. B. durch Überweisungen) gewährleistet. Die Verbindlichkeiten aLuL werden mit dem Bruttobetrag, d. h. inklusive Umsatzsteuer ausgewiesen.

Beispiel: Verbindlichkeiten aus Lieferungen und Leistungen

Ein Automobilhersteller erhält von einem Lieferanten Rohmaterial im Wert von 100.000 € zzgl. 19 % USt. Die Zahlung erfolgt auf Rechnung mit einer Zahlungsfrist von 30 Tagen. In der Bilanz werden auf der Passivseite Verbindlichkeiten aLuL in Höhe von 119.000 € ausgewiesen.

---

34 Wulf, I. & Müller, S.: Bilanztraining – Jahresabschluss, Ansatz und Bewertung, 2013, S. 262

- **Verbindlichkeiten aus der Annahme gezogener Wechsel und der Ausstellung eigener Wechsel:** Unter diesem Posten sind sämtliche Schuldwechsel auszuweisen, die das Unternehmen einerseits als Bezogener akzeptiert hat (sogenannte Tratten) und andererseits die vom Unternehmen selbst ausgestellten Wechsel (Solawechsel).

- **Verbindlichkeiten gegenüber verbundenen Unternehmen:** Gemäß § 271 Abs. 2 HGB sind „verbundene Unternehmen" Unternehmen, die als Mutter- oder Tochterunternehmen in den Konzernabschluss eines Mutterunternehmens einbezogen werden müssen. Aus Transparenzgründen sind sämtliche Verbindlichkeiten gegenüber verbundenen Unternehmen gesondert auszuweisen.

Beispiel: Verbindlichkeiten gegenüber verbundenen Unternehmen

Die Stein AG als Muttergesellschaft erhält Ende Dezember 01 Fertigerzeugnisse im Wert von brutto 11.900 € von der Tochtergesellschaft Kiesel GmbH. Wird die Rechnung erst im Jahr 02, also nach Bilanzstichtag, beglichen, muss die Stein AG in ihrer Bilanz zum 31.12.01 Verbindlichkeiten gegenüber verbundenen Unternehmen im Wert von 11.900 € ausweisen.

- **Verbindlichkeiten gegenüber Unternehmen, mit denen ein Beteiligungsverhältnis besteht:** Auch hier werden aus Transparenzgründen alle Verbindlichkeiten gegenüber Unternehmen, mit denen ein Beteiligungsverhältnis besteht, separat ausgewiesen.

- **Sonstige Verbindlichkeiten:** Zu diesem Sammelposten zählen alle bisher noch nicht aufgelisteten Verbindlichkeiten (gemäß § 266 Abs. 3 C. 1 bis 7 HGB). Sie umfassen insbesondere die beiden Unterposten „Verbindlichkeiten aus Steuern" und „Verbindlichkeiten im Rahmen der sozialen Sicherheit". Im erstgenannten Unterposten werden alle noch zu tätigenden Steuerzahlungen erfasst. Der zweite Unterposten beinhaltet Sozialversicherungsbeiträge und Verbindlichkeiten für betriebliche Pensionen, soweit diese nicht in den Rückstellungen erfasst sind. Beispiele für sonstige Verbindlichkeiten sind die Lohnsteuer, Umsatzsteuer, einbehaltene – noch nicht abgeführte – Sozialabgaben, rückständige Löhne, Gehälter, Tantiemen, Steuerschulden von Kapitalgesellschaften.

3.13 Passive Rechnungsabgrenzungsposten

Sie dienen der periodengerechten Erfolgsermittlung. Passive Rechnungsabgrenzungsposten sind für Einzahlungen (Einnahmen) vor dem Abschlussstichtag zu bilden, die einen Ertrag für eine bestimmte Zeit nach diesem Tag darstellen (z. B. Miete, Pacht; § 250 Abs. 2 HGB).

Beispiel: Mietvorauszahlung

Ein Vermieter erhält für eine vermietete Immobilie im November 01 die Halbjahresmiete in Höhe von 12.000 € für sechs Monate im Voraus. Die Mietzahlungen für die Monate November 01 und Dezember 01 betreffen das Abschlussjahr 01 in Höhe von 4.000 €. Dagegen entfallen 8.000 € für die Monate Januar 02, Februar 02, März 02 und April 02 auf das nächste Geschäftsjahr 02. Daher muss zum 31.12.01 ein passiver Rechnungsabgrenzungsposten in Höhe von 8.000 € (4/6 von 12.000 €) gebildet werden.

3.14 Passive latente Steuern

Sie ergeben sich aus Bewertungsdifferenzen zwischen der Handels- und der Steuerbilanz. Wenn der spätere Abbau der Differenzen zu Steuerbelastungen führt, müssen diese Differenzen als passive latente Steuern bilanziert werden. Passive latente Steuern stellen Verbindlichkeiten gegenüber dem Finanzamt dar und sind daher als zukünftig zu bezahlende Steuern zu betrachten.

Weitere Details siehe Kapitel 7 „Bilanzierung und Bewertung von latenten Steuern".

Übungsaufgabe 3.7

Diese Aufgabe finden Sie unter www.uvk-lucius.de/schritt-fuer-schritt

Eigene Notizen

Schritt 4: Grundlagen der Bilanzierung

Lernziele

In diesem Kapitel lernen Sie die Bilanzierung und Bewertung des Anlage- und Umlaufvermögens kennen. Es werden die Ansatz- und Bewertungsvorschriften einzelner Bilanzposten erläutert. Nach dem Studium dieses Kapitels sollten Sie in der Lage sein:

- die Voraussetzungen der Bilanzierungsfähigkeit zu kennen,
- zwischen Bilanzierungsgeboten, -verboten und -wahlrechten unterscheiden zu können,
- über die Vorschriften für die Aktivierung und Passivierung Auskunft zu geben,
- zu wissen, welche immateriellen Werte als Vermögensgegenstände erfasst werden,
- die Besonderheiten der bilanziellen Behandlung des materiellen und immateriellen Vermögens zu kennen und
- über die Zusammenhänge der Handels- und Steuerbilanz Bescheid zu wissen.

4.1 Definitionen

Vermögensgegenstände

Der Begriff „Vermögensgegenstand" wird im Handelsrecht verwendet. Grundsätzlich haben Vermögensgegenstände folgende Eigenschaften:

- sie weisen einen wirtschaftlichen Wert auf oder haben einen längerfristigen greifbaren Nutzen,
- sie sind selbstständig bewertbar (das bedeutet, dass der konkrete Wert des Gegenstandes bestimmt werden kann) und
- sie sind selbstständig verkehrsfähig, was bedeutet, dass sie einzeln veräußerbar sind.

Schulden

Unter Schulden versteht man Verbindlichkeiten und Rückstellungen, die auf einer bestehenden oder hinreichend sicher erwarteten wirtschaftlichen Vermögensbelastung beruhen (z. B. ein langfristiges Darlehen, das zurückbezahlt werden muss).

Eine zivil- oder öffentlich-rechtliche Verpflichtung ist keine notwendige Voraussetzung einer bilanzrechtlichen Schuld, vielmehr sind auch rein **wirtschaftliche Leistungsverpflichtungen** (z. B. eine Kulanzrückstellung) zu passivieren. Außerdem muss eine Schuld selbstständig bewertbar sein, was bedeutet, dass sie isoliert betrachtet werden kann.

Wirtschaftsgüter im Steuerrecht

Im Steuerrecht werden die Begriffspaare Schulden und Vermögensgegenstände nicht verwendet, sie werden durch den Begriff Wirtschaftsgut ersetzt. Die im Steuerrecht existierenden **positiven Wirtschaftsgüter** sind nicht ganz identisch mit der Definition der **Vermögensgegenstände** im Handelsrecht. **Negative Wirtschaftsgüter** entsprechen hier den **Schulden** aus dem HGB.

Ein Wirtschaftsgut ist durch drei Merkmale gekennzeichnet:

▪ Es sind Aufwendungen entstanden (BFH-Urteil v. 13.08.1957, BStB1.III 1957, S. 350), die
▪ einen über das Wirtschaftjahr hinausgehenden Nutzen versprechen (BFH-Urteil vom 28.01.1954, BStB1.III 1954, S. 109).
▪ Das durch die Aufwendungen Geschaffene muss selbstständig bewertbar sein, d. h. ein Erwerber des gesamten Betriebes würde dafür im Rahmen des Gesamtkaufpreises ein besonderes Entgelt ansetzen (BFH-Urteil vom 15.04.1958, BStB1. III 1958, S. 260).

Der Begriff des Wirtschaftsgutes geht über den des Vermögensgegenstandes hinaus. Er umfasst auch Güter, die nicht einzeln veräußerbar sind, aber dennoch bei einer Veräußerung des Unternehmens den Gesamtkaufpreis erhöhen.

4.2   Zurechnung zum Betriebsvermögen

Vermögensgegenstände und Schulden, die der Privatsphäre eines Unternehmens zuzurechnen sind, dürfen nicht in der Bilanz aufgenommen werden. Somit besteht für das **Privatvermögen** ein Bilanzierungsverbot. Das bedeutet: Vermögensgegenstände und Schulden dürfen nur bilanziert werden, wenn sie zum Betriebsvermögen des Unternehmers gehören. Für Gegenstände **des notwendigen Betriebsvermögens** besteht eine Bilanzierungspflicht. In bestimmten Grenzfällen besteht ein Wahlrecht, einen Vermögensgegenstand dem Privat- oder dem Betriebsvermögen zuzurechnen. Steuerrechtlich spricht man von **gewillkürtem Betriebsvermögen**.

Die Unterscheidung zwischen Betriebsvermögen und Privatvermögen ist nur bei Einzelkaufleuten und Personengesellschaften sinnvoll, da juristische Personen (Kapitalgesellschaften) über kein Privatvermögen verfügen.

Die Abgrenzung zwischen Betriebs- und Privatvermögen zeigt die folgende Abbildung:

notwendiges Privatvermögen	gewillkürtes Betriebsvermögen	notwendiges Betriebsvermögen
betriebliche Nutzung < 10 %	betriebliche Nutzung 10 bis 50 %	betriebliche Nutzung > 50 %
– Nutzung bzw. Bestimmung ausschließlich oder nahezu nur für private Zwecke oder – unentgeltliche Überlassung an einen Familienangehörigen	– Gehören weder zum notwendigen Privat- noch zum notwendigen Betriebsvermögen. – Es besteht ein objektiver Zusammenhang zum Betrieb. – Ist bestimmt und geeignet, den Betrieb zu fördern.	– Nutzung bzw. Bestimmung ausschließlich und unmittelbar für eigenbetriebliche Zwecke.

Abb. 4.1: Abgrenzung von Privat- und Betriebsvermögen

Merke

Vermögensgegenstände und Schulden sind nur zu bilanzieren, wenn sie zum Betriebsvermögen gehören.

4.3 Bilanzansatzregeln

In der Handelsbilanz werden

- Vermögensgegenstände,
- Eigenkapital,
- Schulden (Verbindlichkeiten, Rückstellungen),
- Rechnungsabgrenzungsposten und
- latente Steuern (nur bei mittelgroßen und großen Kapitalgesellschaften)

ausgewiesen.

Nach § 246 Abs. 1 HGB sind das Vermögen und die Schulden neben den Rechnungsabgrenzungsposten vollständig zu erfassen. Des Weiteren gilt der Grundsatz der Ansatzstetigkeit (§ 246 Abs. 3 HGB). Unter Bilanzierungsfähigkeit versteht man die Eignung, als Aktivposten (Aktivierungsfähigkeit) bzw. Passivposten (Passivierungsfähigkeit) in der Bilanz berücksichtigt zu werden.[35]

Bevor über den Wertansatz von Vermögensgegenständen und Schulden in der Bilanz zu entscheiden ist, muss geklärt werden, ob diese bilanzierungsfähig sind.

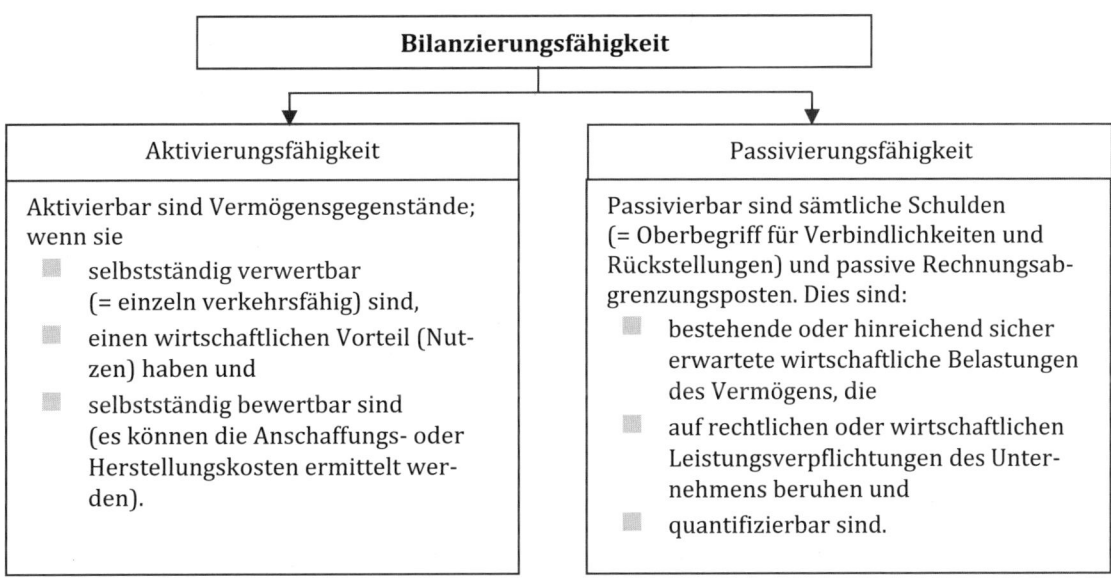

Abb. 4.2: Bilanzierungsfähigkeit[36]

4.3.1 Aktivierungsfähigkeit

In der Bilanz sind nur betriebliche Vorgänge darzustellen. Auch wenn Vermögensgegenstände vorhanden sind, folgt hieraus noch keine bilanzielle Ansatzpflicht. Eine Bilanzierung des privaten Einfamilienhauses eines Unternehmers scheidet aus. Nicht als Aktivposten in die Bilanz aufgenommen werden Gegenstände, die dem Bilanzierenden nicht zuzurechnen sind. Dabei ist nicht das juristische Eigentum, sondern die wirtschaftliche Verfügungsmacht (wirtschaftliches Eigen-

---

[35] Coenenberg et al.: Einführung in das Rechnungswesen, 2014, S. 337
[36] In Anlehnung an Coenenberg et al.: Jahresabschluss und Jahresabschlussanalyse, 2014, S. 78

tum) entscheidend. Wirtschaftlich betrachtet gehören dem Kaufmann auch nicht die Gegenstände seines rechtlichen Eigentums, sondern die Vermögensgegenstände, über die er in einem wirtschaftlichen Sinne verfügen kann.

Das **Prinzip des wirtschaftlichen Eigentums** führt u. a. zu folgenden Bilanzierungen:

- Unter **Eigentumsvorbehalt** verkaufte Gegenstände sind dem Käufer zuzurechnen, sobald der Käufer über den Vermögensgegenstand verfügt (gewöhnlich bei Übergabe).

- Bauten auf fremden Grundstücken gehören rechtlich dem Grundstückseigentümer; wirtschaftlich sind sie dem Bauherrn zuzurechnen, da er die Bauten gewöhnlich innerhalb der gesamten Nutzungsdauer nutzen wird.

- Bei der **Sicherungsübereignung** wird das rechtliche Eigentum an einer Sache zur Sicherung einer Forderung des Sicherungsnehmers gegenüber dem Sicherungsgeber (Besitzer der Sache) auf den Sicherungsnehmer (z. B. ein Kreditinstitut) übertragen. Auch hier erfolgt eine vom bürgerlichen Recht abweichende Zurechnung und der Sicherungsgeber bilanziert die Sache als wirtschaftlicher Eigentümer, die er auch weiterhin nutzen kann (§ 246 Abs. 1 Satz 2 HGB).

Der Bilanzansatz richtet sich nach dem folgenden Schema:

Ablaufschema für Aktivierungspflicht	
1. Erfüllung von Definitionen:	Liegt ein Vermögensgegenstand, ein aktiver Rechnungsabgrenzungsposten oder ein derivativer (entgeltlich erworbener) Geschäfts- oder Firmenwert vor?
2. wirtschaftliches Eigentum (§ 246 Abs. 1 Satz 2 HGB):	Hat der Unternehmer die wirtschaftliche Verfügungsmacht über diesen Posten?
3. Zugehörigkeit zum Betriebsvermögen:	Gehört der Posten zum Betriebsvermögen?
Bei Erfüllung aller Kriterien:	Grundsätzlich: Ansatzpflicht Ausnahmen: geltende Ansatzverbote oder Ansatzwahlrechte

Abb. 4.3: Prüfung der Aktivierungspflicht[37]

Alle Vermögensgegenstände sind prinzipiell in die Bilanz aufzunehmen (Grundsatz der Vollständigkeit). Gemäß § 248 Abs. 2 Satz 1 HGB können selbst geschaffene, d. h. **nicht entgeltlich erworbene immaterielle Vermögensgegenstände des Anlagevermögens**, wie beispielsweise Patente und Know-how, in der HGB-Bilanz aufgrund des Vollständigkeitsgebots (§ 246 Abs. 1 HGB) als Aktivposten der Bilanz aufgenommen werden. Jedoch besteht ein steuerrechtliches Aktivierungsverbot (§ 5 Abs. 2 EStG). Die in der Handelsbilanz aktivierten, selbst geschaffenen immateriellen Vermögensgegenstände des Anlagevermögens unterliegen aufgrund des § 268 Abs. 8 Satz 1 HGB einer Ausschüttungssperre. Der **derivative Geschäfts- oder Firmenwert** ist zu **aktivieren** (§ 246 Abs. 1 Satz 4) und planmäßig über seine Nutzungsdauer abzuschreiben (§ 285 Satz 1 Nr. 13 HGB). Kapitalgesellschaften haben die Verwendung einer Nutzungsdauer von mehr als fünf Jahren im Anhang zu begründen. Das folgende Schaubild zeigt Ihnen einen Überblick über die Aktivierungsgebote, -verbote und -wahlrechte.

---

[37] Buchholz, R.: Grundzüge des Jahresabschlusses nach HGB und IFRS, 2013, S. 38

Aktivierungsgrundsätze nach HGB	
Aktivierungsgebote	**Aktivierungsverbote**
▪ sämtliche Vermögensgegenstände (außer bei Verbot oder Wahlrecht) § 246 Abs. 1 HGB ▪ sämtliche aktive (transitorische) Rechnungsabgrenzungsposten (§§ 246 Abs. 1 i. V. m. 250 Abs. 1 Satz 1 HGB) ▪ derivativer (entgeltlich erworbener) Geschäfts- oder Firmenwert (§ 246 Abs. 1 Satz 4 HGB) [Kaufpreis eines Unternehmens – (Zeitwert der Vermögensgegenstände – Zeitwert der Schulden)]	▪ Vermögensgegenstände, die nicht zum Betriebsvermögen gehören ▪ Vermögensgegenstände, die dem Bilanzierenden weder rechtlich noch nach wirtschaftlicher Betrachtung zuzurechnen sind ▪ Aufwendungen für die Gründung des Unternehmens (§ 248 Abs. 1 Nr. 1 HGB) ▪ Aufwendungen für die Beschaffung des Eigenkapitals (§ 248 Abs. 1 Nr. 2 HGB) ▪ Aufwendungen für den Abschluss von Versicherungsverträgen (§ 248 Abs. 1 Nr. 3 HGB) ▪ selbst geschaffene Marken, Drucktitel, Verlagsrechte, Kundenlisten oder vergleichbare immaterielle Vermögensgegenstände des Anlagevermögens (§ 248 Abs. 2 Satz 2 HGB) ▪ selbst geschaffener („originärer") Geschäfts- oder Firmenwert (§ 248 Abs. 2 Satz 2 HGB) ▪ Rechnungsabgrenzungsverbot für als Aufwand berücksichtigte Zölle, Verbrauchssteuern und Umsatzsteuer auf Anzahlungen, da nicht aktivierungsfähige Vertriebskosten (Aufhebung § 250 Abs. 1 Satz 2 HGB a. F.) ▪ Herstellungskosten, die auf die Forschungsphase entfallen sind (Aufhebung § 250 Abs. 1 Satz 2 HGB a. F.) ▪ Bilanzierungshilfen für Ingangsetzungs- und Erweiterungsaufwendungen (Aufhebung § 269 HGB a. F.) ▪ Ansprüche und Pflichten aus beiderseits noch nicht erfüllten Verträgen, sogenannte schwebende Geschäfte (GoB)
Aktivierungswahlrechte	

▪ Selbst geschaffene immaterielle Vermögensgegenstände des Anlagevermögens können als Aktivposten in die Bilanz aufgenommen werden (§ 248 Abs. 2 Satz 1 HGB) i. V. m. Ausschüttungssperre (§ 268 Abs. 8 Satz 1 HGB). Hierbei handelt es sich in der Regel um Entwicklungskosten.

▪ Geringwertige Wirtschaftsgüter bis 410 € netto. Diese können entweder sofort als Aufwand verbucht oder aktiviert und über die Nutzungsdauer abgeschrieben werden.

▪ Ansatz eines Disagios bei Inanspruchnahme von Krediten (§ 250 Abs. 3 HGB) als aktiver RAP.

▪ Aktive latente Steuern (§ 274 Abs. 1 Satz 2 HGB) (Steuerwert > HGB-Vermögenswert oder Steuerwert < HGB-Schulden). Es besteht eine Ausschüttungssperre (§ 268 Abs. 8 Satz 2 HGB).

Abb. 4.4: Übersicht über die Aktivierungsgebote, -verbote und -wahlrechte nach HGB

Merke

Bei einem Aktivierungswahlrecht wird mit der Aktivierung eines Vermögensgegenstandes der Gewinn erhöht, da der in den Aufwandskonten verbuchte Aufwand vermindert wird und dafür ein Zugang auf der Aktivseite der Bilanz stattfindet. Falls Sie einen möglichst geringen Gewinn ausweisen möchten, sollten Sie auf die Aktivierungswahlrechte verzichten.

Selbst geschaffene immaterielle Vermögensgegenstände

Für selbst geschaffene immaterielle Vermögensgegenstände des Anlagevermögens besteht ein Aktivierungs**wahlrecht**. Die angesetzten selbst geschaffenen Vermögensgegenstände sind mit den Herstellungskosten zu bewerten, die in der Entwicklungsphase angefallen sind (§ 255 Abs. 2a HGB). Das durch die Aktivierung ausgewiesene Mehrvermögen unterliegt gemäß § 268 Abs. 8 Satz 1 HGB einer Ausschüttungssperre. Die Ausübung dieses Aktivierungswahlrechts führt außerdem zur Bildung von passiven latenten Steuern. Ausgenommen von einer Aktivierung sind nicht entgeltlich erworbene Marken, Drucktitel, Verlagsrechte, Kundenlisten oder vergleichbare immaterielle Vermögensgegenstände des Anlagevermögens (§ 248 Abs. 2 HGB).

Abgrenzung zwischen der Forschungs- und der Entwicklungsphase

Aktiviert werden dürfen nur die bei der Entwicklung der immateriellen Vermögensgegenstände anfallenden Herstellungskosten (§ 255 Abs. 2a Satz 1 HGB). Demgegenüber dürfen Forschungskosten nicht in die Herstellungskosten einbezogen werden. Die maßgebliche Frage der Abgrenzung zwischen nicht aktivierungsfähiger Forschung und aktivierungsfähiger Entwicklung wird in § 255 Abs. 2a HGB geregelt.

- **Forschung** = die eigenständige und planmäßige Suche nach neuen wissenschaftlichen oder technischen Erkenntnissen oder Erfahrungen allgemeiner Art, über deren technische Verwertbarkeit und wirtschaftliche Erfolgsaussichten grundsätzlich keine Aussagen gemacht werden können.

- **Entwicklung** = Anwendung von Forschungsergebnissen oder von anderem Wissen für die Neuentwicklung von Gütern und Verfahren oder die Weiterentwicklung von Gütern und Verfahren mittels wesentlicher Änderung.

Hier besteht ein erheblicher **Ermessensspielraum**, denn eine Aktivierung ist nicht möglich, wenn:

- der Zeitpunkt des Übergangs von der Forschungs- zu der Entwicklungsphase nicht hinreichend nachvollziehbar und plausibel dargelegt werden kann, oder

- eine Abgrenzung zwischen Forschungs- und Entwicklungsphase aus anderen Gründen nicht möglich ist.

Praxisbeispiele für Forschungs- und Entwicklungskosten

- Es bestehen große branchenspezifische Unterschiede z. B. zwischen:
  - Maschinenbau- und Automobilbranche (i. d. R. frühe Aktivierung möglich),
  - Pharmaindustrie (Besteht eine wirtschaftliche Verwertbarkeit? Es wird zuerst eine behördliche Zulassung zum Handel benötigt, bevor eine Aktivierung erfolgen kann.) und
  - Softwareindustrie (Forschung und Entwicklung verläuft nicht sequenziell, sondern iterativ → Trennung kaum möglich, d. h. innerhalb der Branche werden die Entwicklungsaufwendungen nicht einheitlich und zu unterschiedlichen Zeitpunkten aktiviert).

- Typische Anwendungsfälle, die branchenunabhängig sind:
  - Selbst erstellte Patente und selbst erstellte Software (z. B. Einführung neuer ERP-Software, Entwicklung einer Internetpräsenz).

Besonderheiten bei den Entwicklungskosten

▓ Die Erträge aus der Aktivierung von Entwicklungskosten sind ausschüttungsgesperrt (§ 268 Abs. 8 HGB).

▓ Es besteht ein steuerliches Aktivierungsverbot (§ 5 Abs. 2 EStG) in der Steuerbilanz.

▓ Falls die Entwicklungskosten in der Handelsbilanz aktiviert werden, müssen passive latente Steuern bei Kapitalgesellschaften und Personengesellschaften i. S. d. § 264a Abs. 1 HGB gebildet werden.

▓ Im Anhang muss zum einen der Gesamtbetrag der F&E-Kosten und zum anderen der Betrag der aktivierten selbst erstellten immateriellen Vermögensgegenstände des Anlagevermögens (§ 285 Nr. 22 HGB) angegeben werden.

▓ Ausweis als eigener Bilanzposten unter den „immateriellen Vermögensgegenständen".

Gesetzliche Ausschüttungssperren

Aufgrund der gesetzlichen Ausschüttungssperre dürfen bestimmte Teile des Jahresergebnisses von Kapitalgesellschaften nicht ohne Weiteres an die Anteilseigner ausgeschüttet bzw. an ein herrschendes Unternehmen im Rahmen eines Gewinnabführungsvertrages überwiesen werden. Bei der Ergebnisverwendung dürfen keine Teile des Jahresergebnisses an die Anteilseigner fließen, die von der Gewinnausschüttung gemäß § 268 Abs. 8 HGB ausgeschlossen sind:

▓ Satz 1: Aktivierte, selbst geschaffene immaterielle Vermögensgegenstände des Anlagevermögens bei Inanspruchnahme des Aktivierungswahlrechts nach § 248 Abs. 2 Satz 1 HGB,

▓ Satz 2: Positiver Saldo der aktiven latenten Steuern abzüglich passiver latenter Steuern bei Inanspruchnahme des Ansatzwahlrechts gemäß § 274 Abs. 1 Satz 2 HGB und

▓ Satz 3: Positive Differenzen zwischen der Fair-Value-Bewertung und den Anschaffungskosten bei verrechnetem Planvermögen gemäß § 246 Abs. 2 Satz 2 HGB.

Den maximal ausschüttbaren bzw. maximal abführbaren Gewinn können Sie wie folgt ermitteln:

	Jahresüberschuss/-fehlbetrag gemäß Gewinn- und Verlustrechnung
+	frei verfügbare Rücklagen
-	pflichtmäßige Rücklageneinstellungen aus dem Ergebnis
+	Gewinnvortrag
-	Verlustvortrag
=	**maximale Ausschüttung ohne Ausschüttungssperre**
-	Sperrbetrag aus der Aktivierung selbst geschaffener immaterieller Vermögensgegenstände des Anlagevermögens und die
	- hierfür gebildete passive latente Steuern
-	Sperrbetrag aus der Zeitwertbewertung des Deckungsvermögens und die
	- hierfür gebildete passive latente Steuern
-	Sperrbetrag aus der Aktivierung latenter Steuern
	- übrige passive latente Steuern
=	**maximale Ausschüttung bei einer Ausschüttungssperre**

Abb. 4.5: Ermittlung des maximal ausschüttbaren Betrags

4.3.2 Passivierungsfähigkeit

Passivierungsfähig sind Schulden, wenn sie folgende Merkmale erfüllen:

- das Vorliegen einer wirtschaftlichen Belastung des Vermögens,
- das Vorhandensein einer rechtlichen oder wirtschaftlichen Leistungsverpflichtung und
- die selbstständige Bewertung und Quantifizierbarkeit der Leistungsverpflichtung.

Erfüllt ein Posten diese Merkmale, so muss das – analog zum Vermögensgegenstand – noch nicht bedeuten, dass er tatsächlich in die Bilanz aufgenommen wird. Zum einen können gesetzlich kodifizierte Verbote dagegen sprechen. Zum anderen kann der Bilanzierende von Wahlrechten Gebrauch machen und darauf verzichten, den Posten in die Bilanz aufzunehmen.

Passivierungsgrundsätze

Passivierungsgrundsätze bestimmen den Umfang der Schulden und den Zeitpunkt, ab wann eine Schuld anzusetzen ist. Der Umfang der Schulden beschränkt sich nicht auf rechtlich einklagbare Verpflichtungen. Es gilt die wirtschaftliche Betrachtungsweise, nach der auch faktische und rein sittliche Verpflichtungen anzusetzen sind.

Beispiel

Gewährleistungen, für die keine rechtlichen Verpflichtungen bestehen, müssen trotzdem als Schuld berücksichtigt werden, wenn sich der Kaufmann – um einen schädigenden Ruf der Unternehmung zu vermeiden – der Verpflichtung faktisch nicht entziehen kann.

Nach dem Prinzip des faktischen Leistungszwangs müssen auch passiviert werden:

- faktische Umweltverpflichtungen (ohne vorliegende Behördenauflagen);
- Gewohnheitsaufwendungen an die Belegschaft, ohne dass ein Rechtsgrund besteht.

Passiviert werden generell nur **künftige Ausgaben**. Damit künftige Ausgaben als Schuld in einer Bilanz angesetzt werden können, müssen sie im **abgelaufenen Geschäftsjahr wirtschaftlich verursacht** worden sein. Das bestimmt das **Realisationsprinzip**. Voraussetzung für eine Passivierung künftiger Ausgaben ist damit die Zugehörigkeit der künftigen Ausgaben zu bereits realisierten Erträgen.

Beispiel

Bei einem realisierten Umsatzgeschäft wird eine Gewährleistungsfrist von zwei Jahren eingeräumt. Der Bilanzierende muss den Umsatz aus diesem Geschäft, und auch die voraussichtlichen Garantieausgaben der nächsten zwei Jahre, schon bei Garantiebeginn als Aufwand gegenüberstellen. Der Buchungssatz lautet:

Aufwandskonto an Rückstellungskonto.

Es handelt sich um eine Rückstellung (= ungewisse Verbindlichkeit), weil die Höhe und/oder der Fälligkeitszeitpunkt der künftigen Garantieausgaben zum Zeitpunkt des Umsatzausweises noch unbekannt sind.

Nach dem Vollständigkeitsgrundsatz sind sämtliche Schulden zu passivieren, soweit gesetzlich nichts anderes bestimmt ist.

Passivierungsgrundsätze nach HGB	
Passivierungsgebote	**Passivierungsverbote**
▪ sämtliche Schulden, außer es besteht ein Wahlrecht (§ 246 Abs. 1 HGB)	▪ Schulden, die nicht zum Betriebsvermögen gehören
▪ sämtliche passivische (transitorische) Rechnungsabgrenzungsposten (§ 250 Abs. 2 HGB)	▪ Rückstellungen für andere als in § 249 Abs. 1 HGB bezeichnete Zwecke (§ 249 Abs. 2 Satz 1 HGB)
▪ Rückstellungen für ungewisse Verbindlichkeiten und für drohende Verluste aus schwebenden Geschäften (§ 249 Abs. 1 HGB)	▪ sonstige Aufwandsrückstellungen generell, **Ausnahme:** Passivierungspflicht für Instandhaltungsrückstellungen bei Nachholung innerhalb von drei Monaten des folgenden Geschäftsjahres und für Abraumbeseitigung, die im folgenden Geschäftsjahr nachgeholt wird
▪ Rückstellungen für im Geschäftsjahr unterlassene Aufwendungen für Instandhaltung (Nachholfrist 3 Monate) (§ 249 Abs. 1 Nr. 1 HGB)	▪ Aufwendungen für unterlassene Instandhaltungen nach Ablauf der Dreimonatsfrist (Aufhebung § 249 Abs. 1 Satz 3 HGB a. F.)
▪ Rückstellungen für im Geschäftsjahr unterlassene Aufwendungen für Abraumbeseitigung (Nachholfrist 1 Jahr) (§ 249 Abs. 1 Nr. 1 HGB)	▪ Sonderposten mit Rücklageanteil Aufhebung (§ 247 Abs. 3 a. F. und § 273 HGB a. F.)
▪ Kulanzrückstellungen (§ 249 Abs. 1 Nr. 2 HGB)	
▪ passive latente Steuern (§ 274 Abs. 1 HGB) (Steuerwert < HGB-Vermögenswert oder Steuerwert > HGB-Schulden)	
▪ Zuführung zu den Rückstellungen für laufende Pensionen oder Anwartschaften auf Pensionen aufgrund der Änderung der Bewertungsregeln verpflichtend in Jahresraten i. H. v. mindestens 1/15 des gesamten Zuführungsbetrages in jedem Geschäftsjahr bis spätestens 31.12.2024 (erstmals seit 2010) (Art. 67 Abs. 1 u. 2 EGHGB)	
Passivierungswahlrechte	

▪ Pensionsverpflichtungen aus Altzusagen: Gemäß Artikel 28 Abs. 1 Satz 1 EGHGB muss eine Pensionsrückstellung dann nicht gebildet werden, wenn der Pensionsanspruch vor dem 01.01.1987 erworben wurde.

▪ Unterdeckungen bei mittelbaren Verpflichtungen gemäß Artikel 28 Abs. 1 Satz 2 EGHGB. Hierbei handelt es sich hauptsächlich um Unterdeckungen bei Unterstützungskassen.

Abb. 4.6: Übersicht über Passivierungsgebote, -verbote und -wahlrechte

4.3.3 Saldierung von Vermögen und Schulden

Es besteht ein generelles Saldierungsverbot. Jedoch sind gemäß § 246 Abs. 2 HGB „Vermögensgegenstände, die ausschließlich der Erfüllung von Schulden aus Altersversorgungsverpflichtungen oder vergleichbaren langfristig fälligen Verpflichtungen dienen, nicht auf der Aktivseite der

Bilanz anzusetzen, sondern mit diesen Schulden zu verrechnen. Vermögensgegenstände dienen ausschließlich der Erfüllung von Schulden, wenn sie der Verfügung durch den Kaufmann und dem Zugriff aller Gläubiger entzogen und nur zur Erfüllung der Schulden verwertet werden können."

Übersteigt der beizulegende Zeitwert der Vermögensgegenstände den Betrag der Schulden, ist der übersteigende Betrag unter einem gesonderten Posten zu aktivieren (§ 246 Abs. 2 HGB).

Der Anwendungsbereich des § 246 Abs. 2 HGB zielt auf die international übliche Saldierung von ausgegliedertem Planvermögen mit Pensionsverpflichtungen, ohne jedoch auf diesen Anwendungsbereich beschränkt zu sein. Das Bundesministerium der Justiz (BMJ) nennt als weitere Beispiele: Altersteilzeitvereinbarungen oder Wertguthaben aus Lebensarbeitszeitkonten.

4.4   Zusammenhang zwischen Handels- und Steuerbilanz

Kaufleute, die nach dem HGB buchführungspflichtig sind, müssen nicht nur eine Handelsbilanz, sondern auch eine Steuerbilanz erstellen. Nach § 5 Abs. 1 Satz 1 EStG ist das steuerrechtliche Betriebsvermögen nach den handelsrechtlichen Grundsätzen ordnungsmäßiger Buchführung (GoB) auszuweisen. Da die Handelsbilanz insoweit für die Steuerbilanz maßgeblich ist, wird von der **Maßgeblichkeit der Handelsbilanz für die Steuerbilanz** gesprochen.

Im Vergleich zum Handelsrecht verwendet das Steuerrecht anstatt der Begriffe „Vermögensgegenstand" und „Schuld", die Begriffe „positives Wirtschaftsgut" und „negatives Wirtschaftsgut".

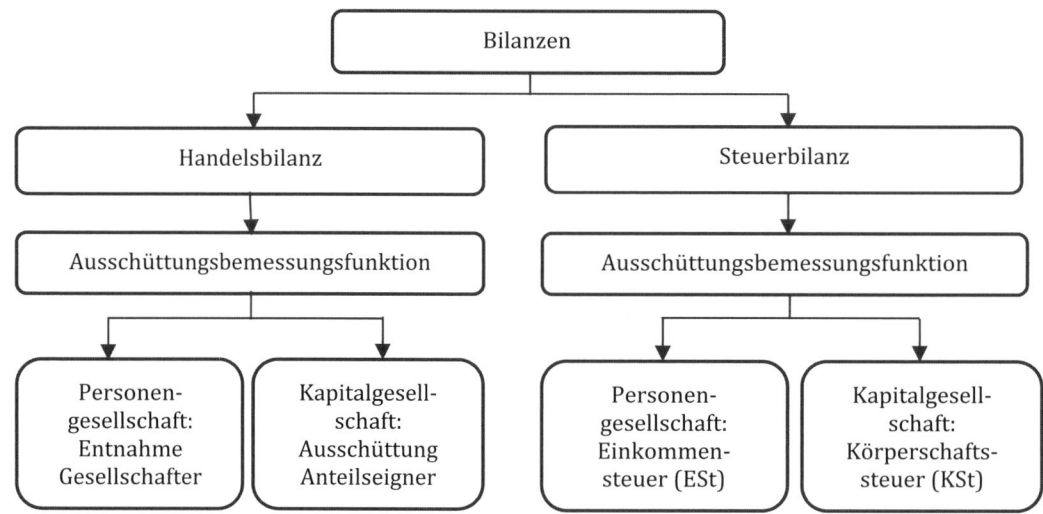

Abb. 4.7: Unterschied zwischen Steuer- und Handelsbilanz

Der **Grundsatz der Maßgeblichkeit der Handelsbilanz für die Steuerbilanz** (§ 5 Abs. 1 Satz 1 EStG) bewirkt, dass **handelsrechtliche Bilanzansatzgebote** und **Bewertungsgebote** auch in der Steuerbilanz zwingend zu beachten sind, soweit nicht spezifische steuerrechtliche Bestimmungen dem Ansatz oder der Bewertung entgegenstehen.

Das Maßgeblichkeitsprinzip **gilt nicht für handelsrechtliche Bilanzierungswahlrechte**. In der Steuerbilanz stehen finanzielle Ziele im Vordergrund. Es besteht nur eine grundsätzliche steuerliche Bindung an handelsrechtliche Bilanzierungspflichten:

- **Handels**rechtliche **Aktivierungsgebote** und **-wahlrechte** führen i. d. R. in der **Steuer**bilanz grundsätzlich zu einer **Aktivierungspflicht**.
  Ausnahme: Die steuerliche Aktivierung ist z. B. bei § 248 Abs. 2 HGB (z. B. selbst geschaffene immaterielle Vermögensgegenstände des Anlagevermögens können als Aktivposten in der Bilanz aufgenommen werden) in Verbindung mit § 5 Abs. 2 EStG ausgeschlossen.
- **Handels**rechtliche **Passivierungsverbote** und **-wahlrechte** führen in der **Steuer**bilanz zu einem **Passivierungsverbot**.

Welche Logik steht hinter der Steuerbilanz?

- Aktivierte Leistungen gehen nicht (sofort und in voller Höhe) als Aufwand in die GuV und erhöhen damit den zu versteuernden Gewinn.
- Ebenso mindern Rückstellungen den in der GuV ausgewiesenen Gewinn und sind daher – aus fiskalischer Sicht – unerwünscht.

Jedoch wird der Grundsatz der Maßgeblichkeit dann durchbrochen, wenn handelsrechtlich gültige Wertansätze gegen zwingende steuerrechtliche Normen (§ 5 Abs. 6 EStG) verstoßen.

Beispiel

In der HGB-Bilanz besteht für die Drohverlustrückstellung eine Passivierungspflicht, während in der Steuerbilanz ein Passivierungsverbot besteht. In der Steuerbilanz hat das Steuerrecht Vorrang.

Die folgende Tabelle zeigt die Divergenzen zwischen der Handels- und der Steuerbilanz.

Ansatzunterschiede bei folgenden Bilanzposten	Handelsrecht	Steuerrecht
selbst geschaffene immaterielle Vermögensgegenstände des Anlagevermögens	Aktivierungs**wahlrecht**	Aktivierungs**verbot**
Rechnungsabgrenzungsposten: Disagio	Aktivierungs**wahlrecht**	Aktivierungs**pflicht**
aktive latente Steuern	Aktivierungs**wahlrecht**	Aktivierungs**verbot**
Rückstellungen für drohende Verluste aus schwebenden Geschäften	Passivierungs**pflicht**	Passivierungs**verbot**
Rücklagen für Ersatzbeschaffungen	Passivierungs**verbot**	Passivierungs**wahlrecht**
Rücklagen für Veräußerungsgewinne	Passivierungs**verbot**	Passivierungs**wahlrecht**

Abb. 4.8: Unterschiede zwischen der Handels- und der Steuerbilanz

Übungsaufgabe 4.1: Bilanzierungsfähigkeit

Liegt in den folgenden Fällen ein Aktivierungsgebot, -wahlrecht, -verbot oder Passivierungs-gebot, -wahlrecht oder -verbot aus handelsrechtlicher Sicht vor? Bitte kreuzen Sie die richtige Lösung an.

	Aktivierungs-			Passivierungs-		
	gebot	wahl-recht	verbot	gebot	wahl-recht	verbot
selbst entwickeltes Patent						
ein entgeltlich erworbenes Patent						
Pensionsrückstellung						
Forschungskosten						
Disagio bei einem erhaltenen Darle-hen						
Kulanzgewährleistungen						
Aufwendungen für die Beschaffung von Eigenkapital						
kalkulatorischer Unternehmerlohn						
Materialeinzelkosten						
Materialgemeinkosten						
Fertigungseinzelkosten						
Fertigungsgemeinkosten						
Sondereinzelkosten der Fertigung						
Verwaltungsgemeinkosten						
Aufwendungen für freiwillige soziale Leistungen						
Vertriebskosten						
Gewinnzuschlag						

Übungsaufgabe 4.2

Diese Aufgabe finden Sie unter www.uvk-lucius.de/schritt-fuer-schritt

Schritt 5: Grundlagen der Bewertung

Lernziele

In diesem Kapitel lernen Sie die Bedeutung der Bewertung der Aktiva und der Passiva kennen. Sie sollen:

- Kenntnisse über handels- und steuerrechtliche Bewertungsgrundsätze und Bewertungsmaßstäbe erlangen,
- Vermögensgegenstände des Anlagevermögens und des Umlaufvermögens, aktive und passive Rechnungsabgrenzungsposten, Verbindlichkeiten und Rückstellungen bewerten können,
- die wesentlichen Bewertungsprinzipien für Vermögensgegenstände und Schulden sowie die Bewertungsvereinfachungsverfahren (z. B. Durchschnitts- und Verbrauchsfolgebewertung) anwenden können,
- zwischen der handels- und der steuerrechtlichen Bewertung unterscheiden können,
- die Besonderheiten der handels- und steuerrechtlichen niedrigen Bewertung kennen und in der Lage sein, das Wertaufholungsgebot anwenden können,
- die Anschaffungs- und die Herstellungskosten ermitteln und fortschreiben können,
- die verschiedenen Abschreibungsmethoden und deren Auswirkungen kennenlernen,
- über die Bewertungsregeln zwischen nicht abnutzbarem und abnutzbarem Anlagevermögen Bescheid wissen und
- die verlustfreie Bewertung anwenden können.

5.1 Allgemeine Bewertungsgrundsätze

Die Bewertungsgrundsätze setzen verbindliche Standards für die Bewertung der Vermögensgegenstände und der Schulden in der Bilanz. Es gibt handelsrechtliche und steuerrechtliche Bewertungsvorschriften. Sie haben unterschiedliche Zielsetzungen.

- Die handelsrechtliche Bewertung richtet sich nach den §§ 252–256a HGB. Sie dient der Kapitalerhaltung und damit dem Schutz der Gläubiger. Das Prinzip der Vorsicht ist der oberste Bewertungsgrundsatz.

- Die steuerrechtliche Bewertung richtet sich nach den §§ 5–7 EStG. Sie soll die Ermittlung des Gewinns nach einheitlichen Grundsätzen sicherstellen und damit eine „gerechte" Besteuerung ermöglichen. So weisen z. B. die amtlichen AfA-Tabellen einheitlich die Nutzungsdauer der verschiedenen Anlagegüter aus.

Für die Bewertung der einzelnen Posten sieht der § 253 HGB folgende **Ausgangs- und Basiswerte** vor:

- **Vermögensgegenstände** sind in der Regel **höchstens** mit ihren **Anschaffungs-** oder **Herstellungskosten**, vermindert um die Abschreibungen, (§ 253 Abs. 1 Satz 1 HGB) zu bewerten.

- Nur Kredit- und Finanzinstitute müssen die zu **Handelszwecken erworbenen Finanzinstrumente** (z. B. Aktien, Schuldverschreibungen, Optionsscheine, Geldmarktforderungen,

Bezugsrechte, aber auch Derivate wie Optionen, Futures, Swaps, Forwards oder Warenkontrakte) mit ihrem **beizulegenden Zeitwert** ansetzen.

▪ **Verbindlichkeiten** sind zu ihrem **Erfüllungsbetrag** und **Rückstellungen** in Höhe des nach **vernünftiger kaufmännischer Beurteilung** notwendigen Erfüllungsbetrages anzusetzen (§ 253 Abs. 1 Satz 2 HGB). Damit sind künftige Preis- und Kostensteigerungen bei der Rückstellungsermittlung zu berücksichtigen. Bei Pensionsrückstellungen sind dies beispielsweise zukünftige Gehalts- und Rentensteigerungen.

▪ **Rückstellungen mit einer Restlaufzeit von mehr als einem Jahr** sind mit dem durchschnittlichen Marktzinssatz der letzten sieben Geschäftsjahre abzuzinsen (§ 253 Abs. 2 Satz 1 HGB).

▪ Das **gezeichnete Kapital** bei Kapitalgesellschaften ist zum **Nennbetrag** anzusetzen (§ 272 Abs. 1 HGB). Die nicht eingeforderten ausstehenden Einlagen auf das gezeichnete Kapital sind offen vom Posten „gezeichnetes Kapital" abzusetzen (§ 272 Abs. 1 Satz 3 HGB).

▪ **Eigene Anteile** sind auf der Passivseite in der Vorspalte vom „gezeichneten Kapital" offen als Kapitalrückzahlung abzusetzen.

Die allgemeinen Bewertungsvorschriften des § 252 HGB sind in der folgenden Tabelle dargestellt.

Allgemeine Bewertungsgrundsätze des § 252 HGB	
Abs. 1 Nr. 1	Bilanzidentität (Schlussbilanz Vorjahr = Eröffnungsbilanz Geschäftsjahr)
Abs. 1 Nr. 2	Unternehmensfortführung (Going-Concern-Prinzip)
Abs. 1 Nr. 3	Grundsatz der Einzelbewertung und Stichtagsgrundsatz
Abs. 1 Nr. 4	Vorsichtsprinzip, mit den Ausprägungen Realisationsprinzip, Imparitätsprinzip und Wertaufhellungsprinzip
Abs. 1 Nr. 5	Grundsatz der Periodenabgrenzung
Abs. 1 Nr. 6	Bewertungsstetigkeit, d. h. Beibehaltungspflicht der Ansatz- und Bewertungsmethoden
Abs. 2	Abweichung nur in begründeten Ausnahmefällen

Abb. 5.1: Allgemeine Bewertungsgrundsätze

5.1.1 Grundsatz der Bilanzidentität (§ 252 Abs. 1 Nr. 1 HGB)

Die Wertansätze in der Eröffnungsbilanz eines jeden Geschäftsjahres müssen mit denen der Schlussbilanz des vorhergehenden Geschäftsjahres übereinstimmen. Die vorgeschriebene Bilanzidentität bezieht sich aber nicht nur auf die Werte der einzelnen Bilanzposten, sondern auch auf den Ansatz der Posten in der Bilanz.

5.1.2 Grundsatz der Unternehmensfortführung (§ 252 Abs. 1 Nr. 2 HGB)

Der Grundsatz der Unternehmensfortführung (auch Going-Concern-Prinzip genannt) besagt, dass bei der Bewertung von der Fortführung der Unternehmenstätigkeit auszugehen ist, solange keine tatsächlichen oder rechtlichen Gegebenheiten entgegenstehen. Dies bedeutet, dass keine Liquidationswerte angesetzt werden dürfen und zukünftige Verpflichtungen zu berücksichtigen sind.

Beispiel: Kulanzrückstellung

Im Jahresabschluss besteht eine Passivierungspflicht für künftige Gewährleistungen, wenn sie ohne rechtliche Verpflichtung erbracht werden (§ 249 Abs. 1 Satz 2 Nr. 2 HGB). Es handelt sich hierbei um Kulanzleistungen. Dies ist nur mit dem Fortführungsprinzip vereinbar, denn bei fiktiver Unternehmenszerschlagung zum Bilanzstichtag wirken sich rechtlich nicht abgesicherte Verpflichtungen nicht als Vermögensbelastung aus. Bei Annahme der Unternehmensfortführung kann sich jedoch das bilanzierende Unternehmen bestimmten Kulanzleistungen nicht entziehen, ohne den bestehenden Kundenstamm zu verärgern.

5.1.3 Grundsatz der Einzelbewertung (§ 252 Abs. 1 Nr. 3 HGB)

Grundsätzlich sind **alle Vermögensgegenstände** und jede Verpflichtung (Verbindlichkeit und Rückstellung) **einzeln zu bewerten**. Voraussetzung für die Einzelbewertung ist die Einzelerfassung, wonach alle Bilanzgegenstände gesondert zu erfassen sind. Auf diese Weise wird verhindert, dass sich Wertentwicklungen einzelner Vermögensgegenstände kompensieren, und so notwendige außerplanmäßige Abschreibungen unterbleiben. Das wäre der Fall, wenn zum Beispiel die Wertminderung eines Vermögensgegenstandes nicht im Jahresabschluss durch eine Abschreibung vermerkt wird, weil der Wert eines anderen Vermögensgegenstandes während des Geschäftsjahres gestiegen ist.

Bei Vermögensgegenständen des Umlaufvermögens kann der **Grundsatz der Einzelbewertung**, aus Gründen der Bewertungsvereinfachung, in den folgenden gesetzlich geregelten Fällen **durchbrochen werden** (Sammelbewertung (= zeitliche Verbrauchsfolgeverfahren), Gruppenbewertung und Festwertbewertung). Eng mit dem Einzelbewertungsgrundsatz verwandt ist die Objektivierungsfunktion des **Saldierungsverbotes** nach § 246 Abs. 2 HGB. Danach dürfen Posten der Aktivseite nicht mit Posten der Passivseite und Aufwendungen nicht mit Erträgen verrechnet werden.

Beispiel: Saldierungsverbot

Bankschulden dürfen nicht mit Bankguthaben auf anderen Konten verrechnet werden. Ebenso ist es nicht erlaubt, Zinsaufwendungen mit Zinserträgen zu verrechnen.

5.1.4 Grundsatz der Vorsicht (§ 252 Abs. 1 Nr. 4 HGB)

Der Grundsatz der Vorsicht ist das dominierende Prinzip im Handelsrecht. Die inhaltlichen Ausfüllungen des **Grundsatzes der Vorsicht** stellen das **Realisationsprinzip** und das **Imparitätsprinzip** mit deren Ausprägungen dar, d. h. es gilt das **Niederstwertprinzip** für das Vermögen und **Höchstwertprinzip** für die Schulden. Im Folgenden werden die Prinzipien konkretisiert:

- **Realisationsprinzip**

  Gewinne dürfen erst dann ausgewiesen werden, wenn sie durch Umsatzerlöse bis zum Abschlussstichtag realisiert worden sind. Wertsteigerungen, die über die Anschaffungs- oder Herstellungskosten hinausgehen, werden von diesem Prinzip ausgeschlossen. Eine Ausnahme bilden nur die bei Kredit- und Finanzinstitutionen zum Zeitwert zu bilanzierenden „zu Handelszwecken erworbene Finanzinstrumente". In diesem Fall erfolgt eine Bewertung zum beizulegenden Zeitwert abzüglich eines Risikoabschlags, selbst wenn die Anschaffungskosten überschritten werden. Da die Zeitwertbilanzierung erfolgswirksam durchzuführen ist, kann es zum Ausweis von unrealisierten Gewinnen kommen.

- **Imparitätsprinzip**

  Das Imparitäts- oder Verlustantizipationsprinzip schreibt vor, Gewinne und Verluste nicht paritätisch zu behandeln. Im Gegensatz zu den Gewinnen, die erst berücksichtigt werden, wenn sie am Abschlussstichtag realisiert wurden, müssen alle Risiken bzw. Verluste bereits ausgewiesen werden, wenn diese zwar noch nicht eingetreten sind, aber deren Eintritt wahrscheinlich ist (§ 252 Abs. 1 Nr. 4 HGB). Das bedeutet: Noch nicht realisierte Verluste dürfen bei vorübergehender Wertminderung im Finanzanlagevermögen und müssen bei dauerhafter Wertminderung im Anlagevermögen sowie bei einer Wertminderung im Umlaufvermögen ausgewiesen werden. Ziel dieses Prinzips ist es, bevorstehende Verluste schon soweit einzuplanen, dass auszuschüttende Beträge an Anteilseigner und Eigentümer in der aktuellen Periode reduziert werden, um Verluste decken zu können, die ggf. im folgenden Geschäftsjahr eintreten.[38]

> **Merke**
>
> **Realisationsprinzip:** Gewinne dürfen erst nach der Realisation ausgewiesen werden.
>
> **Imparitätsprinzip:** Verluste müssen bereits bei ihrer Entstehung und nicht erst bei der Realisation berücksichtigt werden.

Die Einhaltung dieser Prinzipien wird erreicht, wenn die folgenden Bewertungsprinzipien beachtet werden:

- **Niederstwertprinzip auf der Aktivseite:** Beim Umlaufvermögen und bei einer dauerhaften Wertminderung im Anlagevermögen muss, von zwei möglichen Werten, immer der niedrigere Wert angesetzt werden (**strenges Niederstwertprinzip**). Bei einer vorübergehenden Wertminderung im Anlagevermögen kann bei den Finanzanlagen (§ 253 Abs. 3 Satz 4 HGB) wahlweise der niedrigere Wert angesetzt werden (**gemilderte Niederstwertprinzip**). Ansonsten muss der bisherige Wert beibehalten werden.

- **Höchstwertprinzip auf der Passivseite:** In Bezug auf die Bewertung von Verbindlichkeiten und Rückstellungen wird das Niederstwertprinzip zum Höchstwertprinzip. Wenn der Zeitwert niedriger ist als der Beschaffungswert, muss der höhere Beschaffungswert passiviert werden. Ist umgekehrt der Zeitwert der Verbindlichkeit höher, ist dieser zu passivieren. Gemäß § 253 Abs. 1 Satz 2 HGB sind:
  - Verbindlichkeiten zu ihrem Erfüllungsbetrag (auch für den Fall, dass dieser höher ist als der Ausgabebetrag, z. B. bei einem Disagio),
  - Rentenverpflichtungen, für die eine Gegenleistung nicht mehr zu erwarten ist, zu ihrem Barwert und
  - Rückstellungen nur in Höhe des Erfüllungsbetrages, der nach vernünftiger kaufmännischer Beurteilung notwendig ist,

  zu bewerten.

- **Wertaufhellungsprinzip:** Bis zum Bilanzaufstellungszeitpunkt gehen dem Bilanzierenden bei Schätzwerten (Forderungsausfall, Rückstellungen) bessere Informationen zu. Der Wertaufhellungsgrundsatz führt zu einer Berücksichtigung von Informationen, die dem Bilanzierenden erst nach dem Bilanzstichtag zugehen, wenn diese Informationen die tatsächlichen Verhältnisse am Bilanzstichtag wiedergeben.

Der § 252 Abs. 1 Nr. 4 HGB weist im Zusammenhang mit dem Imparitätsprinzip ausdrücklich auf die Wertaufhellungstheorie hin. Dabei müssen auch Erkenntnisse (noch nicht realisierte Verluste) berücksichtigt werden, die erst zwischen dem Abschlussstichtag und dem Tag der

---

[38] Vgl. Baetge et al.: Bilanzen, 2012, S. 137

Aufstellung des Jahresabschlusses bekannt geworden sind **(wertaufhellende Ereignisse)**, aber bereits im abgelaufenen Geschäftsjahr verursacht bzw. entstanden sind. Dagegen dürfen sogenannte **wertbeeinflussende Vorgänge**, die erst nach dem Bilanzstichtag eingetreten sind, nicht berücksichtigt werden.

Beispiel

Ein Unternehmen hat in der Bilanz zum 31.12.01 eine Forderung in Höhe von 100.000 € an den Kunden A bilanziert. Am 15.01. des folgenden Geschäftsjahres erfährt das Unternehmen, dass der Kunde A Insolvenz angemeldet hat und das Insolvenzverfahren mangels Masse nicht eröffnet wurde. Das Unternehmen muss bereits zum Bilanzstichtag, dem 31.12.01, eine Einzelwertberichtigung vornehmen, d. h. diese Forderung ausbuchen. Die nach dem Bilanzstichtag, aber noch vor Aufstellung der Bilanz, gewonnene bessere Erkenntnis über die Verhältnisse am Bilanzstichtag muss berücksichtigt werden (Wertaufhellungstheorie). Da die Forderung objektiv bereits zum 31.12.01 uneinbringlich war, ist der Forderungsausfall schon im Jahresabschluss 01 des Gläubigers zu berücksichtigen.

Die nächste Abbildung veranschaulicht das Niederstwertprinzip.

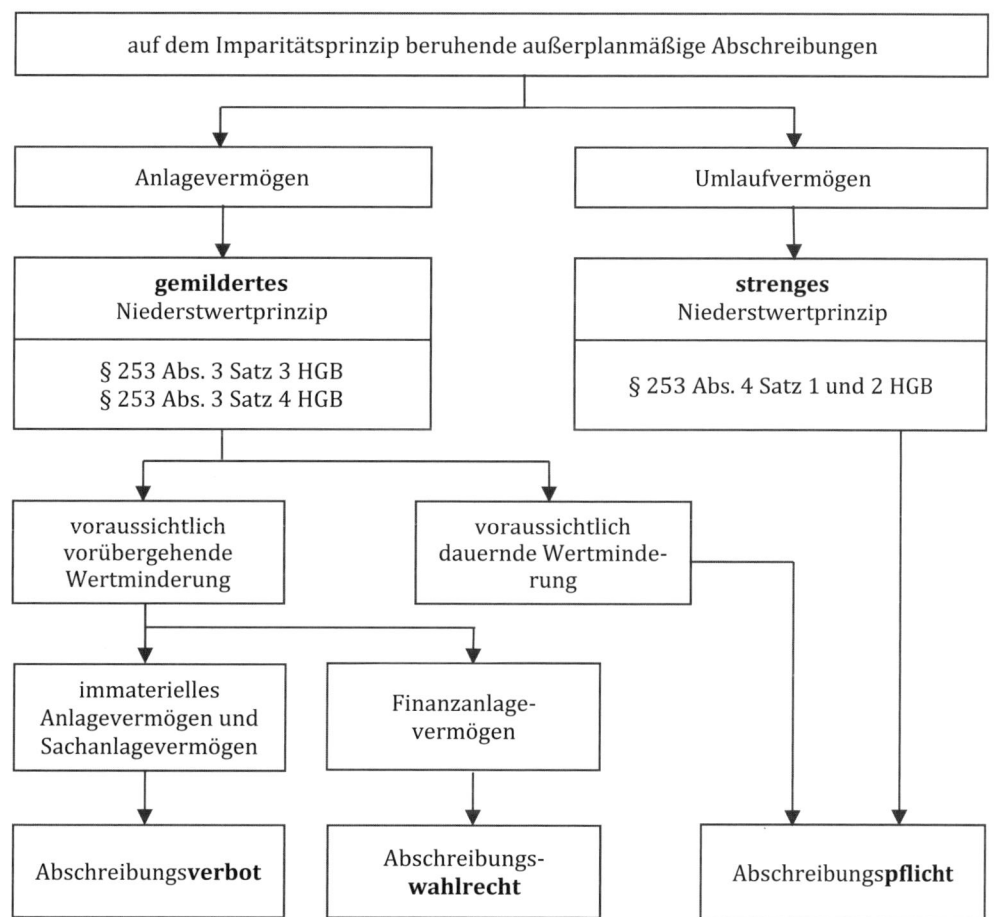

Abb. 5.2: Auf dem Imparitätsprinzip beruhende außerplanmäßige Abschreibungen[39]

---

[39] In Anlehnung an Baetge; Kirsch & Thiele: Bilanzen, 9. Auflage 2008, S. 245

Übungsaufgabe 5.1

Diese Aufgabe finden Sie unter www.uvk-lucius.de/schritt-fuer-schritt

5.1.5 Grundsatz der Periodenabgrenzung (§ 252 Abs. 1 Nr. 4 HGB)

Aufwendungen und Erträge des Geschäftsjahres sind unabhängig von den Zeitpunkten der entsprechenden Zahlungen im Jahresabschluss zu berücksichtigen. Die Berücksichtigung erfolgt grundsätzlich in der Periode, in der der Werteverzehr bzw. Wertezugang wirtschaftlich verursacht wurde (sogenanntes Verursachungsprinzip). Dadurch werden Aufwendungen und Erträge verursachungsgerecht den einzelnen Perioden zugeordnet.

5.1.6 Grundsatz der Bewertungsstetigkeit (§ 252 Abs. 1 Nr. 6 HGB)

Dieser Grundsatz schreibt vor, dass die in der Vorperiode angewandten Bewertungsmethoden (Abschreibungsmethoden, Methoden zur Feststellung der Herstellungskosten etc.) beizubehalten sind. Vor allem Bewertungswahlrechte sind davon betroffen. Durch diesen Grundsatz soll die Vergleichbarkeit verschiedener Jahresabschlüsse erleichtert werden. Außerdem soll auf diese Weise verhindert werden, dass der Periodenerfolg, allein durch die Anwendung verschiedener Bewertungsmethoden, verlagert werden kann. Das Stetigkeitsprinzip ist eine sogenannte **Mussvorschrift**.

Übungsaufgabe 5.2: Allgemeine Bewertungsgrundsätze

a)   Der Kunsthändler Müller hat im Jahr 01 Waren für 8.000 € (ohne USt) eingekauft, die er im Februar 02 für 25.000 € verkauft. Mit welchem Wert sind die Waren in der Bilanz zum 31.12.01 auszuweisen?

b)   Der Antiquitätenhändler Fuchs hat im Jahr 01 Waren für 15.000 € (ohne USt) eingekauft, die am 31.12.01 einen Wert von 11.500 € haben. Die Waren werden im Jahr 02 für 11.500 € (ohne USt) verkauft. Mit welchem Wert sind die Waren in der Bilanz zum 31.12.01 auszuweisen?

c)   Der Einzelhändler Mayer erfährt am 10.01.02, dass die Forderung gegenüber dem Kunden X in voller Höhe ausfällt, da über das Vermögen des Kunden Y das Insolvenzverfahren am 29.12.01 mangels Masse abgelehnt wurde. Die Bilanz wird am 15.03.02 aufgestellt. Ist der Forderungsausfall schon im Jahresabschluss 01 zu berücksichtigen?

d)   Die Power Production GmbH hat eine Forderung aLuL in Höhe von 23.800 € gegenüber dem Kunden Y vom 22.12.01. Am 25.01.01 brennt die Lagerhalle des Kunden Y ab. Die Lagerhalle ist versichert, aber nicht die Handelswaren und die Fertigerzeugnisse. Im Februar meldet der Kunde Y Insolvenz wegen Zahlungsunfähigkeit an. Mit welchem Betrag ist die Forderung aLuL gegenüber dem Kunden Y in der Bilanz zum 31.12.01 auszuweisen?

Bitte tragen Sie hier die Lösungen ein.

a) _____

_____

b) _____

_____

c) _____

_____

d) _____

_____

5.2 Ausgangs- und Basiswerte für die Bewertung

Für die **Zugangsbewertung** der Vermögensgegenstände und Schulden sind insbesondere folgende Wertmaßstäbe von Bedeutung:

- Vermögensgegenstände: Anschaffungskosten (AK) oder Herstellungskosten (HK),
- gezeichnetes Eigenkapital: Nennbetrag,
- Verbindlichkeiten: Erfüllungsbetrag,
- Rückstellungen: nach vernünftiger kaufmännischer Beurteilung notwendiger Erfüllungsbetrag und
- latente Steuern: Steuerbelastung/Steuerentlastung bewertet mit den individuellen Steuersätzen im Zeitpunkt des Abbaus der Differenzen.

Für die **Folgebewertung** am jeweiligen Abschlussstichtag (der Folgeperioden) sind folgende Wertmaßstäbe von Bedeutung:

- fortgeführte Anschaffungs- oder fortgeführte Herstellungskosten,
- Börsen- oder Marktpreis,
- niedrigerer beizulegender Wert; es gilt das Niederstwertprinzip bei den Vermögensgegenständen, Ausnahme sind die zu Handelszwecken erworbenen Finanzinstrumente (bei Kredit- und Finanzdienstleistungsinstituten),
- beizulegender Wert für die Bewertung des Planvermögens (gemäß § 246 Abs. 2 Satz 2 HGB zu verrechnende Vermögensgegenstände mit den Pensionsrückstellungen),
- verlustfreie Bewertung,
- retrograde Bewertung (Anwendung vor allem im Einzelhandel),
- Teilwert (im Steuerrecht),
- (nach vernünftiger kaufmännischer Beurteilung notwendiger) Erfüllungsbetrag,
- Barwert (Diskontierung der Zahlungen auf den Gegenwartswert) und
- latente Steuern: Steuerbelastung/Steuerentlastung bewertet mit den individuellen Steuersätzen zum Zeitpunkt des Abbaus der Differenzen.

5.2.1 Anschaffungskosten

Anschaffungskosten fallen an, wenn Vermögensgegenstände von Dritten erworben werden. Die Anschaffungskosten umfassen nach § 255 Abs. 1 HGB „die Aufwendungen, die geleistet werden, um einen **Vermögensgegenstand zu erwerben** und ihn in einen **betriebsbereiten Zustand** zu versetzen, soweit sie dem Vermögensgegenstand **einzeln zugeordnet werden können.**"

Bei der Ermittlung der Anschaffungskosten wird nicht nur der Einkaufspreis berücksichtigt, sondern alle einzeln und direkt zuordenbaren Leistungen und Aufwendungen, die aufgebracht werden müssen, bis der Vermögensgegenstand betriebsbereit ist.

Dabei ist aber unbedingt zu beachten, dass nur die **Einzelkosten** den Anschaffungskosten zugerechnet werden dürfen, nicht aber die **Gemeinkosten**. Mit Einzelkosten sind die Kosten gemeint, die dem Vermögenswert direkt zugeordnet werden können. Allgemeine Kosten, die bspw. für den Vertrieb oder die Verwaltung anfallen, gehören nicht zu den Anschaffungskosten und sind deshalb nicht zu berücksichtigen.[40]

Die **Anschaffungskosten** setzen sich wie folgt zusammen:

	Anschaffungspreis	◄——►	Nettoeinkaufspreis (d. h. ohne abziehbare Vorsteuer)
–	Anschaffungspreis-minderungen	◄——►	Rabatte, Skonti, Boni, Gutschriften, Zuschüsse Dritter, Subventionen, Rückvergütungen
+	Anschaffungsnebenkosten	◄——►	Bezugskosten, Einfuhrzölle, Transportversicherung, Ablade- und Montagekosten, Fundamentierungskosten, Zulassungskosten, Grunderwerbsteuer, Grundbuchgebühren, Notargebühren, Maklercourtage etc.
+	nachträgliche Anschaffungskosten	◄——►	Umbau-, Ausbauarbeiten, Erschließungskosten bei Grundstücken, Straßenbau, Zubehörteile für Anlagen
=	**Anschaffungskosten** (AK)	◄——►	Aktivierung: handels- und steuerrechtlich

Abb. 5.3: Ermittlung der Anschaffungskosten

Besonderheiten beim Anschaffungspreis für:

- Fremdwährungsgeschäfte: Umrechnung zum Stichtagskurs, an dem die wirtschaftliche Verfügungsmacht erlangt wurde,
- Tauschgeschäfte: Wahlrecht zwischen der Buchwertfortführung und der Gewinnrealisierung (steuerlich zwingend: Gewinnrealisierung),
- unentgeltlicher Erwerb: Bewertung zum Zeitwert.

Anschaffungsnebenkosten

Zu den Anschaffungsnebenkosten gehören alle Ausgaben, die dem Unternehmen zusätzlich entstehen, um den Vermögensgegenstand zu erwerben, und in einen betriebsbereiten Zustand zu versetzen. Zu den Anschaffungsnebenkosten zählen beispielsweise Transport- und Frachtkosten, Transportversicherung, Provisionen, Fundamentierungskosten für die Aufstellung einer Maschine, Montagekosten, Kosten des Einbaus einer Maschine und der beim Einsatz eigener Arbeitskräfte auf diese Arbeiten anteilig anfallende Personalaufwand.

Beim Erwerb von Grundstücken oder Immobilien zählen ebenfalls die Kosten der notariellen Beurkundung, des Grundbucheintrags, die Maklergebühren sowie die Grunderwerbsteuer zu den Anschaffungsnebenkosten.

Kosten der Geldbeschaffung (Fremd- oder Eigenkapitalzinsen, Disagio) zählen grundsätzlich **nicht** zu den Anschaffungsnebenkosten.

---

[40] Vgl. Bitz ; Schneeloch & Wittstock : Der Jahresabschluss, 2011, S. 241

Die Anschaffungskosten (bzw. Herstellungskosten) stellen die Obergrenze für die Bewertung von Vermögensgegenständen dar, d. h. Vermögensgegenstände dürfen höchstens mit den Anschaffungs- oder Herstellungskosten abzüglich der planmäßigen oder außerplanmäßigen Abschreibungen bewertet werden.

Beispiel: Ermittlung der Anschaffungskosten

Das Unternehmen Meier e. K. kauft eine Fertigungszelle für 310.000 € zzgl. 19 % USt. Für den Transport nach Ettlingen fallen Kosten in Höhe von 3.000 € zzgl. 19 % USt. an. Die Transportversicherung beträgt 1.000 €. Die Maschine wird aufgebaut und in einen betriebsbereiten Zustand gebracht, hierfür fallen Materialeinzelkosten in Höhe von 2.000 € an. Für die Montage sind 50 Monteurstunden zu je 40 €/Std. zu berücksichtigen. Die Einzelunternehmung Meier e. K. ist zum Vorsteuerabzug berechtigt. Die Kosten für den Kredit betragen 12.000 €. Die Fertigungszelle wird innerhalb von 10 Tagen mit 3 % Skonto bezahlt.

	Anschaffungspreis ohne Umsatzsteuer	310.000 €
-	Skonto	- 9.300 €
+	Transportkosten	+ 3.000 €
+	Transportversicherung	+ 1.000 €
+	Materialeinzelkosten	+ 2.000 €
+	Monteurstunden (50 Std. × 40 €/Std.)	+ 2.000 €
=	**Anschaffungskosten**	**= 308.700 €**

Die Finanzierungskosten gehören nicht zu den Anschaffungsnebenkosten, d. h. Finanzierungskosten dürfen nicht aktiviert werden.

Merke

Die nicht abnutzbaren Vermögensgegenstände des Anlagevermögens wie z. B.:

- Grund und Boden,

- Beteiligungen und

- andere Finanzanlagen (z. B. Wertpapiere)

sind grundsätzlich mit den Anschaffungskosten anzusetzen.

Übungsaufgabe 5.3: Ermittlung der Anschaffungskosten

Die Reparatur GmbH kauft ein neues Diagnosegerät zu einem Preis von 25.000 €. Weil die Reparatur GmbH ein sehr guter Kunde ist, wird ihr von ihrem Lieferanten ein Rabatt auf den Anschaffungspreis von 8 % und Skonto in Höhe von 2 % bei einem Zahlungsziel innerhalb von 10 Tagen gewährt. Die Versicherungskosten des Diagnosegerätes betragen 260 €. Außerdem werden Kosten für die Inbetriebnahme in Höhe von 1.400 € berechnet. Die Reparatur GmbH bezahlt das Diagnosegerät nach einer Woche unter Einbehalt von 2 % Skonto. Alle Preise sind netto, die Umsatzsteuer kann aufgrund des Vorsteuerabzugs vernachlässigt werden. Ermitteln Sie die Anschaffungskosten für das Diagnosegerät.

Nutzen Sie bitte die nachfolgende Tabelle für die Ermittlung der Anschaffungskosten.

	Anschaffungspreis	25.000 €
+	Anschaffungsnebenkosten	
+		
-	Anschaffungspreisminderungen	
-		
=	Anschaffungskosten	

Übungsaufgabe 5.4 und 5.5

Diese Aufgaben finden Sie unter www.uvk-lucius.de/schritt-fuer-schritt

5.2.2 Herstellungskosten

Die Herstellungskosten dienen der Bewertung von nicht entgeltlich erworbenen Vermögensgegenständen. Sie umfassen gemäß § 255 Abs. 2 HGB alle Aufwendungen, die durch

▨ den Verbrauch von Gütern und die Inanspruchnahme von Diensten für

▨ die Herstellung eines Vermögensgegenstandes,

▨ seine Erweiterung oder für eine

▨ über seinen ursprünglichen Zustand hinausgehende wesentliche Verbesserungen entstehen.

▨ Alle vom Unternehmen ganz oder teilweise selbst erstellten Gegenstände des Anlage- und Umlaufvermögens (z. B. selbst erstellte Anlagen, werterhöhende Reparaturen, Erweiterungen, fertige und unfertige Erzeugnisse) werden mit den Herstellungskosten bewertet, die in § 255 Abs. 2 HGB definiert sind.

Die **Pflichtbestandteile** der Herstellungskosten stellen die **Wertuntergrenze** dar. Sie teilen sich in Einzel- und Gemeinkosten und den Werteverzehr des Anlagevermögens auf. Die Einzelkosten können sich aus Material-, Fertigungs- und Sondereinzelkosten zusammensetzen. Für Material und Fertigung fallen i. d. R. neben den Einzelkosten auch Gemeinkosten an.

Wenn die **Wahlbestandteile** in die Herstellungskosten miteinbezogen werden, so erhöhen sich die Herstellungskosten. Zum handelsrechtlichen **Einbeziehungswahlrecht** gehören die Kosten der allgemeinen Verwaltung (z. B. Gehälter für Rechnungswesen, Personalbüro etc.), Aufwendungen für soziale Einrichtungen des Betriebs (z. B. Kantine, Sportstätten, Kindertagesstätten), freiwillige soziale Aufwendungen (z. B. Jubiläumsaufwendungen, freiwillige Weihnachtszuwendungen), betriebliche Altersversorgung (Zuführungen zu den Pensionsrückstellungen, Beiträge zur betrieblichen Direktversicherung, Zuwendungen an Pensionskassen, Pensionsfonds und Unterstützungskassen) und Fremdkapitalzinsen. Fremdkapitalzinsen dürfen aber nur hinzugerechnet werden, sofern das Fremdkapital zur Finanzierung der Herstellung angeschafft und verwendet wurde und sich die Zinsen während der Herstellungszeit ergeben haben.[41]

---

[41] Vgl. Bitz; Schneeloch & Wittstock: Der Jahresabschluss, 2011, S. 244 ff.

Die Herstellungskosten werden folgendermaßen berechnet:

	Handelsrechtliche Herstellungskosten gemäß § 255 Abs. 2 und 3 HGB		Steuerrechtliche Herstellungskosten gemäß, EStÄR 2012 (R 6.3 EStR)
Pflicht	Materialeinzelkosten		Materialeinzelkosten
	+ Fertigungseinzelkosten		+ Fertigungseinzelkosten
	+ Sondereinzelkosten der Fertigung		+ Sondereinzelkosten der Fertigung
	+ Materialgemeinkosten		+ Materialgemeinkosten
	+ Fertigungsgemeinkosten		+ Fertigungsgemeinkosten
	+ fertigungsbedingter Werteverzehr des Anlagevermögens		+ fertigungsbedingter Werteverzehr des Anlagevermögens
	= **Wertuntergrenze**	**Pflicht**	+ allgemeine Verwaltungsgemeinkosten
Wahlrecht	+ allgemeine Verwaltungsgemeinkosten		+ Aufwendungen für soziale Einrichtungen des Betriebes
	+ Aufwendungen für soziale Einrichtungen des Betriebs		Aufwendungen für freiwillige soziale Leistungen
	+ Aufwendungen für freiwillige soziale Leistungen		Aufwendungen für betriebliche Altersversorgung
	+ Aufwendungen für betriebliche Altersversorgung		= **Wertuntergrenze**
	+ Fremdkapitalzinsen[42]		+ Fremdkapitalzinsen
	= **Wertobergrenze**		= **Wertobergrenze**
Verbot	Sondereinzelkosten des Vertriebs	**Verbot**	Sondereinzelkosten des Vertriebs
	Vertriebsgemeinkosten		Vertriebsgemeinkosten
	Forschungskosten		Forschungskosten

Abb. 5.4: Ermittlung der Herstellungskosten nach Handels- und Steuerrecht

Forschungs- und Vertriebskosten, Gewinnzuschläge und kalkulatorische Kosten (z. B. kalkulatorischer Unternehmerlohn bei Einzelunternehmungen) sowie Leerkosten aufgrund von Unterbeschäftigung dürfen weder in der Handelsbilanz noch in der Steuerbilanz aktiviert werden.

Fortgeführte Anschaffungs- oder Herstellungskosten (AK/HK)

Die **fortgeführten AK/HK** ergeben sich als Wertansatz für alle abnutzbaren Anlagegüter unter Berücksichtigung der Abschreibungen:

Anschaffungs- oder Herstellungskosten

- kumulierte planmäßige Abschreibungen auf abnutzbare Vermögensgegenstände

= **fortgeführte Anschaffungs- oder Herstellungskosten (AK/HK)**

Beispiel: handelsrechtliche Wertuntergrenze und Wertobergrenze der Herstellungskosten

Ein Maschinenbauunternehmen erstellt mit eigenem Personal eine Fräsmaschine. Es gelten Materialeinzelkosten = 80.000 €, Fertigungseinzelkosten = 35.000 €, Sondereinzelkosten der Ferti-

---

[42] Zinsen für das Fremdkapital, die auf den Zeitraum der Herstellung entfallen.

gung = 12.000 €, Werteverzehr der Produktionsanlagen = 9.000 €, Fremdkapitalzinsen zur Vorfinanzierung der Maschine = 8.000 €, allgemeine Verwaltungskosten = 15.000 €, Kosten für freiwillige soziale Leistungen = 2.000 €, Forschungskosten = 20.000 € und Vertriebsgemeinkosten = 12.000 € angefallen. Des Weiteren betragen der Materialgemeinkostenzuschlagssatz = 10 % und der Fertigungsgemeinkostenzuschlagssatz = 180 %. Es werden die zu aktivierenden Herstellungskosten ermittelt.

	Materialeinzelkosten	80.000 €
+	Materialgemeinkosten (10 % von 80.000 €)	8.000 €
+	Fertigungseinzelkosten	35.000 €
+	Fertigungsgemeinkosten (180 % von 35.000 €)	63.000 €
+	Werteverzehr der Produktionsanlagen (Abschreibungen)	9.000 €
+	Sondereinzelkosten der Fertigung	12.000 €
=	**Herstellungskostenuntergrenze**	**207.000 €**
+	Kosten der allgemeinen Verwaltung	15.000 €
+	Kosten für freiwillige soziale Leistungen	2.000 €
+	Fremdkapitalzinsen	8.000 €
=	**Herstellungskostenobergrenze**	**232.000 €**

Die Wahlrechte bei der Ermittlung der Herstellungskosten bieten dem Maschinenbauunternehmen bilanzpolitischen Spielraum. Falls das Unternehmen einen geringeren Gewinn ausweisen möchte, so wird es die Fräsmaschine mit der Wertuntergrenze der Herstellungskosten bewerten. Für die Forschungs- und Vertriebskosten besteht ein Aktivierungsverbot.

Übungsaufgabe 5.6: Ermittlung der Herstellungskosten

Für den Bilanzposten „Fertigerzeugnisse" ist der Bilanzansatz nach dem Handelsrecht zu ermitteln. Hierfür liegen Ihnen folgende Zahlen vor:

Materialeinzelkosten	400.000 €
Fertigungslöhne (Fertigungseinzelkosten)	300.000 €
Forschungskosten	50.000 €
Sondereinzelkosten der Fertigung	20.000 €
Sondereinzelkosten des Vertriebs	24.000 €
Fremdkapitalzinsen	28.000 €
Aufwendungen für betriebliche Sozialeinrichtungen	6.000 €
Aufwendungen für freiwillige soziale Leistungen	6.500 €
Aufwendungen für betriebliche Altersversorgung	15.000 €
kalkulatorischer Unternehmerlohn	17.000 €

Gemeinkostenzuschlagssätze:

Materialgemeinkosten	20 %	Verwaltungsgemeinkosten	15 %
Fertigungsgemeinkosten	80 %	Vertriebsgemeinkosten	12 %

Die Fremdkapitalzinsen dienen zur Finanzierung der Fertigerzeugnisse. Sie entfallen ausschließlich auf den Fertigungszeitraum.

a) Ermitteln Sie die Herstellungskosten der Fertigerzeugnisse unter der Prämisse, dass der **Gewinn** möglichst **niedrig** ausfallen soll.
b) Ermitteln Sie die Herstellungskosten der Fertigerzeugnisse unter der Prämisse, dass der **Gewinn** möglichst **hoch** ausfallen soll.

hoher Gewinnausweis = _____

niedriger Gewinnausweis = _____

Nutzen Sie die folgende Tabelle für die Ermittlung der Herstellungskosten.

Übungsaufgabe 5.7 und 5.8

Diese Aufgaben finden Sie unter www.uvk-lucius.de/schritt-fuer-schritt

5.2.3 Beizulegender Wert

Der beizulegende Wert ist ein Vergleichswert. Für die Ermittlung des **beizulegenden Werts** sind verschiedene Hilfswerte heranzuziehen. Dabei ist es sinnvoll, zwischen dem Anlagevermögen und dem Umlaufvermögen zu unterscheiden. Bei der **Bewertung des Anlagevermögens** wird der beizulegende Wert in der Regel am **Beschaffungsmarkt** bestimmt. Es bieten sich der Zeitwert der Wiederbeschaffungskosten, der Reproduktionswert, der Einzelveräußerungswert, der Wert eines Sachverständigengutachtens oder der Ertragswert (des betreffenden Vermögensgegenstands) an.

Bei der **Bewertung des Umlaufvermögens** wird der beizulegende Wert in der Regel vom **Absatzmarkt** bestimmt. Es erfolgt eine retrograde Bewertung.

Beschaffungsmarktorientierte Berechnungsmethode des beizulegenden Werts:

	Wiederbeschaffungspreis
+	Anschaffungsnebenkosten
-	Anschaffungspreisminderungen
=	**beizulegender Wert** (vom Beschaffungsmarkt bestimmt)

Absatzmarktorientierte Berechnungsmethode des beizulegenden Werts:

	vorsichtig geschätzter Verkaufspreis (Einzelveräußerungspreis, Schrottwert)
-	erwartete Erlösschmälerungen (z. B. Preisnachlässe, Rabatt, Skonti)
-	noch anfallende Herstellungskosten bei unfertigen Erzeugnissen
-	noch anfallende Vertriebskosten
-	noch anfallende Verwaltungskosten
-	entstehende Fremdkapitalzinsen
=	**beizulegender Wert** (vom Absatzmarkt bestimmt)

 Übungsaufgabe 5.9 und 5.10

Diese Aufgaben finden Sie unter www.uvk-lucius.de/schritt-fuer-schritt

5.2.4 Teilwert

Für die Bewertung in der **Steuerbilanz** ist der **Teilwert** der maßgebliche Vergleichs- bzw. Korrekturwert. Gemäß § 6 Abs. 1 Nr. 1 Satz 3 EStG ist der Teilwert der Betrag, den der Erwerber des ganzen Betriebs im Rahmen des Gesamtkaufpreises für das einzelne Wirtschaftsgut ansetzen würde. Dabei ist davon auszugehen, dass der Erwerber den Betrieb fortführt. Im Vergleich zum beizulegenden Wert, der dem Grundsatz der Einzelbewertung folgt, ist die Teilwertdefinition **gesamtwertorientiert**. Dies bedeutet, dass bei seiner Ermittlung vom beizulegenden Wert zusätzlich noch der branchenübliche oder durchschnittlich notwendige Gewinn abgezogen werden muss (R 6.8 Abs. 1 Satz 2 EStR).[43] In der praktischen Handhabung erfolgt aber eine weitgehende Annäherung der Begriffsinhalte, sodass auch in der Steuerbilanz aktuelle, aus dem Absatz- oder Beschaffungsmarkt abgeleitete Werte maßgeblich sind. Für die Wirtschaftsgüter gelten die folgenden Teilwertvermutungen:

- Im Zeitpunkt des Erwerbs entspricht der Teilwert den Anschaffungs- oder Herstellungskosten eines Wirtschaftsgutes.
- Bei abnutzbaren Wirtschaftsgütern entspricht der Teilwert den Anschaffungs- oder Herstellungskosten abzüglich der bisherigen planmäßigen Abschreibungen.
- Bei Wirtschaftsgütern des Vorratsvermögens (Roh-, Hilfs- und Betriebsstoffe; unfertige Erzeugnisse, unfertige Leistungen; fertige Erzeugnisse und Waren) entspricht der Teilwert den Wiederbeschaffungs- oder den Wiederherstellungskosten.

---

[43] Meyer, C.: Bilanzierung nach Handels- und Steuerrecht, 2013, S. 114

▦ Bei Nominalgütern (Zahlungsmittel, Forderungen, Wertpapiere) entspricht der Teilwert in der Regel dem Nennbetrag bzw. dem Börsen- oder Marktpreis.

5.2.5 Erfüllungsbetrag

Der **Erfüllungsbetrag** kennzeichnet den Betrag, den ein Schuldner zur Erfüllung einer Verbindlichkeit oder Rückstellung (unter Berücksichtigung vernünftiger kaufmännischer Beurteilung (§ 253 Abs. 1 HGB)) aufwenden muss. Dies beinhaltet zwei bewertungsrelevante Aspekte:

▦ Einbeziehung der erwarteten künftigen Kostensteigerungen,

▦ Abzinsung bedeutet Ansatz zum Barwert und nicht zum Nennwert oder Rückzahlungsbetrag. Die Barwertdifferenz von einem zum anderen Abschlussstichtag ist unter „Zinsen und ähnliche Aufwendungen" im Finanzergebnis auszuweisen.[44]

Bei Geldleistungsverpflichtungen entspricht der Erfüllungsbetrag dem Rückzahlungsbetrag, bei Sachleistungs- oder Sachwertverpflichtungen dem im Erfüllungszeitpunkt voraussichtlich aufzuwendenden Geldbetrag.

Der Erfüllungsbetrag von Schulden wird wie folgt ermittelt:

	Nennbetrag
+	Preis- und Kostensteigerungen von Sach- und Dienstleistungen (soweit absehbar)
=	**Erfüllungsbetrag der Schuld**

Rückstellungen sind in Höhe des nach vernünftiger kaufmännischer Beurteilung notwendigen Erfüllungsbetrages anzusetzen. Alle Rückstellungen mit einer Restlaufzeit von mehr als einem Jahr sind abzuzinsen. Der Erfüllungsbetrag enthält künftige Preis- und Kostensteigerungen, aber es besteht eine verpflichtende Abzinsung mit einem durchschnittlichen, laufzeitäquivalenten Marktzinssatz der verganenen sieben Jahre, wenn die Restlaufzeit mehr als ein Jahr beträgt.

Bewertung von (Verbindlichkeits-)**Rückstellungen**

	Nennwert der Rückstellungsverpflichtung
+	Preis- und Kostensteigerungen (soweit absehbar)
=	**Erfüllungsbetrag der Rückstellung**
-	Zinsanteil (Diskontierung) langfristiger Rückstellungen
=	**Buchwert der Rückstellung**

Die Abzinsungssätze werden durch Rechtsverordnung von der Deutschen Bundesbank monatlich bekannt gegeben. Die folgende Abbildung zeigt die Bewertung von Verbindlichkeiten und Rückstellungen.

---

[44] Heyd, R.; Beyer, M. & Zorn, D.: Bilanzierung nach HGB in Schaubildern, 2014, S. 45

	Handelsrecht	Steuerrecht
Abzinsung von langfristigen Rückstellungen und langfristigen unverzinslichen Verbindlichkeiten	ja, soweit Restlaufzeit bei Rückstellungen mehr als ein Jahr, keine Abzinsung bei Verbindlichkeiten	ja, soweit Laufzeit mehr als ein Jahr beträgt
Zinssatz	durchschnittlicher Marktzinssatz der vergangenen sieben Jahre, der von der Bundesbank monatlich bekannt geben wird	unverzinsliche Verbindlichkeiten und Rückstellungen mit einer Laufzeit von mehr als 12 Monaten werden mit 5,5 % diskontiert, Pensionsrückstellungen mit 6 %
Berücksichtigung künftiger Preis- und Kostensteigerungen bei langfristigen Rückstellungen	ja	nein

Abb. 5.5: Bewertung von Verbindlichkeiten und Rückstellungen nach § 253 Abs. 1 Satz 2 und Abs. 2 Satz 1 HGB

5.2.6 Barwert

Mithilfe des Barwerts (= Gegenwartswert) kann man den Wert einer zukünftigen Zahlung am Tag des Vertragsabschlusses errechnen, indem man den Betrag abzinst (diskontiert). Ein Beispiel für eine Passivierung eines Barwerts sind Rentenverpflichtungen, denen keine Gegenleistung entgegensteht (§ 253 Abs. 1 Satz 2 HGB). Auch das Steuerrecht verlangt die Passivierung von Barwerten. Es schreibt vor, dass unverzinsliche Verbindlichkeiten und Rückstellungen mit einem Zinssatz von 5,5 % abgezinst werden müssen, wenn ihre Laufzeit länger als ein Jahr ist (§ 6 Abs. 1 EStG).

Pensionsrückstellungen werden steuerlich mit 6 % abgezinst (vgl. § 6a Abs. 3 Satz 3 EStG). Bei der Berechnung der handelsrechtlichen Pensionsrückstellungen werden künftige Entwicklungen (Lohn-, Gehalts- und Rentensteigerungen) berücksichtigt. Die zu passivierenden Beträge sind abzuzinsen.

5.2.7 Währungsumrechnung – Folgebewertung (§ 256a HGB)

Die Erstbewertung der Fremdwährungsforderung wird mit dem Devisen-Briefkurs und die Erstbewertung der Fremdwährungsverbindlichkeiten wird mit dem Devisen-Geldkurs durchgeführt. Soweit die Auswirkung auf die Vermögens-, Finanz- und Ertragslage nicht wesentlich ist, ist aus Vereinfachungsgründen die Zugangsbewertung zum Devisenkassamittelkurs zulässig. Am Abschlussstichtag erfolgt die Umrechnung zum Devisenkassamittelkurs. Hierbei wird zwischen einer Restlaufzeit von mehr als einem und weniger als einem Jahr unterschieden.

▪ Fremdwährungsforderungen und kurzfristige Fremdwährungsverbindlichkeiten mit einer **Restlaufzeit von einem Jahr oder weniger** sind unter Beachtung der Restriktion des Anschaffungskosten- und des Realisationsprinzips zum Devisenkassamittelkurs umzurechnen, d. h.:

  – Kursverluste sind erfolgswirksam zu erfassen (Imparitätsprinzip),

  – Kursgewinne dürfen dagegen nicht erfasst werden (Realisationsprinzip).

- Fremdwährungsforderungen und kurzfristige Fremdwährungsverbindlichkeiten mit einer **Restlaufzeit von einem Jahr oder weniger** sind ohne Beachtung der Restriktion des Anschaffungskosten- und des Realisationsprinzips zum Devisenkassamittelkurs umzurechnen, d. h.:
  - Kursverluste sind erfolgswirksam zu erfassen, aber:
  - **Kursgewinne** auf Basis des Devisenkassamittelkurses am Bilanzstichtag sind ebenfalls sofort **erfolgswirksam** zu erfassen. Es dürfen explizit die historischen Anschaffungskosten bei den Forderungen überschritten werden. Bei den Verbindlichkeiten wird das Höchstwertprinzip außer Kraft gesetzt. Das bedeutet, dass unrealisierte Gewinne ausgewiesen werden.

5.3 Bewertungsverfahren

5.3.1 Einzelbewertung

Das generelle Bewertungsverfahren für die Vermögensgegenstände und Schulden ist die Einzelbewertung. Sie wird angewandt, wenn die Bestände und deren Veränderungen (Zu- und Abgänge) ohne größere Schwierigkeiten ermittelt werden können. Die Einzelbewertung ist auf jeden Fall anzuwenden, wenn es sich um Bilanzierungsobjekte mit einem sehr großen Einzelwert und/oder unbewegliches Vermögen handelt. Die Einzelbewertung verhindert, dass sich Wertsteigerungen bei Vermögensgegenständen mit Wertminderungen bei anderen Vermögensgegenständen kompensieren.[45]

5.3.2 Bewertungsvereinfachungsverfahren

Grundsätzlich gilt für die Bewertung von Vermögensgegenständen des Anlage- und Umlaufvermögens der **Grundsatz der Einzelbewertung**. Unter bestimmten Voraussetzungen kann die Bewertung von Gegenständen des Umlaufvermögens in vereinfachter Form erfolgen. Denn in der Praxis werden die Vermögensgegenstände des Vorratsvermögens (Roh-, Hilfs- und Betriebsstoffe, Ersatzteile, Kleinmaterialien, Handelswaren), die zu unterschiedlichen Zeiten und/oder Kosten angeschafft oder hergestellt wurden, im Rahmen der Lagerhaltung miteinander vermischt. Daher werden zur einfacheren Handhabung der Vorratsbewertung sogenannte **Bewertungsvereinfachungsverfahren** zugelassen. Zu den Bewertungsvereinfachungsverfahren gehören die Sammel- und Gruppenbewertung sowie die Festbewertung, die auch für Teile des Anlagevermögens angewendet werden kann.

Im Folgenden sehen Sie die Bewertungsvereinfachungsverfahren auf einen Blick.

---

[45] Bitz, M. et al.: Der Jahresabschluss, 2011, S. 261

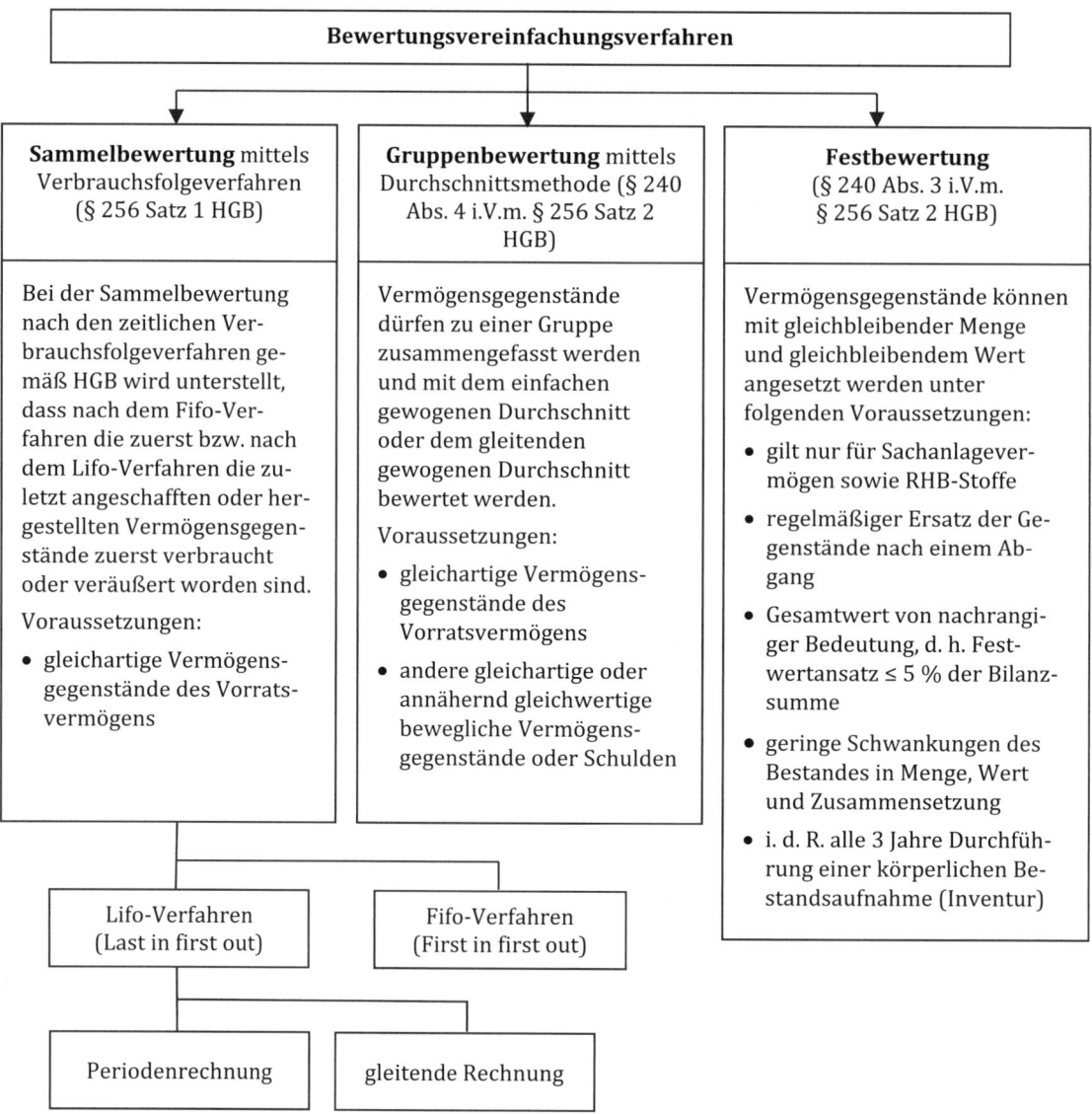

Abb. 5.6: Methoden der Wertermittlung bei den Bewertungsvereinfachungsverfahren

Die oben dargestellten Bewertungsvereinfachungsverfahren stellen eine zulässige Abweichung vom Einzelbewertungsprinzip dar.

5.3.2.1 Festbewertung

Vermögensgegenstände des beweglichen Anlagevermögens sowie Roh-, Hilfs- und Betriebsstoffe können gemäß § 240 Abs. 3 als **Festwert** angesetzt werden, wenn ihr Gesamtwert für das Unternehmen von nachrangiger Bedeutung ist, sie nach einem Abgang regelmäßig ersetzt werden und deren Bestand in Größe, Wert und Zusammensetzung nur geringen Veränderungen unterliegt. Der gebildete Festwert ist spätestens alle drei Jahre durch eine körperliche Bestandsaufnahme zu überprüfen. Bis zur Überprüfung des Festwertes bleibt der Festwert unverändert. Sämtliche Zugänge werden in diesem Fall als Aufwand in der GuV erfasst.

Nach jeder Überprüfung des Festwertes können sich folgende Konsequenzen ergeben:

Der neu ermittelte Festwert entspricht dem bisherigen Festwert.	Beibehaltung des bisherigen Festwertes.
Der neu ermittelte Festwert ist geringer als der bisherige Festwert.	Ansatz des neu ermittelten niedrigeren Festwertes (aufgrund des strengen Niederstwertprinzips).
Der neu ermittelte Festwert ist nicht mehr als 10 % höher als der bisherige Festwert.	Beibehaltung des bisherigen Festwertes oder Ansatz des neuen Festwertes (Aufstockungswahlrecht).
Der neu ermittelte Festwert ist mehr als 10 % höher als der bisherige Festwert.	Ansatz des neuen Festwertes (Aufstockungspflicht).

Übungsaufgabe 5.11

Diese Aufgabe finden Sie unter www.uvk-lucius.de/schritt-fuer-schritt

5.3.2.2 Gruppenbewertung mittels der Durchschnittsmethode

Gleichartige Vermögensgegenstände des Vorratsvermögens sowie andere gleichartige oder annähernd gleichwertige bewegliche Vermögensgegenstände dürfen zu einer Gruppe zusammengefasst werden und gemäß § 240 Abs. 4 HGB mit dem gewogenen Durchschnitt bewertet werden. Die **Gleichartigkeit der Vermögensgegenstände** bedeutet, dass die Vermögensgegenstände zu einer Warengattung (z. B. Standardreifen, Jeans einer Marke) gehören oder Gleichheit in der Verwendbarkeit oder Funktion vorliegt.[46]

Annähernde Gleichwertigkeit liegt vor, wenn die Preise der in der Gruppenbewertung zusammengefassten Vermögensgegenstände nicht wesentlich voneinander abweichen.[47] Dabei sollte der Preisunterschied zwischen dem höchsten und dem niedrigsten Preis maximal 20 % betragen.

Die **Durchschnittsbewertung**, die sowohl nach Handels- als auch nach Steuerrecht zulässig ist, findet in zwei Varianten Anwendung:

- als **einfache** gewogene Durchschnittsmethode (periodische Durchschnittsmethode) und
- als **gleitende** gewogene Durchschnittsmethode (permanente Durchschnittsmethode).

Einfache gewogene Durchschnittsmethode

Die **einfache gewogene Durchschnittsmethode** (§ 240 Abs. 4 HGB) zählt zu den in der Praxis am weitesten verbreiteten Bewertungsmethoden. Beim einfachen gewogenen Durchschnitt erfolgt die Berechnung lediglich zum Periodenende. Aus den Anfangsbeständen und den Zugängen während des Geschäftsjahres wird am Ende der Rechnungsperiode ein **gewogener Durchschnittspreis** gebildet, mit dem sowohl die Abgänge als auch der Endbestand bewertet werden.

Bevor es zu einem Wertansatz in der Bilanz kommt, ist stets ein sogenannter **Niederstwerttest** vorzunehmen. Falls am Abschlussstichtag die Tageswerte niedriger als die ermittelten durchschnittlichen Anschaffungskosten (Herstellungskosten) sind, so muss dieser niedrigere Tageswert angesetzt werden, d. h. die Differenz zwischen beiden Werten ist außerplanmäßig abzuschreiben (strenges Niederstwertprinzip).

---

46 Beck'scher Bilanzkommentar, 2014, S. 49

47 Beck'scher Bilanzkommentar, 2014, S. 49

Beispiel: Bewertung mit der einfachen gewogenen Durchschnittsmethode

Zahlenbeispiel zur Vorratsbewertung mit dem einfachen gewogenen Durchschnitt:

Vorgang	Datum	Mengeneinheiten	Wert	Preis je ME
		a	b	c = (b : a)
Anfangsbestand	01.03.	100 St.	1.000,00 €	10,00 €/St.
Zugang	06.03.	20 St.	180,00 €	9,00 €/St.
Abgang	07.03.	35 St.		
Abgang	12.03.	25 St.		
Zugang	15.03.	50 St.	400,00 €	8,00 €/St.
Zugang	21.03.	25 St.	210,00 €	8,40 €/St.
Abgang	25.03.	60 St.		
Zugang	29.03.	15 St.	160,00 €	10,67 €/St.
Summe aus Anfangs-bestand und Zugängen		210 St.	1.950,00 €	9,29 €/St.
Verbrauch		120 St.	1.114,29 €	9,29 €/St.
Endbestand (Inventurmenge)	31.03.	90 St.	835,71 €	9,29 €/St.

Wie berechnet man den Wert je Einheit (Durchschnittspreis pro Stück) nach der einfachen gewogenen Durchschnittsmethode?

$$\text{Durchschnittspreis pro Stück} = \frac{\text{Gesamtwert des Anfangsbestands} + \text{Wert der Zugänge}}{\text{Menge Anfangsbestand} + \text{Menge Zugänge}} = \frac{1.950\ €}{210\ \text{St.}}$$

$= 9{,}285714\ €/\text{St.}$

Wie wird der Endbestand ermittelt?

Endbestand = Anfangsbestand + Zugänge – Abgänge

Endbestand = 100 St. + (20 St. + 50 St. + 25 St. + 15 St.) – (35 St. + 25 St. + 60 St.) = 90 St.

Wie wird der Verbrauch ermittelt?

Der Verbrauch sind die Abgänge (35 St. + 25 St. + 60 St.) = 120 St.

Wie wird der Verbrauch bewertet?

Verbrauchsmenge × Durchschnittspreis pro Stück

Wert des Verbrauchs in der Abrechnungsperiode März =120 St. × 9,285714 €/St. = **1.114,29 €**

Wie wird der Schlussbestand bewertet (Bilanzansatz)?

Inventurmenge (Endbestand) × Durchschnittpreis pro Stück

Schlussbestand Ende März = 90 St. × 9,285714 €/St. = **835,71 €**

> **Merke**
>
> Den einfachen gewogenen Durchschnittspreis können Sie als arithmetisches Mittel aus allen Beschaffungen bzw. hergestellten Erzeugnissen einer Periode zuzüglich des Anfangsbestands ermitteln.

Gleitende gewogene Durchschnittsmethode (permanente Durchschnittsmethode)

Die permanente Durchschnittsmethode ist im Ergebnis genauer als die gewogene Durchschnittsmethode. Bei der **permanenten Durchschnittsmethode** wird nach jedem Zugang ein neuer Durchschnittspreis errechnet. Die Abgänge werden dann jeweils mit den zuletzt berechneten Durchschnittspreisen bewertet. Voraussetzung für eine Anwendung der gleitenden Durchschnittsmethode ist eine funktionierende Materialbuchführung, die permanent folgende Rechnung ermöglicht:

Anfangsbestand + Zugänge – Abgänge = Endbestand

Beispiel: Bewertung mit der permanenten Durchschnittsmethode

Zahlenbeispiel zur Vorratsbewertung mit dem gleitenden gewogenen Durchschnitt:

Vorgang	Datum	Menge	Wert	Preis je ME
Anfangsbestand	01.03.	100 St.	1.000,00 €	10,00 €/St.
Zugang	06.03.	20 St.	180,00 €	9,00 €/St.
Abgang	07.03.	35 St.		
Abgang	12.03.	25 St.		
Zugang	15.03.	50 St.	400,00 €	8,00 €/St.
Zugang	21.03.	25 St.	210,00 €	8,40 €/St.
Abgang	25.03.	60 St.		
Zugang	29.03.	15 St.	160,00 €	10,6666 €/St.

Ermittlung des Wertes des Schlussbestands und des Verbrauchswertes mit der gleitenden gewogenen Durchschnittsmethode (permanente Durchschnittsmethode):

	Vorgang	Datum	Menge	Preis je Stück	Wert	Wert Abgang
	Anfangsbestand	01.03.	100 St.	10,00 €/St.	1.000,00 €	
+	Zugang	06.03.	+ 20 St.	9,00 €/St.	+ 180,00 €	
=	erster Durchschnittspreis		= 120 St.	9,83333 €/St.	= 1.180,00 €	
-	Abgang	07.03.	- 35 St.	9,83333 €/St.	- 344,17 €	+ 344,17 €
-	Abgang	12.03.	- 25 St.	9,83333 €/St.	- 245,83 €	+ 245,83 €
+	Zugang	15.03.	+ 50 St.	8,00 €/St.	+ 400,00 €	
=	neuer Durchschnittspreis		= 110 St.	9,00 €/St.	= 990,00 €	

+ Zugang	21.03.	+ 25 St.	8,40 €/St.	+ 210,00 €	
= neuer Durchschnittspreis		= 135 St.	8,88888 €/St.	= 1.200,00 €	
- Abgang	25.03.	- 60 St.	8,88888 €/St.	-533,33 €	+ 533,33 €
+ Zugang	29.03.	+ 15 St.	10,6666 €/St.	+ 160,00 €	
= neuer Durchschnittspreis		= 90 St.	9,18522 €/St.	826,67 €	
= Endbestand	31.03.	90 St.	9,18522 €/St.	826,67 €	
Verbrauch		110 St.			= 1.123,33 €

Auch bei der permanenten Durchschnittsbewertung ist das strenge Niederstwertprinzip zu beachten (§ 253 Abs. 3 HGB und § 5 Abs. 1 Satz 1 EStG). Ist beispielsweise der letzte Anschaffungspreis, der in der Regel mit dem Wiederbeschaffungspreis identisch ist, niedriger als der Durchschnittspreis, so ist der letzte Anschaffungspreis anzusetzen.

Übungsaufgabe 5.12

Diese Aufgabe finden Sie unter www.uvk-lucius.de/schritt-fuer-schritt

5.3.2.3   Sammelbewertung mittels Verbrauchsfolgeverfahren

Die Verbrauchsfolgeverfahren beruhen auf der Fiktion bestimmter Verbrauchsfolgen gleichartiger Vermögensgegenstände des Vorratsvermögens. Bei den zeitlichen Verbrauchsfolgen unterscheidet man nach § 256 HGB zwischen der Fifo- und der Lifo-Methode.

Fifo-Methode

Bei der Fifo-Methode wird unterstellt, dass die zuerst erworbenen oder hergestellten Artikel auch zuerst verbraucht oder veräußert werden. Am Jahresende befinden sich entsprechend dieser Fiktion nur noch die Bestände der zuletzt eingetroffenen Lieferungen im Lager, die mit ihren Einstandspreisen bewertet werden. Wird die unterstellte Verbrauchsfolge eingehalten, so entspricht die Fifo-Methode dem Prinzip der Einzelbewertung zu Anschaffungskosten. Somit gewährleistet die Fifo-Methode einen guten Einblick in die Vermögenslage des Unternehmens, da die Vorratsbestände am Abschlussstichtag mit gegenwartsnahen Preisen bewertet werden.

Bei der Fifo-Methode kann nicht wie bei der Durchschnittsmethode zwischen der Periodenmethode und permanenten Methode unterschieden werden, da die Lagerabgänge unabhängig von den Zeitpunkten der Zugänge immer mit den ältesten Preisen bewertet werden.

Die Fifo-Methode ist im Handelsrecht und in der Internationalen Rechnungslegung nach IFRS zulässig. Im Steuerrecht wird sie nicht anerkannt.

Merke

Bei der Fifo-Methode werden die **zuerst erworbenen** bzw. hergestellten Vermögensgegenstände (die ältesten) **zuerst verbraucht bzw. veräußert**. Die neue Ware stellt den Endbestand dar, d. h. der **Endbestand wird mit den neuesten Preisen bewertet**.

Lifo-Methode

Bei der Lifo-Methode kann wie bei der Durchschnittsmethode zwischen einmaliger Bewertung zum Bilanzstichtag (Periodenrechnung) und permanenter Bewertungen (gleitende Rechnung) unterschieden werden (in Verbindung mit § 240 Abs. 3 und 4 HGB).

Die Lifo-Methode fingiert, dass zuerst die zuletzt erworbenen oder hergestellten Artikel verbraucht oder veräußert werden. Der Endbestand ist infolgedessen mit den historisch ältesten Preisen, d. h. mit den Preisen der am weitesten zurückliegenden Beschaffung zu bewerten. Die **Lifo-Methode** ist sowohl in der Handels- als auch in der Steuerbilanz zulässig, aber in der Internationalen Rechnungslegung nach IFRS verboten.

> **Merke**
>
> Das **strenge Niederstwertprinzip** gilt auch dann, wenn von Lifo-, Fifo- oder Durchschnittsmethode zur Schätzung der Anschaffungs- oder Herstellungskosten Gebrauch gemacht wird. **Es ist immer zu prüfen, ob nicht anstelle der ermittelten Anschaffungs- oder Herstellungskosten ein niedriger Ansatz zu wählen ist (Niederstwerttest).**

Beispiel: Bewertung mit den Verbrauchsfolgeverfahren

Zahlenbeispiel zur Vorratsbewertung mit den Verbrauchsfolgeverfahren der Fifo-Methode und der Lifo-Methode:

Vorgang	Datum	Menge	Wert	Preis je ME
Anfangsbestand	01.03.	100 St.	1.000,00 €	10,00 €/St.
Zugang	06.03.	20 St.	180,00 €	9,00 €/St.
Abgang	07.03.	35 St.		
Abgang	12.03.	25 St.		
Zugang	15.03.	50 St.	400,00 €	8,00 €/St.
Zugang	21.03.	25 St.	210,00 €	8,40 €/St.
Abgang	25.03.	60 St.		
Zugang	29.03.	15 St.	160,00 €	10,6666 €/St.
Endbestand	31.03.	90 St.		

Ermittlung des Wertes des Schlussbestands und des Verbrauchswertes mit der **Fifo**-Methode:

Verfahren	Verbrauch (120 ME)	Endbestand (90 ME)
Fifo-Methode	100 St. × 10 €/St. + 20 St. × 9 €/St.	15 St. × 10,6666 €/St. + 25 St. × 8,40 €/St. + 50 St. × 8,00 €/St.
	= 1.180,00 €	= 770,00 €
Bewertung des Verbrauchs:	mit den ältesten Zugängen	
Bewertung des Endbestands:		mit den neuesten Zugängen

Ermittlung des Wertes des Schlussbestands und des Verbrauchswertes mit der **periodenbezogenen Lifo**-Methode:

Verfahren	Verbrauch (120 ME)	Endbestand (90 ME)
periodenbezogene Lifo-Methode	15 St. × 10,6666 €/St. + 25 St. × 8,40 €/St. + 50 St. × 8,00 €/St. + 20 St. × 9,00 €/St. + 10 St. × 10,00 €/St.	90 St. × 10,00 €/St.
	= 1.050,00 €	= 900,00 €
Bewertung des Verbrauchs:	mit den neuesten Zugängen	
Bewertung des Endbestands:		mit den ältesten Zugängen

Ermittlung des Wertes des Schlussbestands und des Verbrauchswertes mit der **permanenten Lifo**-Methode:

Vorgang	Datum	Menge	Preis je Stück	Wert	Wert Abgang
Anfangsbestand	01.03.	100 St.	10,00 €/St.	1.000,00 €	
+ Zugang	06.03.	+ 20 St.	9,00 €/St.	+ 180,00 €	
- Abgang	07.03.	- 20 St. und -15 St.	9,00 €/St. und 10,00 €/St.	- 180,00 € - 150,00 €	330,00 €
- Abgang	12.03.	- 25 St.	10,00 €/St.	- 250,00 €	250,00 €
+ Zugang	15.03.	+ 50 St.	8,00 €/St.	+ 400,00 €	
+ Zugang	21.03.	+ 25 St.	8,40 €/St.	+ 210,00 €	
- Abgang	25.03.	- 25 St. und - 35 St.	8,40 €/St. und 8,00 €/St.	- 210,00 € und - 280,00 €	490,00 €
+ Zugang	29.03.	+ 15 St.	10,6666 €/St.	+ 160,00 €	
= Endbestand	31.03.	= 90 St.		= 880,00 €	
Verbrauch		110 St.			= 1.070,00 €

Ermittlung des Wertansatzes des Endbestands

Vorgang	Datum	Menge	Preis je Stück	Wert
Anfangsbestand	01.03.	60 St.	10,00 €/St.	600,00 €
+ Zugang	15.03.	+ 15 St.	8,00 €/St.	+ 120,00 €
+ Zugang	29.03.	+ 15 St.	10,6666 €/St.	+ 160,00 €
= Endbestand	31.03.	90 St.		= 880,00 €

> **Merke**
>
> Bei der Lifo-Methode werden die **zuletzt erworbenen** bzw. hergestellten Vermögensge-genstände (die ältesten) **zuerst verbraucht bzw. veräußert**. Die alte Ware stellt den Endbestand dar, d. h. der **Endbestand wird mit den ältesten Preisen bewertet**.

Übungsaufgabe 5.13: Sammelbewertungsverfahren

In einem Unternehmen fanden im Jahr 01 folgende Lagerbewegungen statt:

Datum	Bewegungsart	Menge	Preis
01.01.	Anfangsbestand	250 kg	40,00 €/kg
20.01.	Zugang	350 kg	44,00 €/kg
01.03.	Abgang	200 kg	
04.06.	Zugang	300 kg	46,00 €/kg
26.07.	Abgang	500 kg	
13.10.	Zugang	250 kg	50,00 €/kg
10.12.	Abgang	100 kg	
31.12.	Endbestand	350 kg	

a) Ermitteln Sie den Endbestand nach der gewogenen Durchschnittsmethode.

Vorgang	Menge	x	Preis je Mengeneinheit	=	Wert
Anfangsbestand					
Zugang					
Zugang					
Zugang					
Summe aus Anfangsbestand und Zugängen					

b) Ermitteln Sie den Endbestand nach der Fifo-Methode.

			x		=	
	+		x		=	
Endbestand	=				=	

Der Endbestand besteht aus den _____

c) Ermitteln Sie den Endbestand nach der Lifo-Methode.

			x		=	
	+		x		=	
Endbestand	=				=	

Der Endbestand besteht aus _____

Übungsaufgabe 5.14 und 5.15

Diese Aufgaben finden Sie unter www.uvk-lucius.de/schritt-fuer-schritt

5.3.3   Pauschalbewertung

Pauschalwertberichtigungen dürfen nur gebildet werden, wenn sie nicht willkürlich vorgenommen werden. Aus Erfahrungswerten geschätzte Pauschalwertberichtigungen kommen insbesondere für Pauschalwertberichtigungen auf Forderungen aus Lieferungen und Leistungen sowie bei der Bewertung von Garantierückstellungen in Betracht.

Prinzipiell besteht ein allgemeines Ausfallrisiko hinsichtlich des Forderungsbestandes. Die zusätzliche Pauschalwertberichtigung kann nur auf den verbleibenden Forderungsbestand nach der Berücksichtigung von Einzelwertberichtigungen (aufgrund konkreter Ausfallrisiken) gebildet werden.

Beispiel: Pauschalwertberichtigung

Bei der Metallwaren GmbH beträgt der Nettoforderungsbestand zum Abschlussstichtag 1 Mio. €. In den vergangenen fünf Jahren belief sich der Forderungsausfall auf durchschnittlich 2,5 %. In diesem Geschäftsjahr ist daher eine Pauschalwertberichtigung in Höhe von 25.000 € zu bilden. Der Buchungssatz lautet:

Abschreibungen auf Forderungen	25.000	an	Pauschalwertberichtigung	25.000

5.3.4   Retrograde Bewertung

Bei der retrograden Bewertung, die vor allem im Einzelhandel angewendet wird, werden die Anschaffungskosten der Vorräte durch Abzug einer angemessenen Bruttogewinnspanne vom Verkaufspreis ermittelt.

Beispiel: Retrograde Wertermittlung bei den Vorräten

Ein Einzelhandelsunternehmen verkauft Jeanshosen für einen Nettoverkaufspreis von 70 €/St. Der Lieferant gewährt dem Einzelhandelsunternehmen einen Rabatt von 10 %. Die durchschnittliche Bruttogewinnmarge liegt bei 40 %. Der retrograde Wert wird wie folgt ermittelt:

	Nettoverkaufspreis der Jeanshose	70,00 €
-	durchschnittliche Bruttogewinnspanne (40 %)	-28,00 €
=	retrograd ermittelter Wert vor Rabatt	= 42,00 €
-	Lieferantenrabatt (10 %)	-4,20 €
=	retrograd ermittelter Wert nach Rabatt	= 37,80 €

5.3.5 Verlustfreie Bewertung

Im Gegensatz zu den RHB-Stoffen sind die fertigen und unfertigen Erzeugnisse für den Verkauf bestimmt. Das Vorsichtsprinzip gebietet eine außerplanmäßige Abschreibung, wenn die Herstellungskosten den voraussichtlichen Veräußerungserlös abzüglich noch anfallender Aufwendungen übersteigen. Die Vermögensgegenstände sollen zum Bilanzstichtag so weit abgewertet werden, dass nach dem Bilanzstichtag eine verlustfreie Bewertung möglich wird. Die Berechnung erfolgt nach dem folgenden Schema:

Verlustfreie Bewertung	
	vorsichtig geschätzter Verkaufspreis/-erlös
-	voraussichtliche Erlösschmälerungen (Rabatte, Skonti, Boni)
=	voraussichtlicher Nettoveräußerungserlös
-	noch anfallende Herstellungskosten
-	noch anfallende Vertriebskosten (Verpackung, Frachten, Provisionen)
-	noch anfallende Verwaltungskosten (Einzelkosten der allg. Verwaltung)
-	noch anfallende Kapitaldienstkosten (Zinsen für gebundenes Kapital)
=	**aktueller beizulegender absatzmarktorientierter Wert**

Abb. 5.7: Ermittlung des beizulegenden Werts am Bilanzstichtag

Übungsaufgaben 5.16, 5.17 und 5.18

Diese Aufgaben finden Sie unter www.uvk-lucius.de/schritt-fuer-schritt

5.4 Abschreibungen, Wertaufholungen und Beibehaltungswahlrechte

Bei den Vermögensgegenständen des Anlagevermögens wird im Hinblick auf die Erfassung von Wertminderungen zwischen zwei Bewertungsgruppen unterschieden:

- **Vermögensgegenstände mit zeitlich begrenzter Nutzung:** Sie müssen planmäßig abgeschrieben werden. Gemäß § 253 Abs. 1 Satz 1 HGB bilden die um die planmäßigen Abschreibungen verminderten Anschaffungs- oder Herstellungskosten die **Wertobergrenze für die Bilanzierung** und stellen die „**fortgeführten Anschaffungs- oder Herstellungskosten**" dar.

- **Vermögensgegenstände mit zeitlich unbegrenzter Nutzung:** Dies sind beispielsweise Grund und Boden, Beteiligungen und Wertpapiere. Sie werden grundsätzlich mit ihren Anschaffungskosten bewertet. Eine planmäßige Abschreibung gibt es bei ihnen nicht. Es können aber außerplanmäßige Wertminderungen auftreten.

5.4.1 Planmäßige Abschreibungen

Bei Abschreibungen handelt es sich um Wertminderungen von Vermögensgegenständen, die durch Werteverzehr verursacht werden. Sie sind bei der Bewertung am Bilanzstichtag erfolgswirksam zu berücksichtigen. Gemäß § 253 Abs. 3 Satz 1 müssen Vermögensgegenstände des abnutzbaren Anlagevermögens (z. B. Gebäude, Maschinen, technische Anlagen, Betriebs- und Geschäftsausstattung) planmäßig abgeschrieben werden.

Für die Ermittlung der Abschreibungshöhe ist nach § 253 Abs. 3 HGB zunächst ein **Abschreibungsplan** zu erstellen, in dem die folgenden Faktoren bestimmt werden:

- **Abschreibungsvolumen** = Anschaffungs- oder Herstellungskosten (AHK) des Vermögensgegenstandes abzüglich eines wahrscheinlichen Liquidationserlöses am Ende der Nutzungsdauer
- **Abschreibungsdauer** = voraussichtliche Nutzungsdauer des Vermögensgegenstandes
- **Abschreibungsverfahren**

Zu den planmäßigen Abschreibungsverfahren gehören die **Zeit- und die Leistungsabschreibung**. Bei der **Zeitabschreibung** gibt es folgende Varianten:

- **Lineare Abschreibung:** Bei ihr sind die Abschreibungsbeträge in jeder Periode gleich hoch. Der Abschreibungsbetrag errechnet sich durch Anwendung eines konstanten Abschreibungsprozentsatzes auf die Anschaffungs- oder Herstellungskosten, gegebenenfalls gekürzt um einen am Ende der Nutzungsdauer verbleibenden Liquidationserlös.

$$\text{jährlicher Abschreibungsbetrag} = \frac{\text{Anschaffungskosten oder Herstellungskosten} - \text{Liquidationserlös}}{\text{voraussichtliche Nutzungsdauer in Jahren}}$$

- **Geometrisch degressive Abschreibung:** Im Periodenverlauf sinken die jährlichen Abschreibungsbeträge. Bei dieser Methode sind die Abschreibungen zunächst höher und werden im Laufe der Zeit niedriger. Die **geometrisch-degressive Abschreibung** arbeitet mit einem konstanten Prozentsatz, der im ersten Jahr auf die Anschaffungs- oder Herstellungskosten und in den Folgejahren auf den Restbuchwert angewendet wird.

  Abschreibungsbetrag = Buchwert zu Beginn des Jahres x Abschreibungsprozentsatz

  Es ist bei dieser Methode unmöglich, am Ende der Nutzungsdauer auf einen Betrag von null zu kommen. Deshalb wird oft eine außerplanmäßige Abschreibung in Höhe des Restwertes vorgenommen oder noch während der Abschreibungszeit zur linearen Methode gewechselt.

  Falls bei der geometrisch-degressiven Abschreibung am Ende der Nutzungsdauer ein Liquidationserlös garantiert ist, kann der Abschreibungsprozentsatz (p) nach folgender Formel ermittelt werden:

$$\text{Abschreibungsprozentsatz (p)} = 100 \times \left(1 - \sqrt[n]{\frac{\text{Liquidationserlös}}{\text{AHK}}}\right)$$

- **Arithmetisch degressive (digitale) Abschreibung:** Bei der digitalen Abschreibung vermindert sich die Abschreibungsrate jedes Jahr um den gleichen Degressionsbetrag.

  Der Degressionsbetrag lässt sich mithilfe der Anschaffungs- oder Herstellungskosten und der Summe der Nutzungsjahre berechnen:

$$\text{Degressionsbetrag (d)} = \frac{\text{Anschaffungskosten oder Herstellungskosten}}{\text{Summe der Nutzungsjahre}}$$

  oder

  Berechnung der Summe der Nutzungsjahre mithilfe der Gaußschen Summenformel:

$$\text{Degressionsbetrag (d)} = \frac{\text{Anschaffungskosten oder Herstellungskosten}}{\frac{n \times (n+1)}{2}}$$

Die jährlichen Abschreibungsbeträge ergeben sich aus dem Produkt des Degressionsbetrages und der Restnutzungsdauer der aktuellen Periode.

Jährlicher Abschreibungsbetrag (t) = Degressionsbetrag x (n – t + 1).

- **Progressive Abschreibung:** Bei der progressiven Abschreibung steigen die Abschreibungs-beträge im Zeitverlauf an. Es wird unterstellt, dass der abnutzbare Anlagegegenstand in den ersten Jahren der Nutzungsdauer weniger und in den späteren Jahren mehr genutzt – und somit entwertet – wird. Die Anwendung der progressiven Methode ist handelsrechtlich nur in Ausnahmefällen erlaubt, weil sie das Vorsichtsprinzip nicht ausreichend berücksichtigt. Eine mögliche Ausnahme stellt beispielsweise eine zu Beginn nur schwach ausgeprägte Kapazi-tätsausnutzung, die im Laufe der Nutzungsdauer stärker anwächst, dar. Nach dem Steuer-recht darf die progressive Methode nicht angewandt werden.[48]

- Die **leistungsabhängige Abschreibung** bezieht sich auf die geschätzte Gesamtleistung des Vermögensgegenstandes (z. B. in Kapazität als gesamte produzierte Stückzahl einer Maschine oder als gesamte Laufzeit). Die jährliche Abschreibungshöhe ergibt sich als Folge der Inan-spruchnahme in der jeweiligen Periode. Es muss die voraussichtliche Leistungsabgabe über die gesamte Nutzungsdauer geschätzt werden und die tatsächlich in Anspruch genommene Leistung pro Periode nachgewiesen werden. Die Berechnung des jährlichen Abschreibungs-betrags erfolgt gemäß der folgenden Formel:

$$\text{jährliche Abschreibung} = \frac{\text{AHK} - \text{Liquidationserlös}}{\text{Gesamtleistung}} \times \text{Periodenleistung}$$

Diese Abschreibungsmethode bietet sich besonders dann an, wenn der Vermögensgegen-stand nicht gleichbleibend stark ausgelastet ist. Die leistungsabhängige Abschreibung darf sowohl handelsrechtlich als auch steuerrechtlich angewandt werden. Im Steuerrecht wird aber nach § 7 Abs. 1 Satz 6 EStG ein Nachweis der tatsächlich erbrachten Periodenleistung vorausgesetzt.[49]

Übungsaufgaben 5.19, 5.20 und 5.21

Diese Aufgaben finden Sie unter www.uvk-lucius.de/schritt-fuer-schritt

5.4.2   Außerplanmäßige Abschreibungen und Wertaufholungen

Neben den planmäßigen Abschreibungen, die regelmäßig bei abnutzbarem Anlagevermögen vor-genommen werden, gibt es zusätzlich noch außerplanmäßige Abschreibungen. Sie sind bei au-ßergewöhnlichen Wertminderungen zu berücksichtigen, die unter anderem durch Katastrophen (Feuer, Unwetter, Unfälle), eine zu starke Inanspruchnahme der Vermögensgegenstände oder auch durch technische Fortschritte (Entwicklungen) verursacht werden.

Liegt eine außerplanmäßige Wertminderung vor, muss zunächst eingeschätzt werden, ob die Wertminderung dauerhaft oder nur vorübergehend ist. Bei Wegfall der Gründe für eine außer-planmäßige Abschreibung muss eine Wertaufholung (Zuschreibung) erfolgen.

Es gelten die folgenden Regelungen:

- Außerplanmäßige Abschreibungen müssen bei einer Wertminderung im Umlaufvermögen und bei einer voraussichtlich dauernden Wertminderung im Anlagevermögen auf den niedri-

---

48 Vgl. Heno, R.: Jahresabschluss nach Handelsrecht, Steuerrecht und internationalen Standards, 2010, S. 271

49 Vgl. Heno, R.: Jahresabschluss nach Handelsrecht, Steuerrecht und internationalen Standards, 2010, S. 267

geren beizulegenden Wert vorgenommen werden. Ist die Wertminderung aber nur von vorübergehender Dauer, dürfen außerplanmäßige Abschreibungen auf Sachanlagen und immaterielle Vermögensgegenstände nicht vorgenommen werden. Nur für Finanzanlagen besteht gemäß § 253 Abs. 3 Satz 4 HGB ein Wahlrecht zur außerplanmäßigen Abschreibung. Beim Anlagevermögen gilt das gemilderte und beim Umlaufvermögen das strenge Niederstwertprinzip.

▪ Es gilt ein umfassendes **Wertaufholungsgebot**, wenn die Gründe für außerplanmäßige Abschreibungen nicht mehr bestehen (§ 253 Abs. 5 Satz 1 HGB). Die Wertobergrenze für das nicht abnutzbare Anlagevermögen bilden die Anschaffungs- oder Herstellungskosten und für das abnutzbare Anlagevermögen die fortgeführten Anschaffungs- oder Herstellungskosten. Beim Umlaufvermögen müssen die Zuschreibungen maximal bis zu den Anschaffungs- oder Herstellungskosten vorgenommen werden.

▪ Es besteht ein Wertaufholungsverbot beim derivativen (entgeltlich erworbenem) Geschäfts- oder Firmenwert (§ 253 Abs. 5 Satz 2 HGB).

Merke

Wertaufholungen, sprich Zuschreibungen, müssen beim nicht abnutzbaren Anlagevermögen maximal bis zu den Anschaffungskosten und beim abnutzbaren Anlagevermögen maximal bis zu den fortgeführten Anschaffungs- oder Herstellungskosten vorgenommen werden. Es besteht lediglich beim derivativen (entgeltlich erworbenen) Geschäfts- oder Firmenwert ein Wertaufholungsverbot, d. h. der niedrigere Wertansatz ist gemäß § 253 Abs. 5 Satz 2 HGB beizubehalten.

Die Möglichkeit einer Wertaufholung besteht nur, wenn zuvor eine außerplanmäßige Abschreibung vorgenommen wurde. Planmäßige Abschreibungen müssen beibehalten werden. Allerdings besteht die Möglichkeit, den Abschreibungsplan zu ändern und an die neuen Umstände anzupassen. Dies kann z. B. der Fall sein, wenn sich für den Vermögensgegenstand eine längere Nutzungsdauer als die ursprünglich geschätzte Nutzungsdauer ergibt.[50]

Beispiel: Änderung der Nutzungsdauer

Die XY GmbH erwirbt zu Beginn des Jahres 01 eine neue Maschine zu Anschaffungskosten von 400.000 €. Die Maschine wird linear abgeschrieben. Die Nutzungsdauer wird (anfangs) auf 8 Jahre geschätzt. Am Ende des Jahres 05 stellt sich jedoch heraus, dass die Maschine insgesamt 14 Jahre genutzt werden kann.

Lösung: Für die Jahre 01 bis 04 werden Abschreibungen in Höhe von jeweils 50.000 € (= 400.000 € : 8 Jahre) vorgenommen. Der Restbuchwert am Ende des Jahres 04 beträgt also 200.000 € (= 400.000 € – 200.000 €). Ab dem Jahr 05 verlängert sich die Nutzungsdauer um weitere 6 Jahre auf insgesamt 14 Jahre. Eine Wertaufholung ist hier nicht zulässig, allerdings ändert sich durch die längere Nutzungsdauer der Abschreibungsplan. Die jährlichen Abschreibungen für die Jahre 05 bis 14 betragen jährlich 20.000 €/Jahr (= 200.000 € : 10 Jahre).

---

[50] Vgl. Bitz ; Schneeloch & Wittstock: Der Jahresabschluss, 2011, S. 288 f.

Übungsaufgabe 5.22: Außerplanmäßige Abschreibung

Ein Industrieunternehmen kauft am 01.01.01 eine Maschine mit Anschaffungskosten in Höhe von 1 Mio. €. Die voraussichtliche Nutzungsdauer der Maschine beträgt 10 Jahre. Die Maschine wird planmäßig linear abgeschrieben.

Am 31.12.02 stellt das Unternehmen fest, dass aufgrund einer voraussichtlich dauernden Wertminderung die Maschine nur noch einen Wert in Höhe von 320.000 € hat. Überraschenderweise stellt man am 31.12.04 fest, dass der Grund für die außerplanmäßige Abschreibung entfallen ist. Der tatsächliche Marktwert der Maschine beträgt, gemäß einem Gutachter, nachweislich 850.000 €.

Geben Sie die Buchungen zum 31.12. und die Wertansätze der Bilanz für die Geschäftsjahre 01 bis 04 an.

Tragen Sie bitte die Ergebnisse in die unten vorgegebenen Formulare ein.

Buchungssatz am 31.12.01

		an		

Bilanzwert am 31.12.01 = _____

Buchungssatz am 31.12.02

		an		
		an		

Bilanzwert am 31.12.02 = _____

Buchungssatz am 31.12.03

		an		

Bilanzwert am 31.12.03 = _____

Buchungssatz am 31.12.04

		an		
		an		

Bilanzwert am 31.12.04 = _____

Übungsaufgaben 5.23, 5.24 und 5.25

Diese Aufgaben finden Sie unter www.uvk-lucius.de/schritt-fuer-schritt

5.5   Bewertung einzelner Bilanzposten

Innerhalb des Vermögens gibt es grundsätzliche Bewertungsregeln, die insbesondere nach Anlage- und Umlaufvermögen unterschieden werden.

5.5.1   Bewertung des Anlagevermögens

Grundsätzlich dürfen im Sinne des § 253 Abs. 1 Satz 1 HGB Vermögensgegenstände höchstens mit ihren Anschaffungs- oder Herstellungskosten abzüglich der Abschreibungen bewertet werden. Die folgende Abbildung zeigt die Bewertungsvorschriften für das Anlagevermögen.

abnutzbares Anlagevermögen	nicht abnutzbares Anlagevermögen
• abnutzbare Sachanlagen: z. B. Gebäude, Gebäudeteile, Maschinen, BGA, Fuhrpark • immaterielle Vermögensgegenstände: z. B. Lizenzen, Konzessionen, derivativer Geschäfts- oder Firmenwert	• Sachanlagen nicht abnutzbar: z. B. Grundstücke, geleistete Anzahlungen • Finanzanlagen: z. B. Wertpapiere, Beteiligungen
Bewertung zum Bilanzstichtag	
Höchstens zu den **fortgeführten Anschaffungs- oder Herstellungskosten** Dies sind die Anschaffungs- oder Herstellungskosten abzüglich der planmäßigen Abschreibung (linear, degressiv, progressiv oder Leistungsabschreibung).	Höchstens zu den **Anschaffungskosten** **Ausnahme:** Zu Handelszwecken erworbene Finanzinstrumente sind nur bei Kredit- und Finanzinstitutionen zum beizulegenden Zeitwert zu bewerten.
zusätzlich **außerplanmäßige** Abschreibung bei **dauernder** Wertminderung Es gilt das gemilderte Niederstwertprinzip.	**außerplanmäßige** Abschreibung bei **dauernder** Wertminderung Es gilt das gemilderte Niederstwertprinzip.
Sonderfall vorübergehende Wertminderung bei Finanzanlagen	
• Es dürfen außerplanmäßige Abschreibungen bei einer vorübergehenden Wertminderung **nur bei Finanzanlagen** (z. B. Wertpapiere) vorgenommen werden. Es gilt das „**eingeschränkte Niederstwertprinzip**".	
Wertaufholung	
• Es besteht ein **Wertaufholungsgebot(-pflicht)** gemäß § 253 Abs. 5 HGB, maximal bis zu den fortgeführten Anschaffungs- oder Herstellungskosten. Ausnahme: derivativer Geschäfts- oder Firmenwert (Wertaufholungsverbot).	

Abb. 5.8: Bewertungsregeln für das Anlagevermögen

5.5.2   Bewertung des Umlaufvermögens

Die Vermögensgegenstände des Umlaufvermögens (z. B. Vorräte, Forderungen Wertpapiere, Bank- und Kassenbestände) sind zu den **Anschaffungs- oder Herstellungskosten** (§ 253 Abs. 1 Satz 1 HGB) oder zum niedrigeren beizulegenden Wert (§ 253 Abs. 4 Satz 1 HGB) anzusetzen. Bei der Bewertung des Umlaufvermögens muss das **strenge Niederstwertprinzip** berücksichtigt werden. Die folgende Abbildung zeigt die Bewertungsvorschriften für das Umlaufvermögen.

Bewertung des Umlaufvermögens (allgemein)		
Ausgangswert/Obergrenze	Anschaffungs- oder Herstellungskosten gemäß § 252 Abs. 1 Satz 1 HGB	
Bewertung zum Bilanzstichtag	Anschaffungs- oder Herstellungskosten (AK oder HK)	beizulegender Zeitwert
Abschreibungspflicht	Von zwei möglichen Werten muss **immer der niedrigere Wert** genommen werden. Es gilt das „strenge Niederstwertprinzip".	
Wertaufholung	Es besteht ein **Wertaufholungsgebot(-pflicht)**, maximal bis zu den Anschaffungs- oder Herstellungskosten.	

Abb. 5.9: Bewertungsregeln für das Umlaufvermögen

Bewertung des Umlaufvermögens (nach Bilanzposten)	
Posten	Ausgangsbewertung vor Abschreibungspflicht
Vorräte	Anschaffungs- oder Herstellungskosten
Forderungen, sonstige Vermögensgegenstände	• Nennwert: bei einwandfreien Forderungen • Barwert: unverzinsliche bzw. niedrig verzinsliche Forderungen • Währungsforderungen: Devisenkassamittelkurs
Wertpapiere und flüssige Mittel	• Anschaffungskosten • Nennwert • Geldkurs • Wechsel sind zu diskontieren

Abb. 5.10: Bewertungsmaßstäbe für das Umlaufvermögen

Zum Vorratsvermögen gehören:
- Roh-, Hilfs- und Betriebsstoffe,
- Vorprodukte und Fremdbauteile,
- fertige und unfertige Erzeugnisse/Dienstleistungen sowie
- Handelswaren.

Für die Bewertung der Vorräte können die folgenden Bewertungsverfahren angewandt werden:

Bewertung der Vorräte	
Einzelbewertung	Die Einzelbewertung ist immer korrekt.
verlustfreie Bewertung	Orientierung am Beschaffungs- oder Absatzmarkt
Bewertungsvereinfachungsverfahren	• Gruppenbewertung (einfach gewogene und gleitend gewogene Durchschnittsbewertung) • Verbrauchsfolgeverfahren (Fifo- und Lifo-Methode) • Festbewertung
Der Niederstwerttest ist aufgrund des strengen Niederstwertprinzips immer durchzuführen.	

Abb. 5.11: Bewertung der Vorräte

Übungsaufgabe 5.26: Bewertung zum Bilanzstichtag

Von einem Unternehmen sind zum Bilanzstichtag drei Posten zu bewerten. Hierbei handelt es sich um:

- Wertpapiere des Anlagevermögens: Anschaffungskosten am 01.01.01 = 100.000 €
- Maschine: Anschaffungskosten am 01.01.01 = 200.000 €, Nutzungsdauer 10 Jahre, lineare Abschreibung
- Vorräte: Anschaffungskosten am 01.01.01 = 80.000 €

a) Zum Bilanzstichtag am 31.12.01 liegen folgende beizulegende Werte (dauerhaft) vor:

- Wertpapiere des Anlagevermögens = 125.000 €
- Maschine = 190.000 €
- Vorräte = 95.000 €

b) Zum Bilanzstichtag am 31.12.02 liegen folgende beizulegende Werte (dauerhaft) vor:

- Wertpapiere des Anlagevermögens = 65.000 €
- Maschine = 125.000 €
- Vorräte = 60.000 €

c) Zum Bilanzstichtag am 31.12.02 liegen folgende beizulegende Werte (vorübergehend) vor:

- Wertpapiere des Anlagevermögens = 65.000 €
- Maschine = 125.000 €
- Vorräte = 60.000 €

Mit welchem Wert sind die drei Posten in der Bilanz zum 31.12.01 und zum 31.12.02 anzusetzen?

Nutzen Sie bitte die folgenden Tabellen.

Fall a): Bewertung zum 31.12.01

Posten	Wert	Begründung
Wertpapiere		
Maschine		
Vorräte		

Fall b): Bewertung zum 31.12.02 (dauerhaft)

Posten	Wert	Begründung
Wertpapiere		
Maschine		
Vorräte		

Fall c): Bewertung zum 31.12.02 (vorübergehend)

Posten	Wert	Begründung
Wertpapiere		
Maschine		
Vorräte		

5.5.3 Bewertung der Verbindlichkeiten

Verbindlichkeiten sind in der Handelsbilanz **grundsätzlich** zu ihrem **Erfüllungsbetrag** anzusetzen (§ 253 Abs. 1 Satz 2 HGB). Der Erfüllungsbetrag ist der Betrag, der aufgewendet werden muss, um eine Verpflichtung zu begleichen. Hierbei spricht man auch vom Rückzahlungsbetrag (welcher benötigt wird, damit eine Verbindlichkeit erlischt).[51] Verbindlichkeiten, die aus Sach- und Dienstleistungsverpflichtungen entstanden sind, sind mit Vollkosten zu bewerten. Dazu zählen in der Regel alle Kostenarten einschließlich der Einzelkosten und den notwendigen Gemeinkosten. Verbindlichkeiten werden grundsätzlich nicht abgezinst – weder normalverzinsliche Verbindlichkeiten noch unverzinsliche oder niedrig verzinsliche Verbindlichkeiten.[52] Hierbei würde es sich um einen Verstoß gegen das Realisationsprinzip handeln, da es sich bei der Abzinsungsbuchung um eine Vorwegnahme zukünftiger Zinserträge handeln würde.[53]

Das Pendant zum Niederstwertprinzip für die Aktiv-Seite der Bilanz bildet das **Höchstwertprinzip** für die Passiv-Seite. Es besagt, dass für die **Bewertung von Verbindlichkeiten** in der Handelsbilanz, von zwei möglichen Werten, der **höhere Wert** angesetzt wird. Dies bedeutet, dass bei einem niedrigeren Zeitwert am Bilanzstichtag der höhere (historische) Erfüllungsbetrag bzw. umgekehrt bei einem höheren Zeitwert am Bilanzstichtag dieser höhere Wert in der Handelsbilanz passiviert werden muss.

Steuerrechtlich sind Verbindlichkeiten nach § 6 Abs. 1 Nr. 3 Satz 1 EStG unter sinngemäßer Anwendung des § 6 Abs. 1 Nr. 2 EStG zu bewerten. Demnach sind die Verbindlichkeiten in der Steuerbilanz mit den Anschaffungskosten zu bewerten. Da sich die Anschaffungskosten nicht so einfach auf die Verbindlichkeiten übertragen lassen, wird auch hier der Erfüllungsbetrag gemäß § 253 Abs. 1 Satz 2 HGB als Maßstab verwendet.[54] Steuerrechtlich müssen alle unverzinslichen Verbindlichkeiten mit einem Diskontierungszinssatz von 5,5 % abgezinst werden. Ausgenommen von der Abzinsung sind nur:

- Verbindlichkeiten, deren Restlaufzeit am Bilanzstichtag weniger als 12 Monate beträgt,

- Verbindlichkeiten, die verzinslich sind und

- Verbindlichkeiten, die auf einer Anzahlung oder Vorausleistung beruhen.

---

[51] Heno, R.: Jahresabschluss nach Handelsrecht, Steuerrecht und internationalen Standards (IFRS), 2010, S. 443

[52] Wulf, I. & Müller, S.: Bilanztraining – Jahresabschluss, Ansatz und Bewertung, 2013, S. 181

[53] Heno, R.: Jahresabschluss nach Handelsrecht, Steuerrecht und internationalen Standards (IFRS), 2010, S. 444

[54] Falterbaum; Bolk; Reiß & Kirchner: Grüne Reihe – Steuerrecht für Studium und Praxis: S. 758

Bewertung von Verbindlichkeiten nach HGB

Verbindlichkeiten	Bewertung
Grundsatz	Erfüllungsbetrag und Höchstwertprinzip
Rentenverpflichtung	versicherungsmathematischer Barwert
Disagio	Aktivierungswahlrecht nach § 250 Abs. 3 HGB
un- bzw. niedrigverzinsliche Verbindlichkeiten	Erfüllungsbetrag, keine Abzinsung
Fremdwährungsverbindlichkeiten	Erfüllungsbetrag am Tag der Buchung, ggf. höherer Stichtagswert bei Fremdwährungsverbindlichkeiten mit einer Restlaufzeit von über einem Jahr.
	Bei Fremdwährungsverbindlichkeiten mit einer Restlaufzeit von weniger als einem Jahr erfolgt die Bewertung zum Devisenkassamittelkurs, d. h. es können sowohl Kursverluste als auch Kursgewinne erfolgswirksam ausgewiesen werden.

Abb. 5.11: Bewertung von Verbindlichkeiten

Beispiel: Ansatz von Verbindlichkeiten nach dem Handelsrecht

Der XY AG wird zum Jahresende 01 ein Kredit in Höhe von 50.000 € gewährt. Bei Fälligkeit in zehn Jahren hat das Unternehmen 51.500 € zurückzuzahlen. Da das Handelsrecht vorschreibt, Verbindlichkeiten grundsätzlich mit ihrem Erfüllungsbetrag anzusetzen, muss der Rückzahlungsbetrag von 51.500 € passiviert werden.

Beispiel: Höchstwertprinzip bei der Bewertung von Verbindlichkeiten

Die XY GmbH hat im November 01 Waren aus den USA für 12.500 US$ bezogen. Die Verbindlichkeit ist in US-Dollar zu begleichen. Bei der Lieferung lag der Kurs bei 1,50 €/US$. Zum Bilanzstichtag ist der Dollarkurs gestiegen und beträgt 1,65 €/US$. Mit welchem Betrag ist die Verbindlichkeit am Bilanzstichtag, den 31.12.01, anzusetzen?

Lösung: Die Anschaffungskosten der Verbindlichkeit betrugen 18.750 €. Der Erfüllungsbetrag der Verbindlichkeit zum Bilanzstichtag beträgt 20.625 €. Die Verbindlichkeit wird mit dem höheren Erfüllungsbetrag in Höhe von 20.625 € bilanziert. Am Bilanzstichtag ist somit eine Buchung der Kursdifferenz vorzunehmen. Der Buchungssatz lautet:

Aufwendungen aus Kursdifferenzen	1.875	an	Verbindlichkeiten aLuL	1.875

Wie wäre die Verbindlichkeit anzusetzen, falls der Kurs zum Bilanzstichtag auf 1,45 €/US$ gesunken ist?

Lösung: Die Anschaffungskosten betrugen 18.750 €. Der Erfüllungsbetrag der Verbindlichkeit liegt in diesem Fall bei 18.125 €. Dem Höchstwertprinzip zufolge muss die Verbindlichkeit zum Bilanzstichtag mit den höheren Anschaffungskosten in Höhe von 18.750 € passiviert werden.

Übungsaufgabe 5.27

Diese Aufgabe finden Sie unter www.uvk-lucius.de/schritt-fuer-schritt

5.5.3.1 Disagio

Ein Disagio (Abgeld) entsteht, wenn beispielsweise der Auszahlungsbetrag eines Darlehens geringer ist als der Erfüllungsbetrag. Beim Disagio besteht im handelsrechtlichen Jahresabschluss ein Bilanzierungswahlrecht, das Abgeld kann entweder sofort als Zinsaufwand ausgewiesen werden oder als aktiver Rechnungsabgrenzungsposten verbucht werden. Bei einer Aktivierung des Disagios wird der Rechnungsabgrenzungsposten planmäßig bis zum Ende der Laufzeit abgeschrieben. In beiden Fällen ist als Verbindlichkeit der höhere Erfüllungsbetrag zu passivieren. Steuerrechtlich besteht dagegen kein Wahlrecht, sondern ein Bilanzierungsgebot, d. h. das Disagio muss aktiviert werden.

Beispiel: Disagio

Ein Unternehmen nimmt im Januar ein Darlehen über 100.000 € mit einem Disagio von 4 % auf. Die Darlehenslaufzeit beträgt vier Jahre.

Buchungssatz: Aktivierung des Disagios

Bank	96.000	an		
Aktiver RAP (Disagio)	4.000	an	Darlehen	100.000

Am Geschäftsjahresende:

Abschreibung Disagio	1.000	an	Aktiver RAP (Disagio)	1.000

Buchungssatz: Disagio wird als Aufwand verbucht

Bank	96.000	an		
Disagioaufwand (Zinsaufwand)	4.000	an	Darlehen	100.000

Das Disagio stellt eine Ausgabe dar, die mit dem Zufluss des Darlehensbetrages zustande gekommen ist, aber erst zu einer bestimmten Zeit nach dem Bilanzstichtag auftritt. Eine lineare Verteilung des Disagios tritt allerdings nur bei endfälligen Darlehen auf. Da das Abgeld zinsähnliche Eigenschaften aufweist, ist es bei Tilgungsdarlehen (Annuitäten- und Ratendarlehen) auch dementsprechend zu behandeln. Das bedeutet, dass die Verteilung nicht mehr linear, sondern **degressiv** nach der Zinsstaffelmethode, stattfindet.[55]

Beispiel 7:[56] Disagio nach Steuerrecht mit degressiver Verteilung

Die XY GmbH nimmt im Januar 01 ein Annuitätendarlehen in Höhe von 200.000 € mit einem Disagio von 5 % und einer Laufzeit von 4 Jahren auf. Wie ist das Annuitätendarlehen steuerlich zu erfassen?

Da es sich hierbei um ein Tilgungsdarlehen handelt, wird das Disagio degressiv und nicht linear auf die Laufzeit von 4 Jahren verteilt. Nach der Zinsstaffelmethode ist das Disagio in Höhe von 10.000 € mit folgender Formel auf die Laufzeit zu verteilen: $S_n = n/2 \times (n+1)$ mit n = Anzahl der Raten. Daraus ergeben sich folgende jährliche Zahlungen:

---

[55] Falterbaum; Bolk; Reiß & Kirchner: Grüne Reihe – Steuerrecht für Studium und Praxis, 2010, S. 344 f.

[56] Nach: Falterbaum; Bolk; Reiß & Kirchner: Grüne Reihe – Steuerrecht für Studium und Praxis: S. 345 f.

$S_n = 4/2 \times (4+1) = 10$

Jahr 1 =	(10.000 € : 10) × 4 =	4.000 €
Jahr 2 =	(10.000 € : 10) × 3 =	3.000 €
Jahr 3 =	(10.000 € : 10) × 2 =	2.000 €
Jahr 4 =	(10.000 € : 10) × 1 =	1.000 €
Summe		10.000 €

Buchungssatz: Erfassung des Annuitätendarlehens im Januar 01

Bank	190.000	an		
Aktiver RAP (Disagio)	10.000	an	Darlehen	200.000

Abschreibung des Disagios Ende 01:

Abschreibung Disagio	4.000	an	Aktiver RAP (Disagio)	4.000

Abschreibung des Disagios Ende 02:

Abschreibung Disagio	3.000	an	Aktiver RAP (Disagio)	3.000

5.5.3.2   Agio

Ein eventuelles Agio (Erfüllungsbetrag ist niedriger als der Ausgabebetrag) ist als passiver Rechnungsabgrenzungsposten zu verbuchen und über die Laufzeit ertragswirksam aufzulösen.

Das Agio bildet den Gegensatz zum Disagio, welches wörtlich **Aufgeld** bedeutet. Dieses entsteht, wenn der Wert des Erfüllungsbetrags niedriger als der Ausgabebetrag ist. Das Agio tritt häufig in Verbindung mit einem Wertpapierkauf oder einer Kreditaufnahme auf. Man könnte also sagen, dass das Agio eine Gebühr darstellt, die die Kreditinstitute erheben. Die Verteilung des Agios erfolgt auch hier über einen aktiven Rechnungsabgrenzungsposten, was sowohl handelsbilanziell als steuerbilanziell zutrifft.

Beispiel: Agio

Ein Unternehmen kauft am 01.01.01 eine 5-jährige Inhaberschuldverschreibung über 100.000 € mit einen Auszahlungskurs von 95,0 % bei einer jährlichen Nominalverzinsung von 4 %.

Buchungssatz am 01.01.01: Agio wird als Ertrag verbucht.

Schuldverschreibung	100.000	an	Bank	95.000
		an	passiver RAP (Agio)	5.000

Buchungssatz am 31.12.01:

passiver RAP	1.000	an	Agioertrag	1.000
Bank	4.000	an	Zinsertrag	4.000

Beispiel: Agio

Ein Unternehmen geht am 01.01.00 an die Börse. Die Nennwertaktie hat einen Wert von einem Euro. Es werden 5 Mio. Aktien ausgegeben. Der Ausgabekurs der Aktie liegt bei 12 € pro Aktie.

Buchungssatz am 01.01.00:

Bank	60 Mio.	an	gezeichnetes Kapital	5 Mio.
		an	Kapitalrücklage (Agio)	55 Mio.

Übungsaufgabe 5.28

Diese Aufgabe finden Sie unter www.uvk-lucius.de/schritt-fuer-schritt

5.5.4 Rückstellungen

Gemäß § 253 Abs. 1 Satz 2 HGB sind Rückstellungen in Höhe des nach **vernünftiger kaufmännischer Beurteilung notwendigen Erfüllungsbetrages** anzusetzen. Durch die Verwendung des Begriffs „Erfüllungsbetrag" hat der Gesetzgeber eine Parallele zur Verbindlichkeitsbewertung gezogen und sichergestellt, dass künftige Preis- und Kostensteigerungen bei der Bewertung der Rückstellungen zu beachten sind. Auch beinhaltet der Begriff „kaufmännische Beurteilung", dass vorsichtig zu bewerten ist, was sich wiederum auch in § 252 Absatz 1 Nr. 4 HGB findet. Dort fordert der Gesetzgeber eine vorsichtige Bewertung und Berücksichtigung namentlich aller vorhersehbaren Risiken und Verluste, die bis zum Abschlusstag entstanden sind, selbst wenn diese zwischen dem Abschlusstag und der Aufstellung des Jahresabschlusses bekannt geworden sind. Gewinne sind nur zu berücksichtigen, wenn sie am Abschlusstag realisiert sind.

Da Rückstellungen in ihrer Existenz und/oder ihrer Höhe unsicher sind, muss die Höhe der zu bildenden Rückstellung geschätzt werden.

Übungsaufgabe 5.29: Multiple Choice

Entscheiden Sie, welche der folgenden Aussagen richtig oder falsch sind.

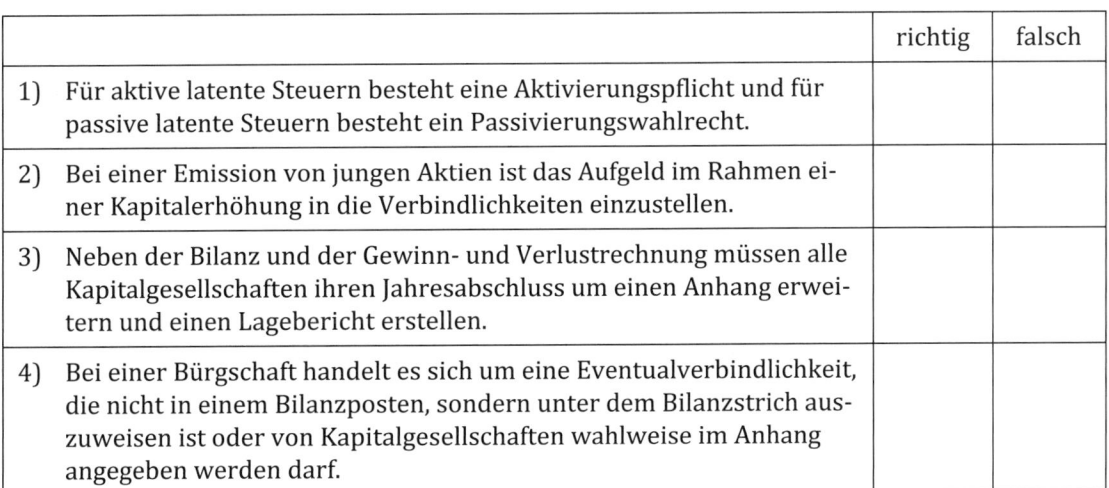

		richtig	falsch
1)	Für aktive latente Steuern besteht eine Aktivierungspflicht und für passive latente Steuern besteht ein Passivierungswahlrecht.		
2)	Bei einer Emission von jungen Aktien ist das Aufgeld im Rahmen einer Kapitalerhöhung in die Verbindlichkeiten einzustellen.		
3)	Neben der Bilanz und der Gewinn- und Verlustrechnung müssen alle Kapitalgesellschaften ihren Jahresabschluss um einen Anhang erweitern und einen Lagebericht erstellen.		
4)	Bei einer Bürgschaft handelt es sich um eine Eventualverbindlichkeit, die nicht in einem Bilanzposten, sondern unter dem Bilanzstrich auszuweisen ist oder von Kapitalgesellschaften wahlweise im Anhang angegeben werden darf.		

	richtig	falsch
5) Rückstellungen sind auch für Gewährleistungen zu bilden, die ohne rechtliche Verpflichtung erbracht werden.		
6) Ein passiver Rechnungsabgrenzungsposten ist für Ausgaben (Auszahlungen) zu bilden, die einen Aufwand, für eine bestimmte Zeit nach dem Bilanzstichtag, darstellen.		
7) Bei der planmäßigen geometrisch-degressiven Abschreibung wird am Ende der Nutzungsdauer der Wert null erreicht.		
8) Die lineare Abschreibung ist nur bei beweglichen Anlagegütern erlaubt.		
9) Erhaltene Skonti mindern die Anschaffungskosten.		
10) Geringwertige Wirtschaftsgüter bis 150 € (ohne USt) können sofort als Aufwand verbucht werden.		
11) Die lineare Abschreibung darf in der Handelsbilanz für alle abnutzbaren Vermögensgegenstände des Anlagevermögens angewendet werden.		
12) Eine außerplanmäßige Abschreibung bei abnutzbaren Anlagegütern wird durch Anwendung einer planmäßigen degressiven Abschreibung stets vermieden.		
13) Eine passive latente Steuer entsteht, wenn Schulden in der Handelsbilanz niedriger bewertet werden als in der Steuerbilanz.		

 Übungsaufgabe 5.30 und 5.31

Diese Aufgaben finden Sie unter www.uvk-lucius.de/schritt-fuer-schritt

Schritt 6: Bilanzierung und Bewertung von latenten Steuern

Lernziele

Nach Bearbeitung dieses Kapitels werden Sie die folgenden Fragen beantworten können:

- Was sind latente Steuern und wozu dienen sie?
- Wie werden latente Steuern bewertet und berechnet?
- Wen betrifft die Bilanzierung von latenten Steuern?
- Wodurch entstehen latente Steuern?
- Gibt es ein Wahlrecht oder eine Pflicht zur Bilanzierung von latenten Steuern?
- Besteht bei der Bildung von aktiven latenten Steuern eine Ausschüttungssperre?

6.1 Latente Steuern

Latente Steuern (latent von lateinisch = verborgen) stellen den Unterschiedsbetrag zwischen den sich tatsächlich ergebenden betrieblichen Gewinnsteuern aufgrund der steuerlichen Gewinnermittlung und den fiktiven Gewinnsteuern dar, die sich ergeben würden, falls das handelsrechtliche Jahresergebnis die Bemessungsgrundlage für die Gewinnsteuer wäre.

Die latenten Steuern sind nach dem international üblichen **bilanzorientierten Temporary-Konzept** abzugrenzen. Steuerabgrenzungen sind somit auf Differenzen zwischen den Bilanzansätzen in der Handels- und Steuerbilanz vorzunehmen. Das hat zur Folge, dass auch auf **quasi-permanente** Differenzen und auf erfolgsneutral entstandene Differenzen Steuerabgrenzungen anzusetzen sind.

Abweichende Regelungen im Handels- und Steuerrecht führen dazu, dass die Wertansätze derselben Vermögens- bzw. Schuldposten in der Handels- und in der Steuerbilanz unterschiedlich hoch sein können. Des Weiteren werden einige Bilanzposten nur in der Handelsbilanz, aber nicht in der Steuerbilanz angesetzt.

Eine latente Steuerabgrenzung kommt nur bei der Erstellung der Handelsbilanzen in Betracht. Latente Steuern resultieren aus Ansatz- und Bewertungsunterschieden zwischen der Handels- und der Steuerbilanz. Daraus ergeben sich sowohl latente Steueransprüche (aktive latente Steuern) als auch latente Steuerschulden (passive latente Steuern). Aktive latente Steuern können außerdem aus ungenutzten steuerlichen Verlusten (Verlustvorträge) entstehen, wenn in den nächsten fünf Jahren eine Verlustverrechnung zu erwarten ist.

Aktive latente Steuern fallen, einfach ausgedrückt, dann an, wenn das Handelsbilanzergebnis niedriger ist als das Steuerbilanzergebnis (**Aktivierungswahlrecht**). Ist umgekehrt das Handelsbilanzergebnis höher als das Steuerbilanzergebnis, müssen **passive latente Steuern** gebildet werden (**Passivierungspflicht**). Zukünftige steuerliche Belastungen und Entlastungen werden durch den Ansatz latenter Steuern in der Handelsbilanz abgebildet, sofern ihre Ursache im betreffenden oder in einem früheren Geschäftsjahr liegt.

> **Merke**
>
> aktive latente Steuern = künftige „Steuer**ent**lastungen"
>
> passive latente Steuern = künftige „Steuer**be**lastungen"

Mit der latenten Steuerabgrenzung im handelsrechtlichen Abschluss möchte man den Steueraufwand auf die Höhe des Handelsbilanzgewinnes abstimmen. Es wird unterstellt, dass der Handelsbilanzgewinn Steuerbemessungsgrundlage ist (und nicht der Steuerbilanzgewinn). Die tatsächlich zu zahlende Steuer wird anhand der steuerlichen Gewinnermittlung festgesetzt.

6.1.1 Entstehungsmöglichkeiten für latente Steuern

Bei Vermögensgegenständen führt ein höherer Ansatz in der Steuerbilanz als in der Handelsbilanz zu aktiven latenten Steuern. In den zukünftigen Geschäftsjahren resultieren daraus höhere steuerliche Abschreibungen. Aufgrund dieser Tatsache ergibt sich eine steuerliche Entlastung zukünftiger, nach HGB ausgewiesener Gewinne.[57]

Bei Schulden (z. B. Rückstellungen) führt ein niedrigerer steuerlicher Ansatz zu aktiven latenten Steuern, weil die zukünftige Realisation zu einem zusätzlichen steuerlichen Aufwand führt (z. B. eine Drohverlustrückstellung nach HGB, die steuerlich nicht gebildet werden darf).[58]

Mögliche Gründe für die Entstehung von **aktiven** latenten Steuern:

- Die handelsrechtliche **Herstellungskostenermittlung** ist niedriger als die **steuerliche Herstellungskostenermittlung** (Ansatz der Herstellungskosten in der Handelsbilanz zu Teilkosten, während in der Steuerbilanz darüber hinaus die Verwaltungskosten und bestimmte Sozialkosten gemäß § 255 Abs. 2 Satz 4 HGB aktiviert werden),

- Verrechnung von **höheren Abschreibungen** in der Handelsbilanz als **steuerlich zulässig** (z. B. kürzere Nutzungsdauer, anderes Abschreibungsverfahren),

- Durchführung einer **außerplanmäßigen Abschreibung auf Finanzanlagen** bei einer voraussichtlich nicht dauerhaften Wertminderung gemäß § 252 Abs. 3 Satz 4 HGB. Steuerlich darf aber bei einer vorübergehenden Wertminderung keine außerplanmäßige Abschreibung vorgenommen werden,

- Festlegung einer kürzeren Abschreibungsdauer des entgeltlich erworbenen Geschäfts- oder Firmenwertes in der Handelsbilanz als die vorgeschriebenen 15 Jahre in der Steuerbilanz,

- Wahl von Bewertungsvereinfachungsverfahren bei den Vorräten, die zu einer steuerlich nicht zulässigen niedrigeren Vorratsbewertung führen,

- Es wird eine **Drohverlustrückstellung** in der Handelsbilanz passiviert, die aber in der Steuerbilanz verboten ist,

- Die Barwertberechnung der **Pensionsrückstellung** in der Handelsbilanz erfolgt mit einem niedrigeren Marktzinssatz als die **steuerlich** vorgeschriebenen **6 %.** Dies bedeutet, dass die Pensionsrückstellungen in der Handelsbilanz mit einem höheren Wert ausgewiesen werden als in der Steuerbilanz,

---

[57] Grünberger, D.: IFRS 2013, 11. Auflage 2012, S. 233
[58] Grünberger, D.: IFRS 2013, 11. Auflage 2012, S. 233

- Berücksichtigung von steuerlichen **Verlustvorträgen** und

- Nichtaktivierung des Disagios in der Handelsbilanz gemäß § 250 Abs. 3 Satz 1 HGB. In der Steuerbilanz muss das Disagio unter dem Rechnungsposten aktiviert werden.

Der Ansatz aktiver latenter Steuern wird sich insbesondere ergeben, weil die Steuerabgrenzung auch für ungenutzte Verlustvorträge vorgeschrieben wird. Es dürfen aktive latente Steuern auf die steuerlichen Verlustvorträge nur in Höhe der innerhalb der nächsten fünf Jahre zu erwartenden Verlustverrechnung berücksichtig werden. Wenn und soweit die Steuerbelastung oder Steuerentlastung eintritt oder mit ihr nicht mehr zu rechnen ist, sind die Posten aufzulösen. Für einen aktivischen Überhang an latenten Steuern besteht nach § 268 Abs. 8 Satz 2 HGB eine Ausschüttungssperre und eine Pflicht zur Erläuterung im Anhang.

Den ausschüttbaren Gewinn können Sie wie folgt berechnen:

	Jahresüberschuss/Jahresfehlbetrag
-	Verlustvortrag
+	Gewinnvortrag
-	Überhang der aktiven latenten Steuern über die passiven latenten Steuern
=	**ausschüttbarer Gewinn**

Abb. 6.1: Ermittlung des ausschüttbaren Gewinns

> **Merke**
>
> Niedrigere Vermögensgegenstände bzw. höhere Schulden in der Handelsbilanz, im Vergleich zur Steuerbilanz, führen zu aktiven latenten Steuern.

Mögliche Gründe für die Entstehung von **passiven** latenten Steuern:

- Ein Vermögensgegenstand wird in der Handelsbilanz höher bewertet als in der Steuerbilanz,

- Bewertung von Vorräten in der Handelsbilanz bei steigenden Preisen mit der Fifo-Methode, aber Bewertung in der Steuerbilanz mit dem Durchschnittsverfahren,

- Aktivierung von selbst geschaffenen immateriellen Vermögensgegenständen in der Handelsbilanz, während in der Steuerbilanz ein Aktivierungsverbot besteht,

- zum Zeitwert bewertete Finanzinstrumente bei Finanz- und Kreditinstitutionen, die zu Handelszwecken erworben wurden. Der Zeitwert ist höher als die Anschaffungskosten. Die Anschaffungs- oder Herstellungskosten stellen die Wertobergrenze in der Steuerbilanz dar.

> **Merke**
>
> Höhere Vermögensgegenstände oder niedrigere Schulden in der Handelsbilanz im Vergleich zur Steuerbilanz führen zu passiven latenten Steuern.

Die folgende Abbildung zeigt die latenten Steuern nach HGB und IFRS:

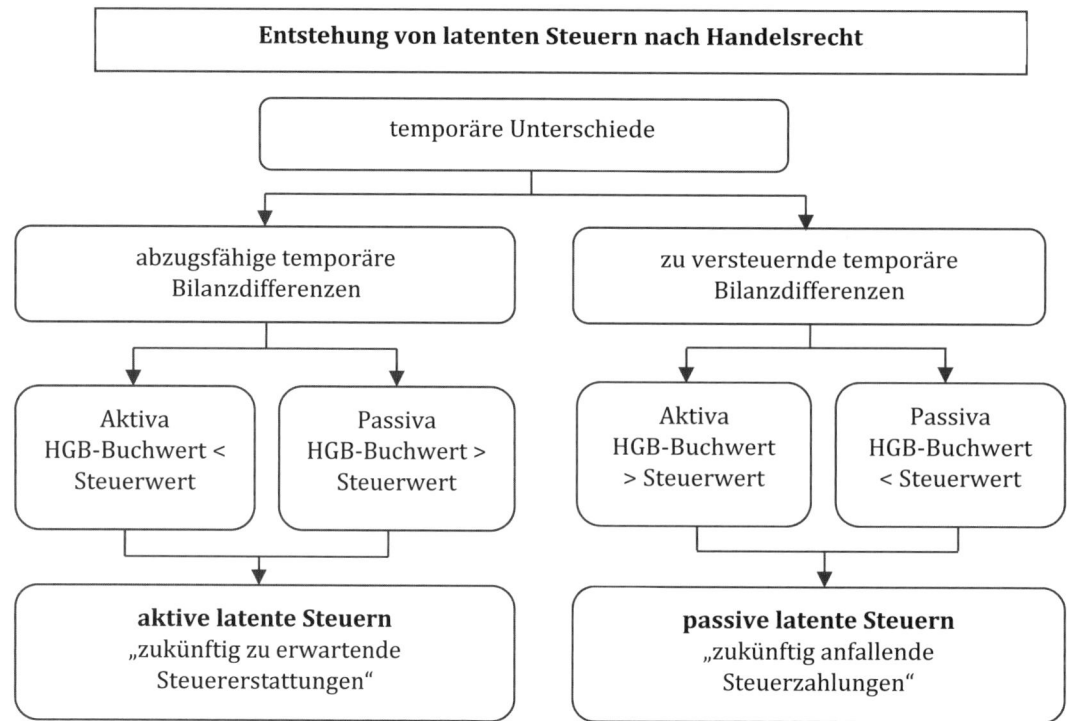

Abb. 6.2: Latente Steuern nach HGB und IFRS

Bei der Ermittlung der Steuerabgrenzung ist gemäß § 274 Abs. 2 HGB der unternehmensindividuelle Steuersatz im Zeitpunkt der Auflösung der Differenz heranzuziehen. Sind diese Steuersätze nicht bekannt, ist auf die am Bilanzstichtag gültigen individuellen Steuersätze abzustellen. Latente Steuern sind nicht abzuzinsen.

6.1.2 Verbuchung der latenten Steuern

Aktive latente Steuern

Zeitpunkt des Entstehens des Differenzbetrages:

| aktive latente Steuern | an | latenter Steuerertrag |

Auflösung des Postens:

| latenter Steuerertrag | an | aktive latente Steuern |

Passive latente Steuern

Zeitpunkt des Entstehens des Differenzbetrages:

| latenter Steueraufwand | an | passive latente Steuern |

Auflösung des Postens:

| passive latente Steuern | an | latenten Steueraufwand |

Beispiel: passive latente Steuern

Eine große GmbH aktiviert am Ende der Periode 01 Entwicklungsaufwendungen in Höhe von 60 T€ in der Handelsbilanz. Steuerrechtlich besteht bzgl. der Entwicklungsaufwendungen ein Aktivierungsverbot. Die aktivierten Entwicklungsaufwendungen werden in den Perioden 02 und 03 handelsrechtlich linear abgeschrieben. Der Ertragsteuersatz der GmbH beträgt 30 %.

Buchungssätze der Periode 01:

immaterieller Vermögensgegenstand	60	an	Entwicklungsaufwand	60
latenter Steueraufwand	18	an	passive latente Steuern	18

Buchungssatz der Periode 02:

passive latente Steuern	9	an	latenten Steueraufwand	9

Buchungssatz der Periode 03:

passive latente Steuern	9	an	latenten Steueraufwand	9

6.1.3 Ausweisvarianten der latenten Steuern in der Bilanz

Es ergeben sich gemäß § 274 HGB folgende Ausweisvarianten in der Bilanz:

1. **Bruttoausweis** = unsaldierter Ausweis aktiver und passiver latenter Steuern,

2. **Nettoausweis** = saldierter Ausweis aktiver und passiver latenter Steuern,

3. **unterbliebener Ausweis**, falls sich im Saldo eine aktive Latenz ergibt und das Ansatzwahlrecht für den Aktivsaldo nach § 274 Abs. 1 Satz 2 HGB nicht ausgeübt wird.[59]

Folgende **Ausnahmen** sind zu beachten:

- Latente Steuern müssen nur mittelgroße und große Kapitalgesellschaften sowie Gesellschaften i. S. d. § 264a HGB ermitteln. Kleinstkapitalgesellschaften, kleine Kapitalgesellschaften und kleine Gesellschaften i. S. d. §264a HGB sind von der Ermittlung der latenten Steuern gemäß § 274 HGB befreit. Sie können jedoch den § 274 HGB freiwillig anwenden.

- Bei nicht publizitätspflichtigen Einzelunternehmen und Personengesellschaften besteht die Verpflichtung zum Bruttoausweis. Da der § 274 HGB nicht angewandt werden kann, muss auf § 249 Abs. 1 Satz 1 HGB zurückgegriffen werden und die latenten Steuern müssen als Rückstellung passiviert werden; ansonsten würde gegen das Realisationsprinzip und das Saldierungsverbot verstoßen werden. Des Weiteren besteht ein Ansatzverbot für aktive latente Steuern bei diesen Unternehmen.

Übungsaufgabe 6.1 und 6.2

Diese Aufgaben finden Sie unter www.uvk-lucius.de/schritt-fuer-schritt

---

[59] Brönner et al.: Die Bilanz nach Handels- und Steuerrecht, 10. Auflage, 2011, S. 678

Eigene Notizen

Schritt 7: Gewinn- und Verlustrechnung

Lernziele

Nachdem Sie dieses Kapitel bearbeitet haben, werden Sie wissen, was eine Gewinn- und Verlustrechnung (GuV) ist, wie diese aufgebaut ist und welche Aussagekraft eine GuV hat. Ferner lernen Sie den Unterschied zwischen der **Kontoform** und der **Staffelform** mit den Varianten des Gesamt- und Umsatzkostenverfahrens der GuV kennen. Sie werden erfahren, welche Posten sich in der GuV befinden und wie sie gegliedert ist, sowie die größenabhängigen Erleichterungen kennenlernen.

7.1 Einführung

Im Gegensatz zur zeitpunktbezogenen Bilanz handelt es sich bei der Gewinn- und Verlustrechnung um eine **Zeitraumrechnung**, die der Erfolgsanalyse des Unternehmens dient.

Die **Gewinn- und Verlustrechnung (GuV)** gibt Auskunft über die Erfolgslage des Unternehmens. Sie erfasst die Erträge und Aufwendungen der jeweiligen Geschäftsperiode unabhängig davon, wann die entsprechenden Ein- und Auszahlungen stattfinden. Der § 242 Abs. 2 HGB schreibt für alle Kaufleute verpflichtend vor, dass der Kaufmann für den Schluss eines jeden Geschäftsjahres die Aufwendungen und Erträge des Geschäftsjahres gegenüberzustellen hat. Der **Saldo** zwischen den Erträgen und den Aufwendungen gibt den **Jahreserfolg** (Gewinn und Verlust) wieder. Dieser Saldo erscheint dann in einer Summe auch in der Bilanz und erhöht bei einem Gewinn oder vermindert bei einem Verlust das Eigenkapital. Die GuV kann entweder in der Konto- oder Staffelform aufgestellt werden. Die folgende Abbildung zeigt die GuV in der Kontoform.

Gewinn- und Verlustrechnung in Kontoform			
Aufwendungen			**Erträge**
Aufwandsarten	_____	Ertragsarten	_____
Saldo = Gewinn	_____	(Saldo = Verlust)	_____
Summe	_____	Summe	_____

Abb. 7.1: Gewinn- und Verlustrechnung in Kontoform

Bei der GuV in der Kontoform fehlt die Möglichkeit, zusammenhängende Erfolgskomponenten in Zwischensummen zusammenzufassen.

Deshalb ist für die Gewinn- und Verlustrechnung der **Kapitalgesellschaften** die **Staffelform** entweder nach dem **Gesamtkostenverfahren** oder nach dem **Umsatzkostenverfahren** als Gliederungsschema gesetzlich vorgeschrieben (§ 275 Abs. 1 HGB). Bei der Staffelform können sachlich zusammengehörige Aufwands- und Ertragsposten zusammengefasst und jeweilige Zwischensummen (z. B. Betriebsergebnis, Finanzergebnis, Ergebnis der gewöhnlichen Geschäftstätigkeit, außerordentliches Ergebnis) ausgewiesen werden.

Gesamtkostenverfahren (§ 275 Abs. 2 HGB)		Umsatzkostenverfahren (§ 275 Abs. 3 HGB)	
1.	Umsatzerlöse	1.	Umsatzerlöse
2. +/-	Erhöhung/Verminderung des Bestands an fertigen u. unfertigen Erzeugnissen	2. -	Herstellungskosten der zur Erzielung der Umsatzerlöse erbrachten Leistungen
3. +	andere aktivierte Eigenleistungen		
4. +	sonstige betriebliche Erträge	3. =	**Bruttoergebnis vom Umsatz**
5. -	Materialaufwand	4. -	Vertriebskosten
	a) für Roh-, Hilfs- und Betriebsstoffe und für bezogene Waren		
	b) für bezogene Leistungen		
6. -	Personalaufwand	5. -	allgemeine Verwaltungskosten
	a) Löhne und Gehälter		
	b) Sozialabgaben u. Altersversorgungsaufwand		
7. -	Abschreibungen	6. +	sonstige betriebliche Erträge
	a) auf immaterielle Vermögensgegenstände des Anlagevermögens und Sachanlagen		
	b) auf Vermögensgegenstände des Umlaufvermögens, soweit diese die in der Kapitalgesellschaft üblichen Abschreibungen überschreiten		
8. -	sonstige betriebliche Aufwendungen	7. -	sonstige betriebliche Aufwendungen
=	**Betriebsergebnis**	=	**Betriebsergebnis**
9.	Erträge aus Beteiligungen, davon aus verbundenen Unternehmen	8.	Erträge aus Beteiligungen, davon aus verbundenen Unternehmen
10. +	Erträge aus anderen Wertpapieren und Ausleihungen des Finanzanlagevermögens, davon aus verbundenen Unternehmen	9. +	Erträge aus anderen Wertpapieren und Ausleihungen des Finanzanlagevermögens, davon aus verbundenen Unternehmen
11. +	sonstige Zinsen und ähnliche Erträge, davon aus verbundenen Unternehmen	10. +	sonstige Zinsen und ähnliche Erträge, davon aus verbundenen Unternehmen
12. -	Abschreibungen auf Finanzanlagen und auf Wertpapiere des Umlaufvermögens	11. -	Abschreibungen auf Finanzanlagen und auf Wertpapiere des Umlaufvermögens
13. -	Zinsen und ähnliche Aufwendungen, davon aus verbundenen Unternehmen	12. -	Zinsen und ähnliche Aufwendungen, davon aus verbundenen Unternehmen
=	**Finanzergebnis**	=	**Finanzergebnis**
14.	**Ergebnis der gewöhnlichen Geschäftstätigkeit (Betriebs- + Finanzergebnis)**	**13.**	**Ergebnis der gewöhnlichen Geschäftstätigkeit (Betriebs- + Finanzergebnis)**
15.	außerordentliche Erträge	14.	außerordentliche Erträge
16. -	außerordentliche Aufwendungen	15. -	außerordentliche Aufwendungen
17. =	**außerordentliches Ergebnis**	**16. =**	**außerordentliches Ergebnis**
18. -/+	Steuern vom Einkommen und Ertrag	17. -/+	Steuern vom Einkommen und Ertrag
19. -	sonstige Steuern	18. -	sonstige Steuern
20. =	**Jahresüberschuss/Jahresfehlbetrag**	19. =	**Jahresüberschuss/Jahresfehlbetrag**

Abb. 7.2: Gewinn- und Verlustrechnung in der Staffelform

7.2 Vergleich zwischen dem Gesamtkosten- und Umsatzkostenverfahren

Beim Gesamtkostenverfahren erfolgt die Gegenüberstellung der gesamten Aufwendungen und gesamten Erträge, die um die Bestandsveränderungen der fertigen und unfertigen Erzeugnisse korrigiert werden. Dagegen werden beim Umsatzkostenverfahren den Erträgen nur die Aufwendungen der abgesetzten Produkte gegenübergestellt. Damit besteht der Unterschied in der Berücksichtigung der Bestandserhöhungen und Bestandsminderungen der fertigen und unfertigen Erzeugnisse sowie der aktivierten Eigenleistungen.

Die folgende Abbildung zeigt den Unterschied der beiden Verfahren bei einer Bestandserhöhung der fertigen und unfertigen Erzeugnisse sowie bei einer aktivierten Eigenleistung.

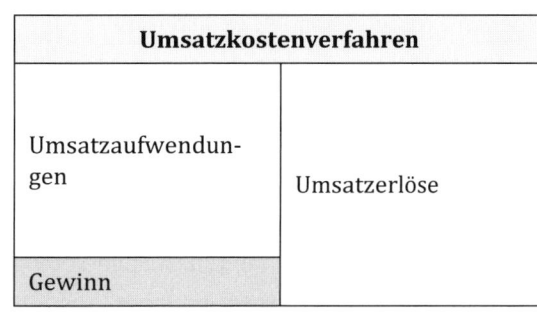

Gesamtkostenverfahren	
Gesamtaufwendungen	Umsatzerlöse
	aktivierte Eigenleistungen
Gewinn	Bestandserhöhung

Umsatzkostenverfahren	
Umsatzaufwendungen	Umsatzerlöse
Gewinn	

Abb. 7.3: Darstellung der GuV bei Bestandserhöhung und aktivierten Eigenleistungen

Die folgende Abbildung zeigt den Unterschied der beiden Verfahren bei einer **Bestandsminderung der fertigen und unfertigen Erzeugnisse**.

Gesamtkostenverfahren	
Bestandsminderung	Umsatzerlöse
Gesamtaufwendungen	
Gewinn	

Umsatzkostenverfahren	
Umsatzaufwendungen	Umsatzerlöse
Gewinn	

Abb. 7.4: Darstellung der GuV bei Bestandsminderung

Der ermittelte Gewinn ist bei beiden Verfahren identisch. Die Abweichungen der handelsrechtlichen Gliederungen nach dem Gesamtkostenverfahren und dem Umsatzkostenverfahren in Nummerierung und dem Inhalt einiger Posten werden in den folgenden Kapiteln aufgezeigt.

7.3   Gesamtkostenverfahren

Beim **Gesamtkostenverfahren** handelt es sich um eine Produktionserfolgsrechnung, d. h. es werden sämtlichen Erträgen der Periode (Umsatzerlöse, Bestandserhöhungen bei fertigen und unfertigen Erzeugnissen sowie anderen aktivierten Eigenleistungen) alle Aufwendungen der produzierten Mengeneinheiten der gleichen Periode gegenübergestellt. Das Gesamtkostenverfahren ist produktionsorientiert, die Gliederung der Aufwendungen erfolgt nach Aufwandsarten (Materialaufwand, Personalaufwand, Abschreibung). Es lässt sich beispielsweise die Lagerumschlaghäufigkeit ermitteln und es wird ein Einblick in die einzelnen Aufwandsarten gewährt.

Die **Gesamtleistung** fasst die Umsatzerlöse, die Bestandsänderungen der fertigen und unfertigen Erzeugnisse sowie die aktivierten Eigenleistungen zusammen.

Bei den **Erträgen** handelt es sich um:[60]

▓ Umsatzerlöse, die aus den Ausgangsrechnungen resultieren und mit den vereinbarten Verkaufspreisen zu berücksichtigen sind. Von den Erlösen sind die Erlösschmälerungen wie z. B. Rabatte, Skonti, Boni oder Rücknahmen abzuziehen.

▓ Bestandsveränderungen der fertigen und unfertigen Erzeugnisse. Sie sind bei einer Bestandserhöhung erfolgserhöhend (+) und bei einer Bestandsminderung erfolgsmindernd (-) zu berücksichtigen. Die jeweiligen Bestände zum Abschlussstichtag werden in den Bilanzposten „fertige Erzeugnisse" und „unfertige Erzeugnisse" ausgewiesen.

▓ Andere aktivierte Eigenleistungen, die zu Herstellungskosten bewertet werden. Es handelt sich um selbst erstellte Vermögensgegenstände des Anlagevermögens zur betrieblichen Nutzung, die nicht für die Weiterveräußerung bestimmt sind und daher nicht den Vorräten bzw. dem Umlaufvermögen zuzurechnen sind. Zu den aktivierten Eigenleistungen zählen z. B. selbst erstellte Maschinen oder Gebäude, selbst durchgeführte Großreparaturen und Erweiterungen.

Die GuV nach dem Gesamtkostenverfahren ermittelt das Jahresergebnis in **fünf Schritten**:

1.   Die **Posten 1** bis **8** ergeben das **Betriebsergebnis**, das in der Gliederung nicht gesondert ausgewiesen wird.

2.   Über die **Posten 9** bis **13** lässt sich das **Finanzergebnis** errechnen, das jedoch nicht gesondert ausgewiesen wird.

3.   Betriebsergebnis und Finanzergebnis führen zum **Ergebnis aus gewöhnlicher Geschäftstätigkeit** (Posten 14).

4.   Die Posten 15 und 16 ergeben das **außerordentliche Ergebnis** (Posten 17).

5.   Nach **Abzug der Steuern** (Posten 18 und 19) ermittelt das Gesamtkostenverfahren in Posten 20 das **Jahresergebnis (Jahresüberschuss/Jahresfehlbetrag)**.

Die Vorteile des Gesamtkostenverfahrens sind:

▓ Die Gewinn- und Verlustrechnung kann auf der Grundlage einer in **Kostenarten** eingeteilten Buchführung erstellt werden.

▓ Es lässt sich die **Gesamtleistung** des Unternehmens errechnen (Umsatz +/- Bestandsveränderung der fertigen und unfertigen Erzeugnisse + andere aktivierte Eigenleistungen).

▓ Es werden die **wesentlichen Aufwandsarten**, wie z. B. Materialaufwand, Personalaufwand und Abschreibungen, als wichtige Bestimmungsgröße für die Ertragskraft gesondert ausgewiesen.

▓ Die **Abschreibungen** werden offen ausgewiesen, wodurch die Selbstfinanzierungskraft des Unternehmens deutlicher wird.

▓ Es ist keine Kostenstellenrechnung erforderlich.

---

[60] Bieg, H.: Buchführung, 4. Auflage 2008, S. 113

7.3.1 Die Gewinn- und Verlustrechnung nach dem Gesamtkostenverfahren

	1.	Umsatzerlöse
+/-	2.	Erhöhung oder Verminderung des Bestandes an fertigen und unfertigen Erzeugnissen
+	3.	andere aktivierte Eigenleistungen
=		**Gesamtleistung**
+	4.	sonstige betriebliche Erträge
=		**Betriebsleistung**
-	5.	Materialaufwand
		a) Aufwendungen für Roh-, Hilfs- und Betriebsstoffe und für bezogene Waren
		b) Aufwendungen für bezogene Leistungen
=		**Rohergebnis** (Posten 1 bis 5)*
-	6.	Personalaufwand
		a) Löhne und Gehälter
		b) Soziale Abgaben und Aufwendungen für Altersversorgung und für Unterstützung, davon für Altersversorgung
-	7.	Abschreibungen
		a) auf immaterielle Vermögensgegenstände des Anlagevermögens und Sachanlagen sowie auf aktivierte Aufwendungen für die Ingangsetzung und Erweiterung des Geschäftsbetriebs
		b) auf Vermögensgegenstände des Umlaufvermögens, soweit diese die in der Kapitalgesellschaft üblichen Abschreibungen überschreiten
-	8.	sonstige betriebliche Aufwendungen
=		**Betriebsergebnis** (vor Zinsen und Steuern (EBIT))* (Posten 1 bis 8)
+	9.	Erträge aus Beteiligungen, davon aus verbundenen Unternehmen
+	10.	Erträge aus anderen Wertpapieren und Ausleihungen des Finanzanlagevermögens davon aus verbundenen Unternehmen
+	11.	sonstige Zinsen und ähnliche Erträge, davon aus verbundenen Unternehmen
-	12.	Abschreibungen auf Finanzanlagen und auf Wertpapiere des Umlaufvermögens
-	13.	Zinsen und ähnliche Aufwendungen, davon an verbundene Unternehmen
=		**Finanzergebnis** (vor Steuern)* (Posten 9 bis 13)
=	14.	**Ergebnis der gewöhnlichen Geschäftstätigkeit** (Posten 1 bis 13)
+	15.	außerordentliche Erträge
-	16.	- außerordentliche Aufwendungen
+/-	17.	= **außerordentliches Ergebnis** (Posten 15 bis 16)
-	18.	Steuern vom Einkommen und vom Ertrag
-	19.	sonstige Steuern
=	20.	**Jahresüberschuss/Jahresfehlbetrag** (Gesamtergebnis nach Steuern)

* Diese Positionen werden im Grundschema nicht ausgewiesen, sondern sind zur Erläuterung der grundsätzlichen Zweiteilung der GuV in „Betriebsergebnis" und „Finanzergebnis" eingefügt.

Abb. 7.5: Gewinn- und Verlustrechnung nach dem Gesamtkostenverfahren

7.3.2   Inhalt und Aussagen der Gewinn- und Verlustrechnung nach dem Gesamtkostenverfahren

▪ **Umsatzerlöse:** Erlöse aus der gewöhnlichen Geschäftstätigkeit des Unternehmens. Erlösschmälerungen (Rabatte, Boni, Skonti) müssen abgezogen werden. Umsatzsteuer sowie andere umsatzbezogene Steuern sind ebenfalls zum Abzug zu bringen. Die Erlöse aus Nebentätigkeiten sind unter den sonstigen betrieblichen Erträgen auszuweisen.

▪ **Erhöhung/Verminderung des Bestands an fertigen und unfertigen Erzeugnissen**: Dieser Posten entsteht durch Mengen- oder Wertänderungen. Mengenänderungen stellen sich beispielsweise ein, wenn der Verkauf größer oder kleiner als die Produktion war. Wertänderungen können sich aus einer Veränderung der Herstellungskosten oder durch Qualitätsabschläge, Bewertungsabschläge auf Ladenhüter oder Abschreibungen nach dem Niederstwertprinzip ergeben.

▪ **Andere aktivierte Eigenleistungen**: Hierbei handelt es sich um selbst hergestellte Vermögensgegenstände des Anlagevermögens wie beispielsweise selbst erstellte Gebäude, Maschinen, Werkzeuge oder aktivierungspflichtige Großreparaturen, die der eigentlichen betrieblichen Nutzung dienen. Der Ausweis der aktivierten Eigenleistungen stellt einen Ertragsausweis dar.

▪ **Sonstige betriebliche Erträge**: Sammelposten, in dem alle Erträge der gewöhnlichen Geschäftstätigkeit ausgewiesen werden, die nicht anderen Ertragsposten zugewiesen werden können. Hierzu zählen beispielsweise Erlöse aus betriebsleistungsfremden Umsätzen, Erträge aus dem Verkauf vom Anlagevermögen, Erträge aus der Auflösung von Rückstellungen, Erträge aus abgeschriebenen Forderungen, Erträge aus Zuschreibungen auf Vermögensgegenstände des Anlage- und Umlaufvermögens, Aktivierung von unentgeltlich erworbenen Vermögensgegenständen etc.

▪ **Materialaufwand**: Hierzu zählen der Materialverbrauch aus dem Fertigungsbereich für die Roh-, Hilfs- und Betriebsstoffe, aber auch die Aufwendungen für bezogene Waren und die bezogenen Fremdleistungen.

▪ **Rohergebnis**: Das Rohergebnis ist eine Zwischensumme der Gewinn- und Verlustrechnung und umfasst in der GuV nach dem Gesamtkostenverfahren (§ 275 Abs. 2 HGB) die Posten Nr. 1 bis Nr. 5 sowie in der GuV nach dem Umsatzkostenverfahren (§ 275 Abs. 3 HGB) die Posten Nr. 1 bis Nr. 3 und Nr. 6.

▪ **Personalaufwand**: Hierunter werden Löhne und Gehälter (brutto), soziale Abgaben (Arbeitgeberanteil zur Sozialversicherung und Beiträge zur Berufsgenossenschaft), Aufwendungen für die Altersvorsorge (Zuführungen zu Pensionsrückstellungen und Beiträge zu selbstständigen Versorgungseinrichtungen) sowie Unterstützungen (Unterstützungszahlungen für Invaliden, Heirats- und Geburtsbeihilfen) gefasst.

▪ **Abschreibungen**: Antizipierte Wertminderung von Vermögensgegenständen des Anlage- und Umlaufvermögens. Es ist zwischen planmäßigen und außerplanmäßigen Abschreibungen zu unterscheiden.

▪ **Sonstige betriebliche Aufwendungen**: Sammelposten für alle Aufwendungen aus der gewöhnlichen Geschäftstätigkeit, die nicht an anderer Stelle ausgewiesen werden. Sie umfassen u. a. übliche Abschreibungen auf Forderungen, Aufwendungen aus der Währungsumrechnung, Verluste aus Anlagenabgängen, Mieten, Leasingraten, Fahrzeugkosten, Versicherungen, Kommunikationsaufwand, Rechtsanwalts- und Beratungskosten, Zuführung zu Rückstellungen (wenn die Aufwandsart noch nicht endgültig hinreichend bestimmbar ist).

▓ **Betriebsergebnis:** Das Betriebsergebnis setzt sich beim Gesamtkostenverfahren aus den Posten 1 bis 8 und beim Umsatzkostenverfahren aus den Posten 1 bis 7 zusammen. Es hat von allen Ergebnissen die **größte Aussagekraft** hinsichtlich Beurteilung der Ertragsentwicklung. Das Betriebsergebnis enthält betriebliche Erträge und betriebliche Aufwendungen. Mischposten sind die sonstigen betrieblichen Erträge und die sonstigen betrieblichen Aufwendungen.

▓ **Erträge aus Beteiligungen:** Hierunter sind die laufenden Erträge auszuweisen, die im Beteiligungsverhältnis begründet sind (z. B. Dividenden von Kapitalgesellschaften, Gewinnanteile von Personengesellschaften etc.). Erträge aus der Veräußerung von Beteiligungen gehören nicht dazu.

▓ **Erträge aus anderen Wertpapieren und Ausleihungen des Finanzanlagevermögens:** Hierzu gehören Zinsen aus langfristigen Ausleihungen und Dividenden aus Aktien sowie ähnliche Ausschüttungen, die nicht Beteiligungen, Gewinngemeinschaften oder Gewinnabführungsverträgen zuzuordnen sind.

▓ **Sonstige Zinsen und ähnliche Erträge:** Ertragszinsen aus Bankguthaben, Wertpapieren des Umlaufvermögens etc. und ähnliche Erträge, wie beispielsweise Disagio, Provisionen, sind hierunter gefasst, sofern sie nicht an anderer Stelle ausgewiesen werden.

▓ **Abschreibung auf Finanzanlagen und auf Wertpapiere des Umlaufvermögens:** Da es sich beim Finanzvermögen nicht um abnutzbares Vermögen handelt, werden hier ausschließlich außerplanmäßige Abschreibungen berücksichtigt.

▓ **Zinsen und ähnliche Aufwendungen:** Hierzu zählen insbesondere Zinsen für Verbindlichkeiten bei Kreditinstituten oder Lieferanten, Kreditprovisionen, Abschreibungen für ein aktiviertes Disagio und Aufwendungen aus der Abzinsung von in Vorjahren abgezinsten Rückstellungen.

▓ **Finanzergebnis:** Das Finanzergebnis ist als **neutrales Ergebnis** zum einen von den Gegebenheiten des Geld- und Kapitalmarkts und zum anderen von den Beteiligungen abhängig, weniger von der Leistung des Managements. Es steht in keinem Zusammenhang mit der eigentlichen betrieblichen Tätigkeit (dem Zweck des Unternehmens). Der Saldo aus den Erträgen und den Aufwendungen, die sich aus den Anlagen am Geld- und Kapitalmarkt und der Inanspruchnahme der Fremdkapitalfinanzierung ergeben, stellt das Finanzergebnis dar.

▓ **Ergebnis der gewöhnlichen Geschäftstätigkeit:** Dieses Zwischenergebnis umfasst den Saldo aller Erträge und Aufwendungen vor Steuern der abgelaufenen Periode ohne die außerordentlichen Aufwendungen und Erträge, d. h. es umfasst das Betriebs- und Finanzergebnis des Unternehmens vor Steuern. Das Betriebsergebnis steht tendenziell für Nachhaltigkeit und Beeinflussbarkeit. Das Finanzergebnis ist zwar nachhaltig erzielbar, aber meist nicht beeinflussbar.

▓ **Außerordentliche Erträge/Aufwendungen:** Außerordentliche Erträge oder Aufwendungen sind stets inhaltlich bedingt als außerordentlich einzustufen, weil sie einmalig oder sehr selten anfallen (beispielsweise Subventionen, Nachlässe, Brandschäden, Diebstahl etc.).

▓ **Außerordentliches Ergebnis:** Die für das Unternehmen untypischen Erfolgsbestandteile werden dem außerordentlichen Ergebnis zugeordnet. Außerordentlich im Sinne der GuV (externes Rechnungswesen) sind solche Aufwendungen und Erträge, die ungewöhnlich in der Art sind und selten vorkommen. Das außerordentliche Ergebnis ergibt sich als Saldo aus den Posten 15 und 16 der GuV nach dem Gesamtkostenverfahren.

▓ **Steuern vom Einkommen und vom Ertrag:** Diese werden vom Ergebnis vor Steuern abgezogen, dabei handelt es sich im Wesentlichen um die nicht abzugsfähigen Betriebssteuern. Im Einzelnen sind dies die Körperschafts-, die Gewerbe- und die Kapitalertragsteuer sowie der Solidaritätszuschlag. Ebenfalls unter diesem Posten werden für die zuvor genannten Steuern auch Steuervorauszahlungen, Steuernachzahlungen und Steuererstattungen, für Vorjahre sowie für die Bildung und Auflösung von Steuerrückstellungen, ausgewiesen. Gemäß § 274 Abs. 2 Satz 3 HGB sind unter dem Posten „Steuern vom Einkommen und Ertrag" auch sämtliche Aufwendungen und Erträge aus der Passivierung und Aktivierung latenter Steuern gesondert auszuweisen.[61]

▓ **Sonstige Steuern:** Alle anderen Steuern, soweit sie handelsrechtlichen Aufwand darstellen und nicht aktivierungspflichtig bzw. durchlaufend sind, dürfen hier ausgewiesen werden, beispielsweise Kfz-Steuer, Grundsteuer, Ausfuhrzölle, Versicherungssteuer und Verbrauchssteuern (z. B. Mineralöl-, Bier-, Tabak-, Kaffee-, Branntweinsteuer).

▓ **Jahresüberschuss/Jahresfehlbetrag:** Bei dem Jahresüberschuss bzw. Jahresfehlbetrag handelt es sich um das **handelsrechtliche Ergebnis eines Geschäftsjahres nach Steuern**. Dieser Betrag ergibt sich als Saldo aller in der GuV ausgewiesenen Erträge, Aufwendungen und Steuern. Der Jahresüberschuss bzw. der Jahresfehlbetrag stellen die Ausgangsgrundlage für die Gewinnverwendung dar.

7.4   Umsatzkostenverfahren

Beim **Umsatzkostenverfahren** handelt es sich um eine Absatzerfolgsrechnung. Es werden den Verkaufserlösen der Periode nur die Umsatzkosten der verkauften Produkte/Leistungen gegenübergestellt. Die Bestandserhöhungen der fertigen und unfertigen Erzeugnisse sowie die selbst erstellten Vermögensgegenstände des Anlagevermögens werden nicht als Erträge und die dafür angefallenen Aufwendungen nicht als Aufwendungen erfasst. Die Bestandsminderungen an fertigen und unfertigen Erzeugnissen werden als Aufwendungen für abgesetzte Erzeugnisse ausgewiesen.

Das Umsatzkostenverfahren ist kostenstellenorientiert aufgebaut, daher müssen die Daten aus der Kosten- und Leistungsrechnung abgeleitet werden. Im Vergleich zum Gesamtkostenverfahren werden die Aufwendungen nicht nach Aufwandsarten (Material, Personal, Abschreibungen), sondern nach den Funktionsbereichen (Herstellung, Verwaltung, Vertrieb) unterteilt.

Die Gewinn- und Verlustrechnung nach dem Umsatzkostenverfahren (§ 275 Abs. 3 HGB) ermittelt das Jahresergebnis in grundsätzlich sechs Schritten:

1. Die **Posten 1** und **2** ermitteln das **Bruttoergebnis** vom Umsatz (Posten 3).

2. Über die **Posten 1** bis **7** lässt sich das **Betriebsergebnis** errechnen (nicht gesondert ausgewiesen).

3. Aus den **Posten 8** bis **12** ergibt sich das **Finanzergebnis** (nicht gesondert ausgewiesen).

4. Betriebsergebnis und Finanzergebnis führen zum **Ergebnis der gewöhnlichen Geschäftstätigkeit** (Posten 13).

5. Die Posten 14 und 15 ergeben das **außerordentliche Ergebnis** (Posten 16).

6. Nach Abzug der Steuern (Posten 17 und 18) ermittelt das Umsatzkostenverfahren in **Posten 19** das **Jahresergebnis (Jahresüberschuss/Jahresfehlbetrag)**.

---

[61] Coenenberg, A. et al.: Jahresabschluss und Jahresabschlussanalyse, 2014, S. 547

7.5 Gewinn- und Verlustrechnung nach dem Umsatzkostenverfahren

	1.	Umsatzerlöse
-	2.	Herstellungskosten der zur Erzielung der Umsatzerlöse erbrachten Leistungen
=	3.	**Bruttoergebnis vom Umsatz** (Posten 1 bis 2)
-	4.	Vertriebskosten
-	5.	allgemeine Verwaltungskosten
+	6.	sonstige betriebliche Erträge
-	7.	sonstige betriebliche Aufwendungen
=		**Betriebsergebnis** (vor Steuern und Zinsen (EBIT))* (Posten 1 bis 7)
+	8.	Erträge aus Beteiligungen, davon aus verbundenen Unternehmen
+	9.	Erträge aus anderen Wertpapieren und Ausleihungen des Finanzanlagevermögens davon aus verbundenen Unternehmen
+	10.	sonstige Zinsen und ähnliche Erträge, davon aus verbundenen Unternehmen
-	11.	Abschreibungen auf Finanzanlagen und auf Wertpapiere des Umlaufvermögens
-	12.	Zinsen und ähnliche Aufwendungen, davon an verbundene Unternehmen
=		**Finanzergebnis** (vor Steuern)* (Posten 8 bis 12)
=	13.	**Ergebnis der gewöhnlichen Geschäftstätigkeit** (Posten 1 bis 12)
+	14.	außerordentliche Erträge
-	15.	- außerordentliche Aufwendungen
+/-	16.	= **außerordentliches Ergebnis** (Posten 14 bis 15)
-	17.	Steuern vom Einkommen und vom Ertrag
-	18.	sonstige Steuern
=	19.	**Jahresüberschuss/Jahresfehlbetrag** (Gesamtergebnis nach Steuern)

* Diese Posten werden im Grundschema nicht ausgewiesen, sondern sind zur Erläuterung der grundsätzlichen Zweiteilung der GuV in „Betriebsergebnis" und „Finanzergebnis" eingefügt.

Abb. 7.6: Gewinn- und Verlustrechnung nach dem Umsatzkostenverfahren

Als **Vorteile** des Umsatzkostenverfahrens werden angeführt:

▪ Das Umsatzkostenverfahren führt zu einem **aussagefähigeren Betriebsergebnis**, insbesondere für die kurzfristige (z. B. monatliche) Erfolgsrechnung.

▪ Bei einer entsprechenden Gliederung der **Aufwendungen** nach den **Produktarten** kann der Erfolgsbeitrag einzelner Produktarten aufgezeigt werden.

▪ Der Zusammenhang zwischen Kosten und Leistung des Unternehmens wird sichtbar.

▪ Es erfolgt eine „verursachungsgerechte" Zuordnung von Aufwendungen zu den Funktionsbereichen des Unternehmens.

▦　Die internationale Vergleichbarkeit von Gewinn- und Verlustrechnungen wird erleichtert.

▦　Das Umsatzkostenverfahren entspricht dem Kalkulationsschema des Unternehmens.

▦　Das Umsatzkostenverfahren ist gut geeignet für Industriebetriebe mit Serienfertigung.

7.5.1　Ergebnisrechnung nach dem Umsatzkostenverfahren

Das „**Bruttoergebnis vom Umsatz**" (Posten 3) ergibt sich aus der Differenz zwischen „Umsatzerlösen" (Posten 1) und den „Herstellungskosten der zur Erzielung der Umsatzerlöse erbrachten Leistungen (Posten Nr. 2). Im Vergleich zu den Posten 1 bis 3 des Gesamtkostenverfahrens (§ 275 Abs. 2 HGB), die die betriebliche **Gesamtleistung** darstellen, beinhaltet die Größe „Bruttoergebnis vom Umsatz" die **Absatzleistung** des Unternehmens.

Die „Herstellungskosten der zur Erzielung der Umsatzerlöse erbrachten Leistungen" enthalten die gesamten, auf die Absatzleistung entfallenden Herstellungsaufwendungen des laufenden Geschäftsjahres und die in früheren Perioden im Rahmen der Vorratsbewertung aktivierten Aufwendungen, soweit diese Vorräte (fertige und unfertige Erzeugnisse) in das abgesetzte Leistungsvolumen eingehen. Im Falle des Lagerabgangs, bei dem die Vorräte verkauft wurden, ist zu berücksichtigen, dass der Umfang der unter Posten 2 zu verrechnenden Aufwendungen davon abhängt, welche Aufwendungen bzw. Kosten im Zeitpunkt des Lageraufbaus in der Bilanz aktiviert wurden.

Unter dem Posten 2 erscheinen somit:

▦　soweit die Produktion der abgesetzten Leistungen durch Vorräteabbau bestritten wird, die – in früheren Perioden des Lageraufbaus im Rahmen der Vorratsbewertung – **tatsächlich aktivierten Aufwendungen** und

▦　die gesamten **fertigungs- und materialbezogenen laufenden Aufwendungen** des ablaufenden Geschäftsjahres, soweit sie auf die Absatzleistung entfallen.

7.6　Überblick über die beiden Verfahren

Gliederung der Gewinn- und Verlustrechnung in verkürzter Form

Gesamt**kostenverfahren (§ 275 Abs. 2 HGB)**			Umsatz**kostenverfahren (§ 275 Abs. 3 HGB)**
Posten			Posten
1 bis 8	= Betriebsergebnis		1 bis 7
9 bis 13	+ Finanzergebnis		8 bis 12
14	= Ergebnis der gewöhnlichen Geschäftstätigkeit		13
15 bis 17	+/- außerordentliches Ergebnis		14 bis 16
18 bis 19	- Steuern		17 bis 18
20	= Jahresüberschuss/Jahresfehlbetrag		19

Abb. 7.7: Gegenüberstellung von Gesamt- und Umsatzkostenverfahren

Produktionserfolgsrechnung beim Gesamtkostenverfahren

	Ertrag	=	Gesamtleistung der Periode (Umsatzerlöse – Bestandsabnahme + Bestands-erhöhung + andere aktivierte Eigenleistungen)
-	Aufwand	=	Produktionsaufwand der Periode
=	**Ergebnis** (Gewinn oder Verlust)		

Abb. 7.8: Produktionserfolgsrechnung nach dem Gesamtkostenverfahren

Umsatzerfolgsrechnung beim Umsatzkostenverfahren

	Ertrag	=	Umsatzerlöse der Periode
-	Aufwand	=	Umsatzaufwand (Produktionsaufwand + Bestandsabnahme – Bestandserhö-hung)
=	**Ergebnis** (Gewinn oder Verlust)		

Abb. 7.9: Absatzerfolgsrechnung nach dem Umsatzkostenverfahren

Im Ergebnis stimmen die Produktionsrechnung (Gesamtkostenverfahren) und die Absatzerfolgsrechnung (Umsatzkostenverfahren) überein.

Erfassung der Bestandsveränderungen in der GuV

Das Betriebsergebnis nach dem **Gesamtkostenverfahren** ergibt sich, indem der gesamte Produktionsertrag (= Gesamtleistung) zuzüglich der sonstigen Erträge den gesamten in einer Periode entstandenen betrieblichen Aufwendungen gegenübergestellt wird. Nach dem Umsatzkostenverfahren ergibt sich das Bruttoergebnis vom Umsatz durch Gegenüberstellung der Umsatzerlöse $E(X_a)$ und der hierfür aufgebrachten Aufwendungen (umsatzbezogene Herstellungskosten $A(X_a)$).

	Gesamtkostenverfahren		Umsatzkostenverfahren
	Umsatzerlöse $E(X_a)$		Umsatzerlöse $E(X_a)$
+/-	Bestandsveränderung $[E(X_p) – E(X_a)]$	-	umsatzbezogene Herstellungskosten $A(X_a)$
+	andere aktivierte Eigenleistungen		
=	**Gesamtleistung** $E(X_p)$	=	**Bruttoergebnis vom Umsatz**
+	sonstige betriebliche Erträge	-	Vertriebskosten
-	Materialaufwand	-	allgemeine Verwaltungskosten
-	Personalaufwand	+	sonstige betriebliche Erträge
-	Abschreibungen	-	sonstige betriebliche Aufwendungen
-	sonstige betriebliche Aufwendungen		
=	**Betriebsergebnis**	=	**Betriebsergebnis**

Abb. 7.10: Ermittlung des Betriebsergebnisses

Beispiel: Gesamt- und Umsatzkostenverfahren

Es wird der Kontenabschluss nach dem Gesamt- und dem Umsatzkostenverfahren dargestellt, wobei von einem einstufigen Produktionsprozess ausgegangen wird. Folgende Daten liegen vor:

produzierte Menge X_p	200 St.
abgesetzte Menge X_a	120 St.
diverse Aufwendungen $A(X_p)$	2.000 €
Herstellungskosten pro Stück (2.000 € : 200 Stück)	10 €/St.
Umsatzerlöse $E(X_a)$ (120 St. à 20 €/St.)	2.400 €
Anfangsbestand Fertigfabrikate (50 St. à 10 €/St.)	500 €
Endbestand Fertigfabrikate (130 St. à 10 €/St.)	1.300 € SBK (Bestand)
Bestandsmehrung (80 St. à 10 €/St.)	800 € GuV (Ertrag)

Der Kontenabschluss nach dem **Gesamtkostenverfahren** sieht wie folgt aus:

S	Fertigerzeugnisse		H
AB	500	SB	1.300
Bestands-erhöhung	800		
	1.300		1.300

S	Schlussbilanzkonto		H
FE	1.300		

S	diverse Aufwendungen		H
Aufwand $A(X_p)$	2.000	Saldo	2.000
	2.000		2.000

S	Umsatzerlöse		H
Saldo	2.400	Erlöse $E(X_a)$	2.400
	2.400		2.400

S	Gewinn- und Verlustkonto		H
Herstellungsaufwand $A(X_p)$	2.000	Umsatzerlöse	2.400
Gewinn (Saldo)	1.200	Bestandserhöhung	800
	3.200		3.200

Der Kontenabschluss nach dem **Umsatzkostenverfahren** sieht wie folgt aus:

S	Fertigerzeugnisse		H
AB	500	Abgang	1.200
Zugang	2.000	SB	1.300
	2.500		2.500

S	Schlussbilanzkonto		H
FE	1.300		

S	diverse Aufwendungen		H
Aufwand A(X_a)	2.000	Saldo	2.000
	2.000		2.000

S	Umsatzerlöse		H
Saldo	2.400	Erlöse E(X_a)	2.400
	2.400		2.400

S	Gewinn- und Verlustkonto		H
Umsatzaufwand A(X_a)	1.200	Umsatzerlöse	2.400
Gewinn (Saldo)	1.200		
	2.400		2.400

An diesem Beispiel können Sie erkennen, dass nach dem **Umsatzkostenverfahren** die, zur Herstellung der Fertigerzeugnisse getätigten, Aufwendungen nicht über das GuV-Konto, sondern vielmehr auf das Bestandskonto „Fertigerzeugnisse" als Zugang im Soll gebucht werden. Das Ertragskonto „Umsatzerlöse" gibt seinen Saldo an die Habenseite des GuV-Kontos ab.

Nachdem der Endbestand des Kontos „Fertigerzeugnisse" auf das Schlussbilanzkonto übertragen wurde, bleibt im Haben des Kontos „Fertigerzeugnisse" ein Saldo in Höhe des Abgangs übrig. Dieser Abgang, der mit dem Wareneinsatz im Handelsbetrieb vergleichbar ist, entspricht der abgesetzten Menge X_a bewertet zu Herstellungskosten und wird als Aufwand im GuV-Konto gebucht. Hier stehen sich die Umsatzerlöse und die für die Erzielung dieser Leistung erforderlichen Aufwendungen, die im Beispiel 1.200 € betragen, gegenüber.

Im Vergleich zum Gesamtkostenverfahren baut das Umsatzkostenverfahren eine Brücke von der Finanzbuchhaltung zur Kostenrechnung. Mithilfe der kurzfristigen Erfolgsrechnung kann man herausfinden, welche Produkte mit Gewinn und welche mit Verlust produziert und abgesetzt werden. Für diese Art der Erfolgskontrolle kann das Umsatzkostenverfahren gute Vorarbeit liefern. Das Gesamtkostenverfahren ist zur Erfolgskontrolle weniger geeignet, da es den Aufwand nach Aufwandsarten (Personalaufwand, Rohstoffaufwand etc.) gliedert und nicht wie erforderlich nach Produkten.

Beispiel: Gesamt- und Umsatzkostenverfahren

Von dem Einproduktunternehmen der Schmid & Meier OHG liegen folgende Daten vor:

- Produktionsmenge: 2.000 Stück/Jahr
- Absatzmenge: 1.700 Stück/Jahr
- Verkaufspreis pro Stück: 500 €/Stück

- Fertigungslöhne pro Stück (= Fertigungseinzelkosten): 100 €/Stück
- Fertigungsmaterial pro Stück (= Materialeinzelkosten): 100 €/Stück

Die Kostenstruktur des Unternehmens ist aus dem vereinfachten Betriebsabrechnungsbogen (BAB) ersichtlich:

Kostenarten		Kostenstellen			
Einzelkosten		Fertigung	Material	Verwaltung	Vertrieb
Fertigungslöhne	200.000 €	200.000 €			
Fertigungsmaterial	200.000 €		200.000 €		
Summe Einzelkosten	**400.000 €**				
Gemeinkosten					
sonstige Personalkosten	110.000 €	30.000 €	20.000 €	40.000 €	20.000 €
Betriebs-/Materialkosten	150.000 €	45.000 €	90.000 €	5.000 €	10.000 €
Abschreibungen					
planmäßig	70.000 €	40.000 €	5.000 €	15.000 €	10.000 €
außerplanmäßig	30.000 €	15.000 €	5.000 €		10.000 €
Summe Gemeinkosten	**360.000 €**	130.000 €	120.000 €	60.000 €	50.000 €
Summe Gesamtkosten	**760.000 €**				

Die **Gewinn- und Verlustrechnung** wird zum einen nach dem **Gesamtkostenverfahren** und zum anderen nach dem **Umsatzkostenverfahren** aufgestellt. Dabei wird der Lagerzugang mit der Wertuntergrenze der Herstellungskosten bewertet.

Die Herstellungskosten zu Vollkosten je Stück errechnen sich wie folgt:

	Materialeinzelkosten	100 €/St.
+	Materialgemeinkosten	+ 65 €/St.
+	Fertigungseinzelkosten (Fertigungslöhne)	+ 100 €/St.
+	Fertigungsgemeinkosten	+ 60 €/St.
=	**Herstellungskosten (Wertuntergrenze)**	**= 325 €/St.**

Die Herstellungskosten je fertiges Erzeugnis betragen 325 €/St.

GuV nach dem Gesamtkostenverfahren	Aufwand	Ertrag
1. Umsatzerlöse (1.700 St. × 500 €/St.)		+ 850.000 €
2. Bestandserhöhung (300 St. × 325 €/St.)		+ 97.500 €
5. Materialaufwand (200.000 € + 150.000 €)	- 350.000 €	
6. Personalaufwand (200.000 € + 110.000 €)	- 310.000 €	
7. Abschreibungen (davon außerplanmäßig 20.000 €)	- 100.000 €	
8. sonstige betriebliche Aufwendungen		0 €
Betriebsergebnis		**= 187.500 €**

GuV nach dem Umsatzkostenverfahren	Aufwand	Ertrag
1. Umsatzerlöse (1.700 St. × 500 €/St.)		+ 850.000 €
2. umsatzbezogene Herstellungskosten (= 325 €/St. × 1.700 St.	- 552.500 €	
3. Bruttoergebnis vom Umsatz		**= 297.500 €**
4. Vertriebskosten (inkl. außerplanmäßige Abschreibung)	- 50.000 €	
5. allgemeine Verwaltungskosten	- 60.000 €	
7. sonstige betriebliche Aufwendungen		0 €
Betriebsergebnis		**= 187.500 €**

Der Posten 2 enthält alle Einzel- und Gemeinkosten des Fertigungs- und Materialbereichs, die anteilig auf die abgesetzten Erzeugnisse entfallen (325 €/St. x 1.700 St. = 552.500 €). Da auch die lagerzugangsbezogenen Material- und Fertigungsgemeinkosten im Rahmen der Vollkostenbewertung mit aktiviert wurden und die auf den Material- und Fertigungsbereich entfallenden außerplanmäßigen Abschreibungen (20.000 €) unter Posten 2 erfasst wurden, geht der Posten 7 „sonstige betriebliche Aufwendungen" leer aus.

7.7   Rohergebnis

Kleine und mittelgroße Kapitalgesellschaften unterliegen geringeren Publizitätsanforderungen bei der Gewinn- und Verlustrechnung (GuV). Sie müssen bei der GuV nur das Rohergebnis ausweisen. Das Rohergebnis wird wie folgt ermittelt:

Rohergebnis nach dem Gesamtkostenverfahren (GKV):

	Umsatzerlöse
+/-	Bestandsveränderungen der fertigen und unfertigen Erzeugnisse
+	andere aktivierte Eigenleistungen
+	sonstige betriebliche Erträge
-	Materialaufwand
=	**Rohergebnis (GKV)**

Abb. 7.11: Ermittlung des Rohergebnisses nach dem Gesamtkostenverfahren

Rohergebnis nach dem Umsatzkostenverfahren (UKV):

	Umsatzerlöse
-	Herstellungskosten der zur Erzielung der Umsätze erbrachten Leistungen
+	sonstige betriebliche Erträge
=	**Rohergebnis (UKV)**

Abb. 7.12: Ermittlung des Rohergebnisses nach dem Umsatzkostenverfahren

> **Merke**
>
> Das Rohergebnis nach dem Umsatzkostenverfahren wird regelmäßig niedriger sein als das Rohergebnis nach dem Gesamtkostenverfahren, da aufgrund der Systematik des Umsatzkostenverfahrens im Posten „Herstellungskosten der zur Erzielung der Umsatzerlöse erbrachten Leistungen" anteilige Personalaufwendungen und anteilige Abschreibungen enthalten sind, die in die Berechnung des Rohergebnisses nach dem Gesamtkostenverfahren nicht eingehen.

Übungsaufgaben 7.1, 7.2, 7.3, 7.4, 7.5, 7.6 und 7.7

Diese Aufgaben finden Sie unter www.uvk-lucius.de/schritt-fuer-schritt

Schritt 8: Anhang

Lernziele

In diesem Kapitel werden Sie einen Überblick über die im Anhang enthaltenen und zusätzlich erläuternden Informationen erhalten. Ferner werden Sie die handelsrechtlichen Anforderungen an die Angaben des Anhangs kennenlernen. Sie sollten einen Anlagenspiegel erstellen können.

8.1 Einführung

Kapitalgesellschaften und Personengesellschaften i.S.d. § 264a HGB haben den Jahresabschluss um einen **Anhang** zu erweitern, der mit der Bilanz und der Gewinn- und Verlustrechnung eine Einheit bildet (erweiterter Jahresabschluss; § 264 Abs. 1 Satz 1 HGB).

In welchem Umfang und mit welchen Details ein Anhang zu erstellen ist, hängt davon ab, wie ein Unternehmen die Wahlrechte hinsichtlich der Zuordnung von Angaben zu einzelnen Teilen des Jahresabschlusses in Anspruch nimmt und außerdem von der Größe der Kapitalgesellschaft.

	Kleinstkapitalgesellschaften	kleine Kapitalgesellschaften	mittelgroße Kapitalgesellschaften	große Kapitalgesellschaften
Aufstellung Anhang	kann verzichtet werden	verkürzt	ungekürzt	ungekürzt

Abb. 8.1: Umfang des Anhangs

Im **Anhang** (§§ 284–288 HGB) werden **Erläuterungen zur Bilanz und Gewinn- und Verlustrechnung** gegeben. Dort findet man Pflichtangaben, Wahlpflichtangaben, zusätzliche Angaben und freiwillige Angaben:

- **Pflichtangaben:** Erläuterungen, Angaben, Darstellungen, Aufgliederungen, Ausweise und Begründungen zur Bilanz und Gewinn- und Verlustrechnung, zu den einzelnen Posten, zum Inhalt und zu den Bewertungs- und Abschreibungsmethoden, Währungsumrechnungsmethoden sowie zu den Durchbrechungen der Ausweis- und Bewertungsstetigkeit.

- **Wahlpflichtangaben:** Sie können entweder im Anhang oder in der Bilanz bzw. Gewinn- und Verlustrechnung gemacht werden.

- **Zusätzliche Angaben:** Sie dienen dazu, ein den tatsächlichen Verhältnissen entsprechendes Bild der Vermögens-, Finanz- und Ertragslage zu vermitteln (§ 264 Abs. 2 Satz 2 HGB).

- **Freiwillige Angaben:** Sie bieten den Adressaten des Jahresabschlusses weitere Informationen, z. B. Finanz- und Kapitalflussrechnungen, Substanzerhaltungsrechnungen, Sozialbilanzen, Segment- und Umweltberichterstattungen, Prognose-, Wertschöpfungs- und Eigenkapitalveränderungsrechnungen.

8.2   Funktionen des Anhangs

Der Anhang erfüllt verschiedene Funktionen. In erster Linie dient er der **Information**. Die Posten der Bilanz und Gewinn- und Verlustrechnung werden erläutert und die Bewertungsmethoden angegeben. Außerdem wird die Aussagefähigkeit der Bilanz und der Gewinn- und Verlustrechnung erhöht, da alle zusätzlichen Angaben im Anhang zu finden sind und sie deshalb die Bilanz und die Gewinn- und Verlustrechnung nicht unnötig aufblähen. Die Angaben müssen der Wahrheit entsprechen, sie müssen klar und übersichtlich sein und sich auf die wesentlichen Sachverhalte konzentrieren. Die folgenden Funktionen hat der Anhang:

- **Interpretationsfunktion: Ergänzung** und **Erläuterung** der Informationen von Bilanz und GuV zur Verbesserung der Aussagefähigkeit der Rechnungslegung.

- **Korrekturfunktion:** Zusätzliche Angaben zur Vermeidung von Fehlinterpretationen, wie z. B. Abweichungen von bisher angewandten Bilanzierungs- und Bewertungsmethoden und deren Einfluss auf die Vermögens-, Finanz- und Ertragslage.

- **Entlastungsfunktion:** Das Zahlenwerk von Bilanz und Gewinn- und Verlustrechnung ist sehr komplex, weshalb bestimmte Informationen (z. B. Aufgliederungen) ohne Informationsverlust in den Anhang verlagert werden können, um dadurch mehr Klarheit bei der Bilanz und GuV zu erzielen.

- **Ergänzungsfunktion:** Zusatzinformationen, die nicht in der Bilanz und GuV enthalten sind. Dies betrifft vor allem nicht bilanzierungsfähige Sachverhalte, die aber wichtige Informationen für die Vermögens-, Finanz- und Ertragslage des Unternehmens liefern können. Hier kann es zu Überschneidungen mit dem Lagebericht kommen.

8.3   Aufbau des Anhangs

Für den Anhang sind die Grundsätze ordnungsmäßiger Buchführung (GoB) zu beachten (§ 264 Abs. 2 HGB). Der Anhang kann beispielsweise nach folgendem Schema gegliedert werden:[62]

I.   Allgemeine Angaben zu Bilanzierungs-, Bewertungsmethoden und Währungsumrechnung

II.   Erläuterung der einzelnen Posten der Bilanz und Gewinn- und Verlustrechnung
- Bilanz
- Gewinn- und Verlustrechnung
- eventuell zusätzliche Angaben gemäß § 264 Abs. 2 Satz 2 HGB

III.   Sonstige Angaben
- Haftungsverhältnisse und sonstige finanzielle Verpflichtungen
- Angaben zu Vorratsaktien, eigenen Aktien, genehmigtem Kapital etc.
- Mitarbeiter
- Bezüge, Vorschüsse, Kredite und Haftungsverhältnisse von bzw. gegenüber Organmitgliedern
- Beziehungen zu verbundenen Unternehmen und Beteiligungen
- andere Angaben

IV.   Namen der Organmitglieder

---

[62] Bitz, M.; Schneeloch, D. & Wittstock, W.: Der Jahresabschluss, 2011, S. 343

8.4 Anlagenspiegel/Anlagengitter

Die Entwicklung der einzelnen Posten des Anlagevermögens ist in der Bilanz oder im Anhang in einem separaten Anlagenspiegel darzustellen (§ 268 Abs. 2 HGB). Dabei sind, ausgehend von den gesamten Anschaffungs- oder Herstellungskosten (AHK), die Zugänge, Abgänge, Umbuchungen und Zuschreibungen des Geschäftsjahres sowie die Abschreibungen in der gesamten Höhe gesondert aufzuführen. Da die Darstellung in der Bilanz das Anlagevermögen sehr aufblähen würde und möglicherweise sogar die nötige Klarheit und Übersichtlichkeit beeinträchtigen könnte, wird in der Praxis eine separate Darstellung ergänzend zur Bilanz vor dem Anhang als **Anlagenspiegel** oder **Anlagengitter** vorgezogen. Der Anlagenspiegel verdeutlicht die Abschreibungs- und Investitionspolitik des Unternehmens. Für Kleinstkapitalgesellschaften und kleine Kapitalgesellschaften entfällt die Pflicht zur Aufstellung eines Anlagenspiegels.

Aufbau des „Anlagenspiegels" nach der direkten Bruttomethode gemäß § 268 Abs. 2 HGB:

Bilanz-posten	Histo-rische AHK	Zu-gänge des GJ	Ab-gänge des GJ	Umbu-chun-gen des GJ	Zu-schrei-bun-gen des GJ	Ab-schrei-bun-gen (ku-mu-liert)	Rest-buch-wert GJ	Rest-buch-wert Vor-jahr	Ab-schrei-bun-gen des GJ
		+	-	+/-	+	-	=		
	(1)	(2)	(3)	(4)	(5)	(6)	(7)	(8)	(9)
Gesonderte Angabe für jeden Posten									
Einzelne Posten des An-lagever-mögens (entspre-chend der Bilanz-gliede-rung)									
...									
...									
...									

Abb. 8.1: Darstellungsform des Anlagenspiegels nach § 268 Abs. 2 HGB

Spalte 1: Anschaffungs-/Herstellungskosten (AHK)

Im Brutto-Anlagenspiegel sind in dieser Spalte die gesamten historischen Anschaffungs- oder Herstellungskosten sämtlicher zu Beginn des Geschäftsjahres vorhandenen Vermögensgegenstände des Anlagevermögens erfasst.

Die nachfolgenden Spalten (2) bis (6) erfassen körperliche und buchmäßige Veränderungen der Ausgangswerte von Spalte (1).

Spalte 2: Zugänge

Ein Anlagezugang liegt vor, wenn ein Vermögensgegenstand in das sogenannte wirtschaftliche Eigentum des Unternehmens übergeht oder eine im Bau befindliche Anlage fertiggestellt wird. Auch nachträgliche Anschaffungs- oder Herstellungskosten sind als Zugang zu erfassen. Der Zugang wird mit den Anschaffungs- oder Herstellungskosten gebucht.

Spalte 3: Abgänge

Beim Abgang eines Vermögensgegenstandes des Anlagevermögens durch Verkauf, Tausch, Entnahme oder Verschrottung werden die ursprünglich aktivierten historischen Anschaffungs- oder Herstellungskosten in voller Höhe unter den Abgängen erfasst. Die auf die ausgeschiedenen Vermögensgegenstände entfallenden kumulierten Abschreibungen müssen deshalb im Jahr des Abgangs aus der entsprechenden Spalte des Anlagenspiegels entfernt werden.

Spalte 4: Umbuchungen

Umbuchungen erfolgen nicht aufgrund von Mengen- oder Wertänderungen des Anlagevermögens, sondern beinhalten lediglich die **Umgliederung** bereits vorhandener Anlagewerte auf andere Posten des Anlagenspiegels, z. B. ein in Bau befindliches Gebäude des Kontos „Anlagen in Bau" wird nach der Fertigstellung auf das Konto „Gebäude" umgebucht. Es kann aber auch ein Wechsel vom Umlaufvermögen ins Anlagevermögen oder umgekehrt in Betracht kommen.

Spalte 5: Zuschreibungen

Zuschreibungen stellen wertmäßige Erhöhungen des Anlagevermögens dar. Hierbei handelt es sich in der Regel um außerplanmäßige Abschreibungen der Vorjahre, die rückgängig gemacht werden. Die Zuschreibung erfolgt, wenn die Gründe für die außerplanmäßigen Abschreibungen nicht mehr bestehen. Es könnte sich aber auch um eine Nachaktivierung handeln, die aufgrund einer steuerlichen Außenprüfung veranlasst wurde, bei der eine Aufwandsverrechnung in der Steuerbilanz nicht anerkannt wurde und nachaktiviert werden muss.

Spalte 6: Kumulierte Abschreibungen am Ende des Geschäftsjahres

Die kumulierten Abschreibungen sind die aus vergangenen Jahren einschließlich des aktuellen Geschäftsjahres aufgelaufenen Abschreibungen sämtlicher vorhandener Anlagegüter. Die kumulierten Abschreibungen lassen sich für jeden Posten des Anlagevermögens wie folgt berechnen:

	kumulierte Abschreibungen des Vorjahres
-	Zuschreibungen des Vorjahres
+	Abschreibungen des Geschäftsjahres
-	auf Abgänge entfallende kumulierte Abschreibungen
+/-	auf Umbuchungen entfallende kumulierte Abschreibungen
=	**kumulierte Abschreibungen des Geschäftsjahres**

Abb. 8.2: Ermittlung der kumulierten Abschreibungen

Spalte 7: Restbuchwert zum Schluss des Geschäftsjahres

Für die einzelnen Vermögensgegenstände, die am Ende des Geschäftsjahres noch zum Betriebsvermögen gehören, errechnet sich der jeweilige Buchwert wie folgt:

	Anschaffungs- oder Herstellungskosten zu Beginn des Geschäftsjahres (Spalte 1)
+	Zugänge zu den Anschaffungs- oder Herstellungskosten (Spalte 2)
-	Abgänge zu den Anschaffungs- oder Herstellungskosten (Spalte 3)
+/-	Umbuchungen im laufenden Geschäftsjahr (Spalte 4)
+	Zuschreibungen im laufenden Geschäftsjahr (Spalte 5)
-	kumulierte Abschreibungen aller Geschäftsjahre (Spalte 6)
=	**Buchwert zum Schluss des Geschäftsjahres** (Spalte 7)

Abb. 8.3: Ermittlung des Buchwertes zum Geschäftsjahresende

Spalte 8: Restbuchwert am Ende des vorangegangenen Geschäftsjahres

Es werden die Restbuchwerte aller im Anlagenspiegel aufgeführten Vermögensgegenstände zum vorangegangenen Abschlussstichtag dargestellt.

Spalte 9: Abschreibungen des Geschäftsjahres

Hier sind nur die Abschreibungen des Geschäftsjahres, die bei den einzelnen Anlagegegenständen aufgrund der Bewertungsgrundsätze in Betracht kommen, aufzunehmen. In der Spalte kumulierte Abschreibungen sind sie enthalten.

> **Merke**
>
> Ein Anlagenspiegel stellt eine Auflistung der einzelnen Posten des Anlagevermögens mit den Anschaffungs- oder Herstellungskosten und deren Wertentwicklung dar.

Beispiel für Anlagenspiegel (Anlagengitter): Jahresabschluss der ElringKlinger AG 2013, S. 11 und 12

(Alle Angaben in TEUR)	Anschaffungs- und Herstellungskosten						Abschreibungen							Buchwerte	
	01.01.13	Zugang aus Verschmelzung Hummel	Zu-gänge	Um-buchun-gen	Ab-gänge	31.12.13	01.01.13	Zugang aus Verschmelzung Hummel	Ab-schrei-bungen GJ	Zu-schrei-bungen	Um-buchun-gen	Ab-gänge	Kumu-lierte Abschrei bungen 31.12.13	31.12.13	31.12.12
I. Immaterielle Vermögensgegenstände															
Entgeltlich erworbene gewerbliche Schutzrechte	23.538	737	2.008	0	69	26.214	19.639	698	954	0	0	69	21.222	4.992	3.899
Geschäfts- oder Firmenwert	0	1.798	0	0	0	1.798	0	360	383	0	0	0	743	1.055	0
Geleistete Anzahlungen	0	0	73	0	0	73	0	0	0	0	0	0	0	73	0
Summe	23.538	2.535	2.081	0	69	28.085	19.639	1.058	1.337	0	0	69	21.965	6.120	3.899
II. Sachanlagen															
Grundstücke und Bauten	158.787	10.505	7.166	2.847	417	178.888	45.066	4.559	4.463	0	0	325	53.763	125.125	113.721
Technische Anlagen und Maschinen	336.400	15.452	15.537	15.103	7.037	375.455	249.428	10.218	21.930	0	0	5.870	275.706	99.749	86.972
Andere Anlagen und BGA	100.349	2.301	5.763	1.644	4.962	105.095	79.043	1.814	3.873	0	0	4.934	79.796	25.299	21.306
Geleistete Anzahlungen und Anlagen in Bau	20.458	389	9.258	-19.594	0	10.511	0	0	0	0	0	0	0	10.511	20.458
Summe	615.994	28.647	37.724	0	12.416	669.949	373.537	16.591	30.266	0	0	11.129	409.265	260.684	242.457
III. Finanzanlagen															
Anteile an verbundenen Unternehmen	323.685	-6.662	19.979	11.458	0	348.460	24.546	-3.812	1.200	8.993	0	0	12.941	335.519	299.139
Ausleihungen an verbundene Unternehmen	51.886	-6.720	4.564	0	11.944	37.786	0	0	0	0	0	0	0	37.786	51.886
Beteiligungen	11.466	0	0	-11.458	0	8	0	0	0	0	0	0	0	8	11.466
Wertpapiere des Anlagevermögens	625	0	663	0	625	663	0	0	3	0	0	0	3	660	625
Sonstige Ausleihungen	25	3	0	0	28	0	0	0	0	0	0	0	0	0	25
Summe	387.687	-13.379	25.206	0	12.597	386.917	24.546	-3.812	1.203	8.993	0	0	12.944	373.973	363.141
Gesamt	1.027.219	17.803	65.011	0	25.082	1.084.951	417.722	13.837	32.806	8.993	0	11.198	444.174	640.777	609.497

Abb. 8.4: Beispiel für einen Anlagenspiegel

Übungsaufgabe 8.1: Erstellen eines Anlagenspiegels

Aus der Anlagenkartei der „Technischen Anlagen und Maschinen" liegen Ihnen folgende Informationen vor:

- historische Anschaffungskosten zu Beginn des Geschäftsjahres = 950 T€
- kumulierte Abschreibungen zum Geschäftsjahresende des Vorjahres = 540 T€
- Buchwert des Vorjahres = 410 T€
- Anschaffung einer Maschine im Geschäftsjahr = 320 T€
- Abschreibungen des Geschäftsjahres = 90 T€

Erstellen Sie den Anlagenspiegel, nutzen Sie bitte die folgende Tabelle.

Bilanz-posten	Histo-rische AK/HK	Zugän-ge des GJ (+)	Abgän-ge des GJ (-)	Umbu-chun-gen des GJ (+/-)	Zu-schrei-bungen des GJ (+)	Ab-schrei-bungen (kumu-liert) (-)	Rest-buch-wert GJ (=)	Rest-buch-wert Vorjahr	Ab-schrei-bun-gen des GJ
	(1)	(2)	(3)	(4)	(5)	(6)	(7)	(8)	(9)
Techni-sche An-lagen und Maschi-nen									

Übungsaufgaben 8.2, 8.3 und 8.4

Diese Aufgaben finden Sie unter www.uvk-lucius.de/schritt-fuer-schritt

8.5 Verbindlichkeitsspiegel

Der Verbindlichkeitsspiegel stellt eine Aufgliederung von Verbindlichkeiten und deren Restlaufzeiten unter Angabe gewährter Sicherheiten dar und gibt Aufschluss über die Veränderungen der Verbindlichkeiten eines Unternehmens während seines Geschäftsjahres. Er ist zwingend im Anhang des Jahresabschlusses von (mindestens mittelgroßen) Kapitalgesellschaften aufzuführen und laut § 285 Nr. 2 HGB nach vorgeschriebenem Schema zu gliedern.

Dabei sind alle Bilanzposten der Verbindlichkeiten in einem Verbindlichkeitsspiegel enthalten. Dazu gehören unter anderem Verbindlichkeiten gegenüber Kreditinstituten, Verbindlichkeiten aus Lieferungen und Leistungen sowie Verbindlichkeiten gegenüber verbundenen Unternehmen.

Die Restlaufzeiten der Verbindlichkeiten werden in folgende drei Zeitspannen aufgeschlüsselt:

- weniger als ein Jahr,
- zwischen ein und fünf Jahren,
- mehr als fünf Jahre.

Die folgende Abbildung zeigt die Struktur eines Verbindlichkeitsspiegels in vereinfachter Form:

Verbindlichkeiten	Gesamt-betrag	davon mit einer Restlaufzeit von			Sicherheiten	
		bis zu 1 Jahr	1 bis 5 Jahre	über 5 Jahre	Betrag	Art, Form
1. Anleihen						
2. Verbindlichkeiten ggü. Kreditinstituten						
3. erhaltene Anzahlungen auf Bestellungen						
...						
8. sonstige Verbindlichkeiten - davon gegenüber Gesellschaftern - davon aus Steuern - davon im Rahmen der sozialen Sicherheit						
Summe						

Abb. 8.5: Vereinfachte Darstellung des Verbindlichkeitsspiegels[63]

Laut § 42 Abs. 3 GmbHG ist bei der Erstellung des Verbindlichkeitsspiegels zu beachten, dass eventuell bestehende Verbindlichkeiten gegenüber Gesellschaftern unter den „sonstigen Verbindlichkeiten" gesondert auszuweisen bzw. im Anhang anzugeben sind.

Als im Verbindlichkeitsspiegel angegebene Sicherheiten könnten beispielsweise Grundschulden, Eigentumsvorbehalt, Sicherungsübereignungen und Forderungsabtretungen aufgeführt sein.

Beispiel: Verbindlichkeitsspiegel der XY GmbH

Verbindlichkeitsspiegel zum 31.12.01 der XY GmbH (in T€)						
Verbindlichkeiten	Gesamt-betrag	davon mit einer Restlaufzeit von			Sicherheiten	
		bis zu 1 Jahr	1 bis 5 Jahre	über 5 Jahre	Betrag	Art, Form
Verbindlichkeiten gegenüber Kreditinstituten	3.829	2.996	821	12	1.477	Grundschulden
erhaltene Anzahlungen	6.708	6.708	0	0	0	
Verbindlichkeiten aus Lieferungen und Leistungen	2.287	2.276	11	0	2.235	Eigentumsvorbehalt
sonstige Verbindlichkeiten	496	496	0	0	0	
Summe	13.320	9.565	605	3.150	6.064	

Abb. 8.6: Beispielhafte Darstellung eines Verbindlichkeitsspiegels

---

[63] In Anlehnung an: Littkemann; Holtrup & Reinbacher: Jahresabschluss, 2014, S. 170

8.6 Rückstellungsspiegel

Ein Rückstellungsspiegel dient dazu, den Überblick über die bilanzierten Rückstellungen zu erhalten und zu behalten, sowie Informationen über Einzelposten und die Entwicklung von Rückstellungen einfach herauszulesen. Mithilfe eines Rückstellungsspiegels lassen sich Rückstellungen im Laufe mehrerer Geschäftsjahre beobachten und analysieren.

Ein Rückstellungsspiegel ist im Anhang des Jahresabschlusses zu führen. Es wird die Entwicklung der Rückstellungen in Tabellenform dargestellt. Beispielhaft wird der Rückstellungsspiegel der DMG MORI SEIKI AG (ehemals Gildemeister AG) abgebildet.

(alle Angaben in T€)	01.01.13	Zuführungen	Inanspruchnahmen	Auflösungen	Veränderung Konsolidierungskreis	Sonstige Veränderungen	31.12.13
Steuerrückstellungen	34.501	24.912	-24.239	-333	0	-374	34.467
Verpflichtung aus dem Personalbereich	79.465	57.627	-46.769	-2.352	541	-1.347	87.165
Risiken aus Gewährleistungen und Nachrüstungen	36.718	15.620	-13.605	-2.885	0	-145	35.703
Verpflichtungen aus dem Vertriebsbereich	40.757	31.147	-27.267	-3.345	44	-235	41.101
Rechts-, Beratungs- und Jahresabschlusskosten	5.363	4.315	-4.602	-258	0	-39	4.779
Übrige	19.963	14.001	-12.427	-4.172	0	-17	17.348
Gesamt	216.767	147.622	-128.909	-13.345	585	-2.157	220.563

Abb. 8.7: Rückstellungsspiegel der DMG MORI SEIKI AG[64]

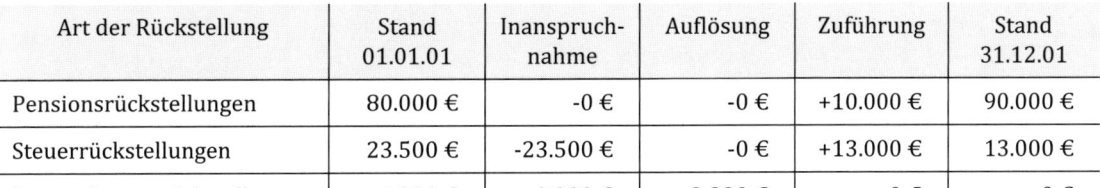

Beispiel: Ausschnitt eines Rückstellungsspiegels

Art der Rückstellung	Stand 01.01.01	Inanspruchnahme	Auflösung	Zuführung	Stand 31.12.01
Pensionsrückstellungen	80.000 €	-0 €	-0 €	+10.000 €	90.000 €
Steuerrückstellungen	23.500 €	-23.500 €	-0 €	+13.000 €	13.000 €
Prozesskostenrückstellungen	6.000 €	-2.200 €	-3.800 €	+0 €	0 €

64 DMG MORI SEIKI AG: Geschäftsbericht 2013, 2014, S. 204

Erläuterung des Rückstellungsspiegels

- Die Pensionsrückstellungen wurden laut Gutachten um 10.000 € erhöht. Bisher scheint kein Mitarbeiter Pensionszahlungen zu erhalten, da keine Rückstellung aufgelöst wurde.

- Die Steuerrückstellungen wurden genau richtig oder vielleicht auch zu niedrig gebildet und im Abschlussjahr wird mit einer Steuernachzahlung in Höhe von 13.000 € gerechnet.

- Die Prozesskostenrückstellungen wurden zu hoch gebildet, und zwar um 3.800 €. Die Rechnung betrug nur 2.200 €.

Die Erträge aus der Auflösung von Rückstellungen sind in der GuV als sonstige betriebliche Erträge auszuweisen. Die Neubildung einer Rückstellung ist in der GuV der jeweiligen Aufwandsart zuzuordnen.

Übungsaufgabe 8.5: Rückstellungsspiegel

Die XY GmbH weist zum 31.12.01 folgende Rückstellungen aus:

Rückstellungen	Buchwert zum 31.12.01
Rückstellungen für unterlassene Instandhaltung	350 T€
Rückstellung für Personalstrukturmaßnahmen	380 T€
Drohverlustrückstellungen	190 T€
Rückstellungen für Gewährleistungen	120 T€

Die zum 31.12.01 bestehenden Rückstellungen haben sich auf den 31.12.02 folgendermaßen entwickelt:

[1] Unterlassene Instandhaltungen: Es wurden Instandhaltungen in Höhe von 280 T€ in den ersten drei Monaten des neuen Geschäftsjahres nachgeholt. Zum 31.12.02 besteht ein neuer Sanierungsbedarf. Das Dach der Fabrikhalle soll bis spätestens 28.02.03 für 450 T€ repariert werden.

[2] Im Geschäftsjahr 02 konnten die Personalstrukturmaßnahmen abgeschlossen werden. Für die Abfindungen mussten jedoch 460 T€ gezahlt werden.

[3] Die Drohverlustrückstellung wurde in voller Höhe in Anspruch genommen.

[4] Die Gewährleistungsrisiken resultieren aus Umsatzerlösen aus dem Geschäftsjahr 01. Der Garantiezeitraum beträgt 5 Jahre. Zwischenzeitlich hat sich die wahrscheinliche Inanspruchnahme auf 100 T€ reduziert.

Erstellen Sie den Rückstellungsspiegel zum 31.12.02 und nutzen Sie bitte die folgende Tabelle.

Rückstellungen	Buchwert 01.01.02	Inanspruch-nahme	Auflösung	Zuführung	Buchwert 31.12.02
unterlassene Instandhaltung					
Personalstruktur-maßnahmen					
Drohverlust-rückstellungen					
Gewährleistungen					

Eigene Notizen

Schritt 9: Kapitalflussrechnung

Lernziele

In diesem Kapitel werden Sie den Aufbau, den Inhalt und die wesentlichen Posten der Kapitalflussrechnung kennenlernen. Sie werden die Dreiteilung der Kapitalflussrechnung in laufende Geschäftstätigkeiten sowie Investitions- und Finanzierungstätigkeiten unterscheiden können.

9.1 Einführung

Die Kapitalflussrechnung wird häufig als **dritte Jahresabschlussrechnung** bezeichnet, da in ihr eine sinnvolle Ergänzung zur Bilanz und zur Gewinn- und Verlustrechnung gesehen wird. Es handelt sich um eine Bewegungsrechnung, die die wichtigsten Investitions- und Finanzierungsvorgänge während des Geschäftsjahres darstellt. Sie verbessert den Einblick in die Vermögens- und Finanzstruktur eines Unternehmens, insbesondere bzgl. der Liquidität und Solvenz. Ferner werden bilanzpolitische Einflüsse eliminiert. Dies führt zu einer verbesserten Darstellung der Ertragskraft eines Unternehmens.

Die Kapitalflussrechnung ermöglicht eine detaillierte Darstellung und Analyse von Mittelherkunft und Mittelverwendung. Es werden die Posten zweier aufeinanderfolgender Bilanzen gegenübergestellt und die sich hierbei ergebenden Differenzen je Posten in einer Veränderungsbilanz erfasst.

Sie stellt die Herkunft und die Verwendung der Finanzmittel eines Unternehmens dar. Ergänzend zum Jahresabschluss stellt die Kapitalflussrechnung eine liquiditätsbezogene Zeitraumrechnung, die nicht Bestände an Vermögen und Kapital, sondern Bestandsveränderungen bzw. die zugrunde liegenden Bewegungen ausweist. Im Gegensatz zur GuV erfasst die Kapitalflussrechnung auch die erfolgsunwirksamen Bewegungen und bildet somit einen Teilbereich des liquiditätsorientierten Rechnungswesens ab. Sie soll einen Einblick in die Finanzlage eines Unternehmens gewähren, indem Investitions- und Finanzierungsvorgänge und ihr Einfluss auf die Liquidität dargestellt werden.[65] Die folgende Abbildung zeigt die Abgrenzung der Kapitalflussrechnung zur Bilanz und GuV.

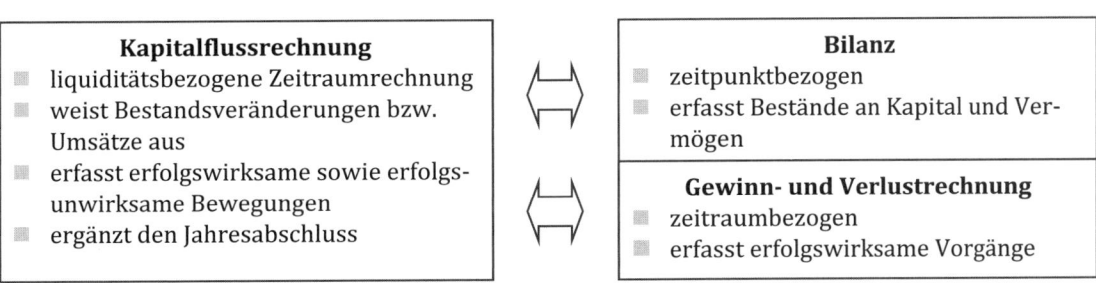

Abb. 9.1: Kapitalflussrechnung – Abgrenzung zur Bilanz und GuV

---

[65] Vgl. Perridon, L.; Steiner, M. & Rathgeber, A.: Finanzwirtschaft der Unternehmung, 2012, S. 639

9.2   Beständedifferenzen-, Veränderungs- und Bewegungsbilanz

Eine Beständedifferenzenbilanz ergibt sich aus der Saldierung von Beständen zweier aufeinanderfolgender Bilanzen. Die Gliederung der Stichtagsbilanzen wird für die Bewegungsbilanz beibehalten. Bestandsmehrungen werden mit positivem und Bestandsminderungen mit negativem Vorzeichen dargestellt. Sie ist der erste Schritt für die Erstellung einer derivativen Kapitalflussrechnung. Jedoch ist ihre Aussagekraft sehr begrenzt, da das Aufzeigen der Bestandsveränderungen keinen weiteren Informationsgehalt gegenüber dem Jahresabschluss enthält.

Bei einer Bewegungsbilanz handelt es sich um eine bestimmte Erscheinungsform der Kapitalflussrechnung. Sie zeigt die Veränderung der Bestandskonten zwischen zwei Bilanzstichtagen; d. h. als Ausgangspunkt dienen die Bilanzen am Anfang und am Ende eines Geschäftsjahres. Aus beiden Bilanzen wird die Differenz der einzelnen Bilanzposten gebildet. Dadurch erhält man die sogenannte Beständedifferenzenbilanz:

Veränderungen Aktivposten	Veränderungen Passivposten
Erhöhung der Aktivposten (+)	Erhöhung der Passivposten (+)
Minderung der Aktivposten (-)	Minderung der Passivposten (-)

Abb. 9.2: Grundaufbau der Beständedifferenzenbilanz

9.3   Die Bewegungsbilanz als Sonderform der Kapitalflussrechnung

Wenn man die Beständedifferenzenbilanz umstellt, erhält man die Bewegungsbilanz. Sie zeigt, aus welchen Quellen des Unternehmens Mittel zugeflossen sind (Mittelherkunft) und wofür diese verwendet wurden (Mittelverwendung). Die Bewegungsbilanz kann sowohl in Kontenform als auch in Staffelform dargestellt werden. Ist letzteres der Fall spricht man von einer Kapitalflussrechnung.

9.3.1   Darstellung in Kontenform

Der folgende Grundaufbau ergibt sich bei einer Darstellung der Bewegungsbilanz in Kontenform:

Bewegungsbilanz	
Mittelverwendung	Mittelherkunft
Erhöhung der Aktivposten (+)	Erhöhung der Passivposten (+)
▓ Erhöhung Anlagevermögen	▓ Eigenkapitalmehrungen
▓ Erhöhung Umlaufvermögen	▓ Fremdkapitalmehrungen
= **Investition**	= **Finanzierung**
Minderung derPassivposten (-)	Minderung von Aktivposten (-)
▓ Eigenkapitalminderungen	▓ Minderung Anlagevermögen
▓ Fremdkapitalminderungen	▓ Minderung Umlaufvermögen
= **Definanzierung**	= **Desinvestition**
Wohin sind Mittel geflossen?	**Woher stammen die Mittel?**

Abb. 9.3: Grundaufbau der Bewegungsbilanz

Die Mittelherkunft setzt sich aus der Zunahme der Passiva und der Abnahme von Aktiva zusammen. Eine Zunahme der Passiva kann durch Erhöhung von Schulden erfolgen, d. h. z. B. Aufnahme von Fremdkapital, oder durch Zuführung von Eigenkapital. Eine Minderung der Aktiva kann erfolgen durch die Veräußerung von Anlagen oder Beteiligungen, Abschreibungen, Reduzierung der Vorräte, Forderungen und Kasse. Die Abschreibung der Produktionsanlage verringert den Wert der Produktionsanlage und führt zu einer Freisetzung finanzieller Mittel. Auch die Verringerung der Bestände an Fertigerzeugnissen erhöht die verfügbaren finanziellen Mittel.

Die Mittelverwendung wird aus der Abnahme von Passiva und der Zunahme von Aktiva abgebildet. Eine Minderung der Passiva resultiert aus der Verringerung der Verbindlichkeiten, z. B. durch die Tilgung eines Kredits oder einer Gewinnausschüttung bzw. einer Kapitalentnahme. Die Zunahme von Aktiva ergibt sich durch Investitionen in das Anlagevermögen (z. B. den Kauf einer Produktionsanlage) oder in Vorräte bzw. Erhöhung der Forderungen aLuL.

Beispiel

Aktiva		**Bilanz 01**	Passiva	
Anlagevermögen		Eigenkapital		160
Sachanlagevermögen	100	langfristiges Fremdkapital		
Finanzanlagen	40	langfristige Kredite		80
Umlaufvermögen	160	Pensionsrückstellungen		20
		kurzfristiges Fremdkapital		40
	300			300

Aktiva		**Bilanz 02**	Passiva	
Anlagevermögen		Eigenkapital		170
Sachanlagevermögen	160	langfristiges Fremdkapital		
Finanzanlagen	50	langfristige Kredite		125
Umlaufvermögen	140	Pensionsrückstellungen		28
		kurzfristiges Fremdkapital		27
	350			350

Aktiva		**Beständedifferenzenbilanz**	Passiva	
Anlagevermögen		Eigenkapital		10
Sachanlagevermögen	60	langfristiges Fremdkapital		
Finanzanlagen	10	langfristige Kredite		45
Umlaufvermögen	-20	Pensionsrückstellungen		8
		kurzfristiges Fremdkapital		-13
	50			50

Die Veränderungsbilanz ergibt sich aus der Umgliederung der Beständedifferenzenbilanz. Aktiva-Zunahmen und Passiva-Abnahmen werden auf der linken Seite der Bilanz sowie Aktiva-Abnahmen und Passiva-Zunahmen auf die rechte Seite der Bilanz gebracht.

Mittelverwendung		Veränderungsbilanz (Bewegungsbilanz)		Mittelherkunft
Aktivzunahmen (+)		Aktivabnahmen (-)		
Sachanlagen	60	Umlaufvermögen		20
Finanzanlagen	10	Passivzunahmen (+)		
Passivabnahmen (-)		Eigenkapital		10
kurzfristiges Fremdkapital	13	langfristige Kredite		45
		Pensionsrückstellungen		8
	83			83

Die Bewegungsbilanz ist eine zeitraumbezogene Rechnung. Durch die nicht mehr statische, sondern dynamische Interpretation der Veränderungen wird hier ein Übergang zur stromgrößenorientierten Finanzierungsrechnung gebildet.

9.3.2   Kritikpunkte bei der Bewegungsbilanz

Das Problem der Bewegungsbilanz besteht darin, dass aufgrund von Informationsmängeln, welche buchhaltungstechnisch bedingt sind, keine Trennung von liquiditätswirksamen und liquiditätsunwirksamen Bewegungen möglich ist.

Bei der Bewegungsbilanz handelt es sich lediglich um eine Rechnung, die aus zwei Stichtagsbilanzen abgeleitet wird, die jedoch keine Informationen über die eigentliche Finanzlage eines Unternehmens liefert. Daher sind Bewegungsbilanzen nicht gut als Finanzierungsrechnungen geeignet. Die alleinige Aussage der Bewegungsbilanz ist, dass Veränderungen von Bilanzposten dargestellt werden. Bewegungsbilanzen sind deshalb nur als Vorstufe zur aufschlussreicheren Kapitalflussrechnung anzusehen.[66] Die Informationen aus der Bewegungsbilanz können mithilfe der Kapitalflussrechnung genauer analysiert werden.

9.4   Grundlagen der Kapitalflussrechnung

Die Kapitalflussrechnung stellt die Quellen aus denen der Finanzmittelfonds gespeist wurde und die Verwendung der Finanzmittel in den unterschiedlichen Bereichen des Unternehmens bzw. des Konzerns dar.

Sie verfolgt das Ziel, Transparenz über den Zahlungsmittelstrom eines Unternehmens herzustellen. Sie ist eine **liquiditätsbezogene Zeitraumrechnung** und stellt, alle in einer Periode angefallenen, **Ein- und Auszahlungen** gegenüber. Die Cashflows werden nach folgenden Bereichen differenziert:

- Der **Cashflow aus der laufenden Geschäftstätigkeit** umfasst nach DRS 21.9 die Aktivitäten in Verbindung mit wesentlichen, auf Erlöserzielung ausgerichteten Tätigkeiten sowie sonstige Aktivitäten, die nicht unmittelbar der Investitions- oder Finanzierungstätigkeit zuzuordnen sind.

- Zum **Cashflow aus der Investitionstätigkeit** gehören die Aktivitäten, die mit den Zu- und Abgängen von Vermögensgegenständen des Anlagevermögens in Verbindung stehen.

---

[66] Küting & Weber: Bilanzanalyse, 2012, S. 186 f.

▓ Der **Cashflow aus der Finanzierungstätigkeit** umfasst alle Aktivitäten, die eine Auswirkung auf die Höhe und/oder Zusammensetzung der Eigenkapitalposten und/oder der Finanzschulden haben.

Die Summe dieser Cashflows entspricht der Veränderung des Finanzmittelfonds in der Berichtsperiode, solange sie nicht auf Wechselkursänderungen basiert. Die Kapitalflussrechnung ist zwingender Bestandteil des Konzernabschlusses von Kapitalgesellschaften gemäß § 297 Abs. 1 HGB und beim Einzelabschluss kapitalmarktorientierter Kapitalgesellschaften, die nicht zur Aufstellung eines Konzernabschlusses verpflichtet sind, gemäß § 264 Abs. 1 Satz 2.

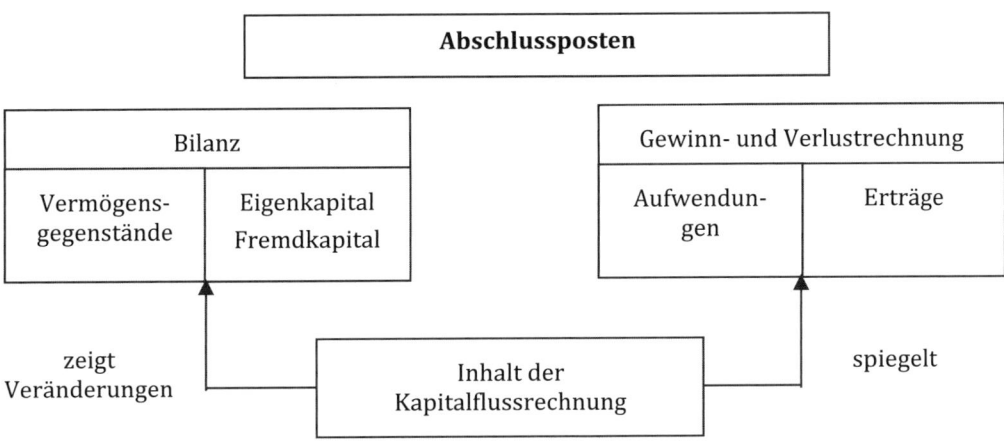

Abb. 9.4: Inhalt der Kapitalflussrechnung

Die Kapitalflussrechnung verfolgt das Ziel, Transparenz über den Zahlungsmittelstrom eines Unternehmens herzustellen.

Die Kapitalflussrechnung zeigt, ob ein Unternehmen in der Lage ist:

▓ künftig finanzielle Überschüsse zu erwirtschaften,

▓ seine Zahlungsverpflichtungen zu erfüllen und

▓ Ausschüttungen an die Anteilseigner zu leisten.

9.5 Aufbau der Kapitalflussrechnung

Die Kapitalflussrechnung ist in Staffelform aufzustellen, unter Beachtung der durch den Standard DRS 21 vorgegebenen Mindestgliederungen. Sie ist in direkter oder indirekter Form aufzustellen, wobei meist die indirekte Methode angewandt wird.

Gemäß den Empfehlungen des Deutschen Rechnungslegungs Standards Commitee e. V. Standardisierungsrats (DRSC) ist die indirekte Kapitalflussrechnung gemäß DRS 21 wie folgt aufgebaut.[67]

---

[67] www.bundesanzeiger.de: veröffentlicht am 8. April 2014, BAnz AT 08.04.2014 B2

1.		Periodenergebnis (Konzernjahresüberschuss/-fehlbetrag einschließlich Ergebnisanteilen anderer Gesellschafter)
2.	+/-	Abschreibungen/Zuschreibungen auf Gegenstände des Anlagevermögens
3.	+/-	Zunahme/Abnahme der Rückstellungen
4.	+/-	sonstige zahlungsunwirksame Aufwendungen/Erträge
5.	+/-	Zunahme/Abnahme der Vorräte, der Forderungen aus Lieferungen und Leistungen sowie anderer Aktiva, die nicht der Investitions- oder Finanzierungstätigkeit zuzuordnen sind
6.	+/-	Zunahme/Abnahme der Verbindlichkeiten aus Lieferungen und Leistungen sowie anderer Passiva, die nicht der Investitions- oder Finanzierungstätigkeit zuzuordnen sind
7.	-/+	Gewinn/Verlust aus Abgang von Gegenständen des Anlagevermögens
8.	+/-	Zinsaufwendungen/Zinserträge
9.	-	sonstige Beteiligungserträge
10.	+/-	Aufwendungen/Erträge aus außerordentlichen Posten
11.	+/-	Ertragssteueraufwand/-ertrag
12.	+	Einzahlungen aus außerordentlichen Posten
13.	-	Auszahlungen aus außerordentlichen Posten
14.	-/+	Ertragsteuerzahlungen
15.	**=**	**Cashflow aus laufender Geschäftstätigkeit (Summe aus 1 bis 14)**
16.	+	Einzahlungen aus Abgängen von Gegenständen des immateriellen Anlagevermögens
17.	-	Auszahlungen für Investitionen in das immaterielle Anlagevermögen
18.	+	Einzahlungen aus Abgängen von Gegenständen des Sachanlagevermögens
19.	-	Auszahlungen für Investitionen in das Sachanlagevermögen
20.	+	Einzahlungen aus Abgängen von Gegenständen des Finanzanlagevermögens
21.	-	Auszahlungen für Investitionen in das Finanzanlagevermögen
22.	+	Einzahlungen aus dem Abgang aus dem Konsolidierungskreis
23.	-	Auszahlungen für Zugänge zum Konsolidierungskreis
24.	+	Einzahlungen aufgrund von Finanzmittelanlagen im Rahmen der kurzfristigen Finanzdisposition
25.	-	Auszahlungen aufgrund von Finanzmittelanlagen im Rahmen der kurzfristigen Finanzdisposition
26.	+	Einzahlungen aus außerordentlichen Posten
27.	-	Auszahlungen aus außerordentlichen Posten
28.	+	erhaltene Zinsen

29.	+	erhaltene Dividenden
30.	**=**	**Cashflow aus der Investitionstätigkeit (Summe aus 16 bis 29)**
31.	+	Einzahlungen aus Eigenkapitalzuführungen von Gesellschaftern des Mutterunternehmens
32.	+	Einzahlungen aus Eigenkapitalzuführungen von anderen Gesellschaftern
33.	-	Auszahlungen aus Eigenkapitalherabsetzungen an Gesellschafter des Mutterunternehmens
34.	-	Auszahlungen aus Eigenkapitalherabsetzungen an andere Gesellschafter
35.	+	Einzahlung aus der Begebung von Anleihen und aus der Aufnahme von (Finanz-)Krediten
36.	-	Auszahlungen aus der Tilgung von Anleihen und (Finanz-)Krediten
37.	+	Einzahlungen aus erhaltenen Zuschüssen/Zuwendungen
38.	+	Einzahlungen aus außerordentlichen Posten
39.	-	Auszahlungen aus außerordentlichen Posten
40.	-	gezahlte Zinsen
41.	-	gezahlte Dividenden an Gesellschafter des Mutterunternehmens
42.	-	gezahlte Dividenden an andere Gesellschafter
43.	**=**	**Cashflow aus der Finanzierungstätigkeit (Summe aus 31 bis 42)**
44.		zahlungswirksame Veränderungen des Finanzmittelfonds (Summe aus 15, 30, 43)
45.	+/-	wechselkurs- und bewertungsbedingte Änderungen des Finanzmittelfonds
46.	+/-	Konsolidierungskreisbedingte Änderungen des Finanzmittelfonds
47.	+	Finanzmittelfonds am Anfang der Periode
48.	**=**	**Finanzmittelbestand am Ende der Periode (Summe aus 44 bis 47)**

Abb. 9.4: Aufbau der Kapitalflussrechnung gemäß DRS 21 nach der indirekten Methode

Die **Kapitalflussrechnung ist eine Zeitraumrechnung**, bei der Bestandsveränderungen und die ihnen zugrunde liegenden Finanzmittelbewegungen ausgewiesen werden.

> **Merke**
>
> Die Kapitalflussrechnung informiert über die Herkunft und die Verwendung der finanziellen Mittel eines Unternehmens.

9.6   Aussagegehalt der Kapitalflussrechnung

In der Praxis findet die Kapitalflussrechnung immer mehr Zuspruch. Sowohl intern im Finanzwesen als auch für externe Analysten dient die Kapitalflussrechnung als wesentliche Entscheidungshilfe. Sie liefert darüber hinaus wichtige Informationen, um die Liquiditätssituation eines Unternehmens besser einschätzen zu können.

Im Allgemeinen hat die Kapitalflussrechnung eine Steuerungs-, Dokumentations- und Kontrollfunktion. Sie zeigt, ob die Finanzierung der Investitionen aus dem Umsatzprozess heraus erfolgte, sprich aus der laufenden Geschäftstätigkeit[68].

Ebenso ist zu berücksichtigen, dass die Kapitalflussrechnung sowohl als Vergangenheitsrechnung als auch als Planungsrechnung verwendet werden kann. Hierbei spricht man dann von der retrospektiven oder von der prospektiven Kapitalflussrechnung. Wird sie als vergangenheitsorientierte Rechnung verwendet, gibt sie Informationen über Liquiditätsänderungen und die jeweiligen Ursachen. Dabei gilt als Informationsbasis der vorliegende Jahresabschluss. Als Planungsrechnung kann man hingegen untersuchen, ob sich, bei den vorhandenen Teilplänen, die Liquidität im Budgetjahr verbessert oder verschlechtert hat und wo mögliche Ursachen dieser Veränderungen liegen. Hierbei dient als Informationsbasis eine Planbilanz bzw. Plan-Gewinn- und Verlustrechnung.

Weiterhin ist festzuhalten, dass die Kapitalflussrechnung vor allem dazu dient, einen besseren Einblick in den Jahresabschluss zu erhalten; da eine bessere Beurteilung der Finanz- und Kapitalsituation des Unternehmens möglich ist.[69]

Mithilfe der Kapitalflussrechnung kann die Zahlungsfähigkeit eines Unternehmens besser beurteilt werden, da sowohl Ein- und Auszahlungen als auch die Zahlungsströme innerhalb des Unternehmens analysiert werden.

 Übungsaufgabe 9.1

Diese Aufgabe finden Sie unter www.uvk-lucius.de/schritt-fuer-schritt

---

[68] http://www.rechnungswesen-info.de/kapitalflussrechnung.html

[69] http://www.wirtschaftslexikon24.com/d/kapitalflussrechnung/kapitalflussrechnung.htm

Schritt 10: Eigenkapitalspiegel

Lernziele

Sie werden die Eigenkapitalsituation und die Ergebnislage eines Unternehmens beurteilen können und wissen, wie ein Eigenkapitalspiegel aufgebaut ist.

10.1 Einführung

Ein Eigenkapitalspiegel ist zum einen für die Konzernabschlüsse (§ 297 Abs. 1 Satz 1) und zum anderen auch für die Einzelabschlüsse von kapitalmarktorientierter Kapitalgesellschaften (§ 264 Abs. 1 Satz 2 HGB) vorgeschrieben.

Sinn und Zweck des Eigenkapitalspiegels ist es, den Abschlussadressaten die detaillierten Begründungen für die Veränderung des Eigenkapitals eines Geschäftsjahres offenzulegen. Im Eigenkapitalspiegel wird gleichzeitig auch die Verwendung des Jahresüberschusses sichtbar, also die Einstellung in die Rücklagen bzw. die Ausschüttung.

Für Kapitalgesellschaften ist für die Rücklagenbestandteile jeweils ein gesonderter Nachweis ihrer Veränderungen während des Geschäftsjahres vorgeschrieben (§ 152 Abs. 2 und 3 AktG). Der Nachweis kann mit dem sogenannten Eigenkapitalspiegel erbracht werden. Der Eigenkapitalspiegel muss folgende gesetzliche Mindestanforderungen erfüllen:

Bilanzposten	Stand zu Beginn des GJ	Einstellungen in die Rücklagen			Entnahmen für das GJ	Stand zum Ende des GJ
		während des GJ	aus Bilanzgewinn des VJ	aus Jahresüberschuss		
A. Eigenkapital						
I. gezeichnetes Kapital						
II. Kapitalrücklage						
III. Gewinnrücklagen						
IV. Gewinn-/Verlustvortrag						
V. Jahresüberschuss/Jahresfehlbetrag						

Abb. 10.1: Aufbau eines Eigenkapitalspiegels

Eigene Notizen

Schritt 11: Prüfungs- und Offenlegungspflichten

Lernziele

Nach dem Studium dieses Kapitels werden Sie wissen, welche Anforderungen an die Offenlegung und Prüfung des Jahresabschlusses zu erfüllen sind.

11.1 Einführung

Einzelkaufleute und Personengesellschaften (GbR, PartG, OHG, KG, stille Gesellschaft) sind grundsätzlich nicht verpflichtet, ihren Jahresabschluss (Bilanz sowie Gewinn- und Verlustrechnung) prüfen zu lassen und offenzulegen. Sie können jedoch durch das Publizitätsgesetz (PublG) zur Prüfung und Offenlegung des Jahresabschlusses verpflichtet sein, wenn, für drei aufeinanderfolgende Bilanzstichtage, mindestens zwei der nachstehenden Größenmerkmale zutreffen:

- Bilanzsumme: mehr als 65 Mio. €
- Umsatzerlöse: mehr als 130 Mio. €
- Beschäftigung: mehr als 5.000 Arbeitnehmer

11.2 Kapitalgesellschaften und atypische Personengesellschaften

Kapitalgesellschaften und atypische Personengesellschaften (z. B. GmbH & Co KG) unterliegen nach HGB einer, entsprechend der Unternehmensgröße differenzierten, Publizitätspflicht.

Die Zuordnung zu den Größenklassen erfolgt, wenn an zwei aufeinanderfolgenden Abschlussstichtagen mindestens zwei der drei folgenden Merkmale bei Kleinstkapitalgesellschaften, bei kleinen, bei mittelgroßen und bei großen Kapitalgesellschaften erfüllt sind (vgl. § 267 HGB):

Kapitalgesellschaften und atypische Personengesellschaften	Bilanzsumme (abzüglich Fehlbetrag Aktivseite, § 268 Abs. 3 HGB)	Umsatzerlöse (Summe der 12 Monate vor Abschlussstichtag)	Anzahl der Arbeitnehmer (Jahresdurchschnitt)
kleinste	bis 0,35 Mio. €	bis 0,70 Mio. €	bis 10
kleine	bis 4,84 Mio. €	bis 9,86 Mio. €	bis 50
mittelgroße	bis 19,25 Mio. €	bis 38,50 Mio. €	51 bis 250
große	über 19,25 Mio. €	über 38,50 Mio. €	ab 251
große	kapitalmarktorientierte Kapitalgesellschaften (unabhängig von bestimmten Schwellenwerten)		

Abb. 11.1: Kategorisierung von Kapitalgesellschaften nach Größenklassen

Als **große Kapitalgesellschaften** gelten, unabhängig von der Größe, Kapitalgesellschaften, die **kapitalmarktorientiert** sind (§ 267 Abs. 3 HGB in Verbindung mit § 264d HGB).

Übungsaufgabe 11.1: Einteilung in Größenklassen für Kapitalgesellschaften

Nehmen Sie die Größenordnung der vier GmbHs A, B, C und D anhand der nachfolgenden Kriterien vor. Die Kriterien für das Jahr 01 sollen identisch mit den davorliegenden Jahren (Bilanzsumme, Umsatzerlöse und Arbeitnehmer) sein.

Geben Sie für die Jahre 01, 02 und 03 jeweils getrennt die Größenklasse der GmbH und die sich daraus ergebende Rechtsfolgenkategorie an. Ergänzen Sie bitte die nachfolgende Tabelle.

Jahr	Bilanzsumme	Umsatzerlöse	Arbeitnehmer	Größenklasse	Rechtsfolge
A GmbH					
01	4.960.000 €	5.450.000 €	52		
02	3.300.000 €	4.900.000 €	47		
03	3.250.000 €	5.800.000 €	50		
B GmbH					
01	13.450.000 €	38.300.000 €	240		
02	19.500.000 €	22.900.000 €	251		
03	20.600.000 €	39.300.000 €	255		
C GmbH					
01	19.750.000 €	28.500.000 €	252		
02	11.500.000 €	22.900.000 €	245		
03	20.700.000 €	40.000.000 €	280		
D GmbH					
01	2.600.000 €	5.800.000 €	42		
02	5.200.000 €	14.300.000 €	160		
03	19.450.000 €	41.000.000 €	290		

11.3 Aufstellungserleichterungen

Es bestehen folgende Aufstellungserleichterungen, in Abhängigkeit von den Größenklassen:

- Kleinstkapitalgesellschaften:
  - kein Lagebericht
  - kein Anhang (§ 264 Abs. 1 Satz 5 HGB)
  - verkürzte Bilanz, d. h. Posten nur mit Buchstaben (§ 266 Abs. 1 Satz 4 HGB)
  - verkürzte Gewinn- und Verlustrechnung (§ 275 Abs. 5 HGB)
- Kleine Kapitalgesellschaften:
  - kein Lagebericht
  - verkürzte Bilanz, d. h. nur Posten mit Buchstaben und römischen Zahlen (§ 266 Abs. 1 Satz 3 HGB)
  - kein Anlagenspiegel

- – verkürzte Gewinn- und Verlustrechnung (§ 276 HGB), GuV beginnt mit Rohergebnis
▦ Mittelgroße Kapitalgesellschaften:
- – verkürzte Gewinn- und Verlustrechnung (§ 276 HGB), GuV beginnt mit Rohergebnis

11.4 Prüfungspflichten

Je nach Einordnung in die entsprechende Größenklasse ergeben sich, für Kapitalgesellschaften und atypische Personengesellschaften, unterschiedliche Prüfungspflichten (§ 316 Abs. 1 HGB).

▦ **Kleinstkapitalgesellschaften und kleine** Kapitalgesellschaften unterliegen **keiner** Prüfungspflicht.

▦ **Mittelgroße** Kapitalgesellschaften **müssen** ihre Rechnungsunterlagen (Buchführung, Bilanz, GuV, Anhang, Lagebericht) durch einen **Abschlussprüfer** (vereidigter Buchprüfer, Wirtschaftsprüfer, Wirtschaftsprüfungsgesellschaft) prüfen lassen.

▦ **Große** Kapitalgesellschaften können ihre Rechnungsunterlagen **nur** durch einen **Wirtschaftsprüfer** oder eine **Wirtschaftsprüfungsgesellschaft** prüfen lassen (§ 319 Abs. 1 HGB).

Kapitalgesell-schaften	Prüfungspflichten des Jahresabschlusses				Abschlussprüfer
	Bilanz	GuV	Anhang	Lagebericht	
kleinste	nein	nein	nein	nein	nein
kleine	nein	nein	nein	nein	nein
mittelgroße	ja	ja	ja	ja	ja, WP/vBP bei GmbH
große	ja	ja	ja	ja	ja, nur WP

Abb. 11.2: Prüfungspflichten bei Kapitalgesellschaften und atypischen Personengesellschaften

11.5 Offenlegungspflicht nach § 267 HGB in Verbindung mit § 325 HGB

Kriterien	kleine Kapitalgesellschaft oder kleine PHG (i. S. d. § 264a HGB)	mittelgroße Kapitalgesellschaft oder mittelgroße PHG (i. S. d. § 264a HGB)	große Kapitalgesellschaft oder große PHG (i. S. d. § 264a HGB)
Aufstellungsfristen	6 Monate nach Bilanzstichtag	3 Monate nach Bilanzstichtag	3 Monate nach Bilanzstichtag
Frist für die Offenlegung	12 Monate nach Abschlussstichtag (4 Monate für börsennotierte Unternehmen)		
offenlegungspflichtige Unterlagen	▦ verkürzte Bilanz ▦ Anhang (ohne Angabe zur GuV) ▦ keine GuV (nur Jahresergebnis) ▦ kein Lagebericht ▦ keine Ergebnisverwendung	▦ Bilanz (leicht verkürzt) ▦ GuV verkürzt ▦ Anhang (verkürzt) ▦ Lagebericht ▦ Ergebnisverwendungsvorschlag ▦ Ergebnisverwendungsbeschluss ▦ Bestätigungsvermerk ▦ Aufsichtsratsbericht	▦ Bilanz ▦ GuV ▦ Anhang (ungekürzt) ▦ Lagebericht ▦ Ergebnisverwendungsvorschlag ▦ Ergebnisverwendungsbeschluss ▦ Bestätigungsvermerk ▦ Aufsichtsratsbericht
kapitalmarktorientierte Kapitalgesellschaften	▦ Nicht konzernierte Einzelgesellschaften müssen ihren Jahresabschluss um eine Kapitalflussrechnung und einen Eigenkapitalspiegel ergänzen; für die Segmentberichterstattung besteht ein Wahlrecht (§ 264 Abs. 1 HGB). ▦ Börsennotierte Aktiengesellschaften haben eine Erklärung zur Unternehmensführung abzugeben, die sich im Wesentlichen auf die Empfehlung des deutschen Corporate Governance Kodex (DCGK) bezieht (§ 289a HGB).		

Abb. 11.3: Offenlegungspflichten bei Kapital- und atypischen Personengesellschaften

Die Kleinstkapitalgesellschaften müssen nur die verkürzte Bilanz veröffentlichen.

Übungsaufgabe 11.2

Diese Aufgabe finden Sie unter www.uvk-lucius.de/schritt-fuer-schritt

Schritt 12: Bilanzpolitik

Lernziele

In diesem Kapitel wird aufgezeigt, welcher Spielraum bei der Bilanzerstellung besteht und in welcher Weise man diesen bilanzpolitischen Spielraum nutzen kann.

Sie lernen die Ziele und die Möglichkeiten der legalen Maßnahmen der Bilanzpolitik im Rahmen der Bilanzkosmetik kennen. Illegale Maßnahmen zur Bilanzmanipulation sollten Sie tunlichst unterlassen, denn dies stellt eine Wirtschaftsstraftat dar.

Sie werden beispielsweise den Unterschied zwischen Instandhaltungsaufwendungen und den nachträglichen Anschaffungs- oder Herstellungskosten verstehen.

Ferner werden Sie einen Überblick über die wichtigsten Ermessensspielräume der Bilanzpolitik erhalten. Die komplizierte Materie der Bilanzpolitik sollen Sie vollständig verstehen. Außerdem wirken sich alle Maßnahmen der Bilanzpolitik auf die Bilanzanalyse aus.

12.1 Einführung

Die Bilanzpolitik und der Gegenspieler, die Bilanzanalyse, stehen immer in einem Spannungsverhältnis. Dies ist aber gerade der Reiz der Bilanzpolitik. Denn einerseits möchte man durch die Bilanzpolitik ein bestimmtes Bild seines Unternehmens vermitteln, andererseits versuchen die Bilanzanalysten, eine möglichst reale Unternehmensdarstellung zu ermitteln. Daher stellt sich auch die Frage: Ist die Bilanzpolitik eigentlich überhaupt moralisch vertretbar oder ist Bilanzpolitik ein besserer Begriff für Bilanzmanipulation?

In diesem Kapitel wird insbesondere auf verschiedene Möglichkeiten und die Ermessensspielräume in der Bilanzpolitik eingegangen, denn diese sind nicht transparent und stellen somit in Hinblick auf eine Bilanzanalyse das erfolgreichste Mittel innerhalb der Bilanzpolitik dar.

12.2 Definitionen und Abgrenzungen

12.2.1 Bilanzpolitik

Unter Bilanzpolitik versteht man die bewusste und zielgerichtete Gestaltung der externen Rechnungslegung durch das Management, die im Rahmen der legalen Bilanzierungsnormen erfolgt.[70]

Der Begriff Bilanzpolitik umfasst alle legalen Maßnahmen, die der Bilanzierende innerhalb des Jahresabschlusses und Lageberichts ergreift, um die Informationen über die Vermögens-, Finanz- und Ertragslage des Unternehmens inhaltlich und/oder formal so zu gestalten, dass das Urteil des Bilanzlesers im Sinne des Bilanzerstellers beeinflusst und beim Bilanzleser bestimmte Reaktionen hervorgerufen bzw. vermieden werden. Bei der legalen Bilanzierungspolitik hält sich das Unternehmen strikt an die rechtlichen Vorschriften und bewegt sich so im rechtlich zulässigen

---

[70] Küting, K. & Weber, C.-P.: Die Bilanzanalyse, 2012, S. 33

Rahmen. **Bilanzierungswahlrechte**, **Wertansatzwahlrechte** und **Methodenwahlrechte** bieten Ansatzpunkte für die Bilanzpolitik.

Die folgende Tabelle listet Beispiele für legale Bilanzpolitik auf, mit denen die Höhe des Unternehmensergebnisses (Gewinn oder Verlust) und die Bilanzstruktur zielorientiert beeinflusst werden können.

Bilanzierungs-alternativen	Nutzung von Aktivierungs- und Passivierungswahlrechten	z. B. die Aktivierung des Disagios, die Bildung von aktiven latenten Steuern, oder die Zuführung von mehr als 1/15 bei der Unterbewertung der Pensionsrückstellungen
Bewertungs-alternativen	Nutzung von Bewertungswahlrechten und Bewertungsspielräumen	z. B. die Einbeziehung von Verwaltungskosten, Sozialkosten und der Fremdkapitalzinsen in die Herstellungskosten oder die Wahl der Abschreibungsmethode
Darstellungs-beeinflussungen	Aufgliederung von Abschlussposten	Aufstellung der GuV nach dem Gesamtkosten- oder Umsatzkostenverfahren
Gestaltung von Sachverhalten zur Ergebnisbeeinflussung	zeitliche Verlagerung von Geschäftsvorfällen	z. B. Verzögerung/Beschleunigung des Absatzes von Erzeugnissen zur Verschiebung der Gewinnrealisierung, Sale-and-lease-back
Gestaltung von Sachverhalten zur Darstellungsbeeinflussung	vorrangig durch Maßnahmen, die eine Veränderung der Kapitalstruktur und des Liquiditätsausweises erzielen	z. B. Ausweis von Ersatzteilen im Anlage- oder Vorratsvermögen

Abb. 12.1: Möglichkeiten im Rahmen der Bilanzpolitik

Wie man an dieser Tabelle erkennen kann, handelt es sich bei legalen Bilanzierungspraktiken um kleinere Tricks, wie man die Bilanz ein bisschen besser aussehen lassen kann. Jedes Unternehmen kann diese Tricks und Methoden anwenden, da sie komplett legal sind. Sie führen kurzfristig zu einem besseren Erscheinungsbild und werden in der Regel nach dem Bilanzstichtag wieder ausgeglichen.

12.2.2 Bilanzkosmetik

Die Bilanzkosmetik stellt in der Bilanzpolitik alle gesetzlich erlaubten Transaktionen vor dem Bilanzstichtag dar, um die Bilanz zu verschönern, indem man auf legalem Wege die Bilanz so verändert, dass die wirtschaftliche Lage des Unternehmens in einem besseren Licht dasteht.

Besonders in wirtschaftlich schwierigen Lagen und Krisensituationen wird der rechtlich zulässige Rahmen soweit wie möglich ausgedehnt und die Unternehmen geraten schnell in den sogenannten Grenzbereich. Beispiele hierfür sind das „Window Dressing" und Sachverhaltsgestaltung. „Window Dressing" bedeutet, dass eine „unschöne" Bilanz hübscher gemacht wird, um sie besser darzustellen. Die Wirkung ist nur kurzfristig und wird oft nach dem Bilanzstichtag wieder aufgehoben.

Maßnahmen des Window Dressings in Bezug auf den Bestand an liquiden Mitteln	Die Kreditaufnahme vor oder am Bilanzstichtag mit der Vereinbarung, diese Kredite unmittelbar nach dem Bilanzstichtag wieder zu tilgen. → Schönung der Liquiditätslage
Maßnahmen des Window Dressings in Bezug auf den Vorratsbestand	Verkauf von Vorräten an nichtverbundene Unternehmen bzw. der entsprechende Kauf und Rückkauf nach dem Bilanzstichtag. → Schönung der Bilanzstruktur durch einen Aktivtausch
Maßnahmen des Window Dressings in Bezug auf das Eigenkapital	Es werden Einlagen in das Eigenkapital geleistet, um nach dem Bilanzstichtag unter Verweis auf den Gesellschafterwillen wieder Entnahmen zu tätigen. → Schönung der Liquiditätslage

Abb. 12.2: Maßnahmen des „Window Dressings"

Maßnahmen, um gegebene Sachverhalte vor dem Bilanzstichtag zu verändern, stellen **Sachverhaltsgestaltungen** dar. Beispiele hierfür sind zeitliche Vor- oder Nachverlagerung von Geschäftsvorfällen zur Gewinnrealisierung bzw. der Gewinnverschiebung oder das Leasing anstatt eines Kaufes, sodass das Unternehmen die Bilanzsumme reduzieren kann.

12.2.3 Bilanzmanipulation

Sobald illegale Maßnahmen (hauptsächlich in Form von Scheingeschäften) zum Einsatz kommen, spricht man von Bilanzmanipulation. Dabei handelt es sich um Fälschung von Jahresabschlüssen und Finanzinformationen. Bei der illegalen Bilanzpolitik werden absichtlich oder unabsichtlich die Grenzen überschritten, d. h. es wird gegen Gesetze, Satzungen oder Grundsätze der ordnungsmäßigen Buchführung verstoßen.

Die folgende Tabelle listet einige Beispiele für illegale Bilanzpolitik auf.

Bewertungsdelikte	Über- bzw. Unterbewertung von Bilanzposten, z. B. die vorsätzliche Unterbewertung von Rückstellungen oder unterlassene außerplanmäßige Abschreibungen.
Nicht-Bilanzierung von Bilanzposten	Nicht- bzw. unvollständige Erfassung von aktivierungspflichtigen Aktiva und passivierungspflichtigen Passiva: z. B. die Nichterfassung von Verbindlichkeiten und Rückstellungen (Schuldentarnung).
Einstellen von nicht vorhandenen Posten in die Bilanz	Bildung imaginärer Aktiva oder Passiva: z. B. durch den Ausweis von nicht existenten Vorräten durch manuelle Fälschung von Bestandslisten.
Falschbenennung von Bilanzposten	Posten in der Bilanz werden unter einer Bezeichnung geführt, die dem Charakter des Postens nicht gerecht werden und für die Jahresabschlussadressaten irreführend sind.
unberechtigte Saldierung oder Unterlassung notwendiger Saldierungen	Diese verändern nicht das Jahresergebnis, führen aber zu einer willkürlichen Verkürzung oder Aufblähung der Bilanzsumme.

Abb. 12.3: Beispiele für illegale Bilanzpolitik

12.3 Ziele der Bilanzpolitik

Die Ziele der Bilanzpolitik leiten sich generell aus den übergeordneten Unternehmenszielen ab. Sie richten sich nach den wesentlichen Funktionen des Jahresabschlusses, der **Informationsfunktion** (Darstellung der wirtschaftlichen Lage) und der **Zahlungsbemessungsfunktion** (Ausschüttungspolitik und Steuerpolitik). Grundsätzlich muss es im Interesse jedes Unternehmens sein, den Jahresabschluss so zu gestalten, dass die Erwartungen der Stakeholder (Fremdkapitalgeber, Lieferanten, Kunden, Mitarbeiter, Eigenkapitalgeber etc.) bezüglich der wirtschaftlichen Situation weitestgehend erfüllt sind und ihnen eine gewünschte Vorstellung der Situation des Unternehmens vermittelt. Mithilfe der Bilanzpolitik können Sie beispielsweise:

- die Bildung von offenen und stillen Reserven steuern,
- das Eigenkapital sichern, erhalten und erweitern,
- die Selbstfinanzierung beeinflussen,
- die Liquidität verbessern,
- die Kreditwürdigkeit steigern,
- die Steuerbelastung verringern,
- den ausschüttungsfähigen Gewinn (Dividendenpolitik) beeinflussen,
- das Image der Unternehmensleitung beeinflussen,
- die erfolgsabhängige Vergütung des Managements steuern,
- das Meinungsbild in der Öffentlichkeit und bei den Mitarbeitern beeinflussen und
- die Offenlegungspflichten steuern.

Die bilanzpolitischen Ziele können vor allem durch Ausnutzung von Bilanzierungs- und Bewertungswahlrechten sowie Bewertungsspielräumen erreicht werden. Generell unterscheidet man zwischen Maßnahmen, die den Jahresabschluss tendenziell besser, und solche, die den Jahresabschluss ungünstiger darstellen.

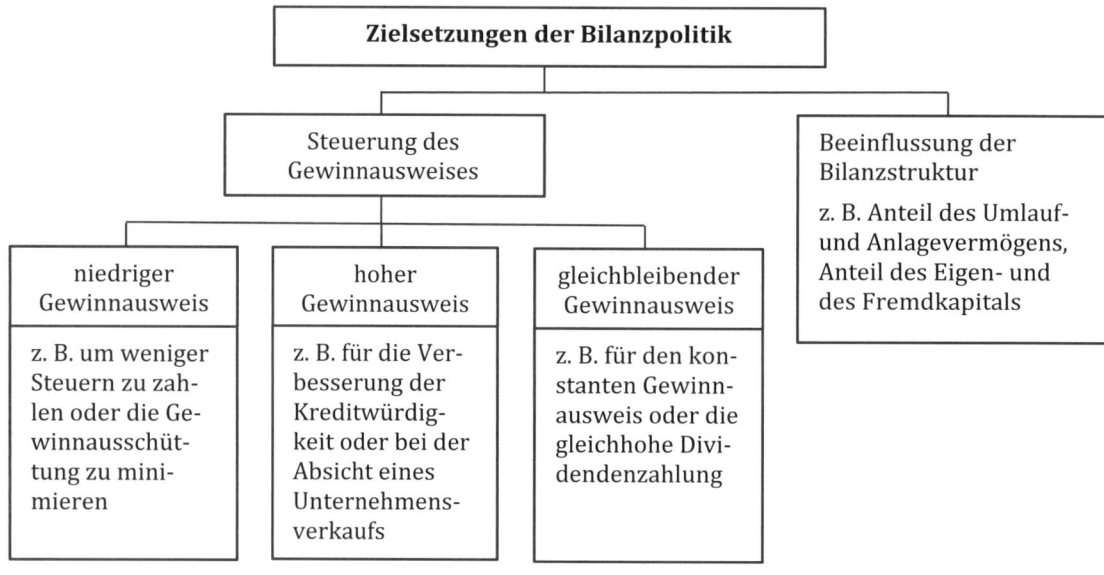

Abb. 12.4: Bilanzpolitische Ziele[71]

---

[71] In Anlehnung an: Hans-Böckler-Stiftung: Bilanzpolitik und Jahresabschlussanalyse, 2010, S. 6

Übungsaufgabe 12.1 und 12.2

Diese Aufgaben finden Sie unter www.uvk-lucius.de/schritt-fuer-schritt

12.3.1 Auswirkungen der Bilanzpolitik

Die Bilanzpolitik hat Auswirkungen auf die inhaltliche und formelle Gestaltung des Jahresabschlusses und des Lageberichts. Daraus ergeben sich insbesondere Folgen für:

- Ausschüttungen (Dividenden) an die Anteilseigner und Entnahmen der Inhaber,
- Tantiemen an das Management und Mitarbeiterprämien,
- Ertragsteuern,
- Form und Prüfung des Jahresabschlusses bzgl. der Größenklassen und
- Finanzierungsmöglichkeiten und deren Konditionen über das Banken-Rating.

12.3.2 Ziele einer progressiven Bilanzpolitik

Eine progressive Bilanzpolitik umfasst Maßnahmen, die eine ergebniserhöhende Wirkung haben und somit den Jahresabschluss tendenziell zu gut darstellen. Ein Grund für eine progressive Bilanzpolitik ist eine bessere Außenwirkung des Unternehmens. Dadurch erhofft sich die Unternehmensführung, Kunden und Lieferanten zu beeinflussen, um verstärkt Geschäftsbeziehungen mit ihnen eingehen zu können. Außerdem ist für die Zusammenarbeit mit den Banken eine positive Darstellung des Jahresabschlusses förderlich, sodass diese möglicherweise ihr Kreditengagement erhöhen oder erst beginnen. Auch können potenzielle Anteilseigner dazu ermutigt werden, Unternehmensanteile zu erwerben, denn diese sind an möglichst hohen Dividenden interessiert und somit auch an einem hohen Gewinn. Ferner werden Mitglieder der Geschäftsleitung oft erfolgsabhängig vergütet und profitieren daher von einer progressiven Bilanzpolitik.

12.3.3 Ziele einer konservativen Bilanzpolitik

Unter einer konservativen Bilanzpolitik versteht man die tendenziell ungünstigere Darstellung des Jahresabschlusses. Ziel dieser Maßnahmen ist es, einen möglichst geringen Gewinn auszuweisen. Dadurch können Steuerzahlungen und Gewinnausschüttungen verzögert oder reduziert werden. Ein weiterer Vorteil der sich durch die Anwendung von konservativer Bilanzpolitik ergibt, besteht in der möglichen Reduzierung von Publizitätspflichten, da das Unternehmen z. B. durch eine niedrigere Bewertung der Vermögensgegenstände, dadurch womöglich als „nächst kleinere" Kapitalgesellschaft eingestuft wird. Zudem ist die gewinnminimierende Darstellung der Bilanz ein Versuch, eine Übernahme durch Investoren zu verhindern. Außerdem kann durch eine konservative Bilanzpolitik Risikovorsorge betrieben werden, um durch die Bildung stiller Reserven Spielraum für eine Bilanzpolitik in den zukünftigen Jahren zu schaffen.[72]

12.3.4 Zielkonflikte der Bilanzpolitik und deren Lösung

Die Bilanzpolitik eines Unternehmens hat verschiedene Adressaten. Dadurch entstehen fast immer auch unterschiedliche Interessen und Ziele, die durch eine bestimmte Bilanzpolitik erfüllt werden sollen. Doch dies führt in der Realität schnell zu Konflikten zwischen den Anteilseignern und der Unternehmensleitung. Aus einem hohen Gewinn resultiert zwar eine verbesserte Außenwirkung, um Fremdkapitalgeber zu beeindrucken, allerdings führt ein hoher Gewinn auch zu

---

[72] Brösel, G.: Bilanzanalyse, 2014, S. 88f.

höheren Steuerzahlungen und eventuell auch zu Forderungen von Mitarbeitern nach Gehaltserhöhungen. Daher muss die Unternehmensleitung eine Kompromisslösung finden. Dies kann durch Präferenzbildung erfolgen, sodass eine Gewichtung nach der Dringlichkeit der Ziele vorgenommen wird. Eine weitere Methode ist die Durchschnittsbildung. Hierbei versucht die Geschäftsführung, allen Adressaten wenigstens teilweise zu entsprechen. Diese Strategie wird angewandt, wenn kein Ziel vernachlässigt werden darf, die Ziele aber in Konflikt zueinander stehen. Eine weitere häufig angewandte Strategie ist die Gewinnglättung, denn zu hohe Ergebnisse führen zu hohen Steuer- und Dividendenzahlungen, während dauerhaft niedrige Ergebnisse das Erscheinungsbild zu stark verschlechtern, sodass sich Fremdkapitalgeber oder auch Kunden von der Unternehmung abwenden.[73]

12.4 Instrumente der Bilanzpolitik

Zur gesetzeskonformen Gestaltung des Jahresabschlusses existieren zum einen die **sachverhaltsgestaltenden** und zum anderen die **sachverhaltsabbildenden Maßnahmen** der Bilanzpolitik.

Mit den **sachverhaltsgestaltenden Maßnahmen** werden insbesondere vier Ziele verfolgt:

- Gewinnminderung,
- Gewinnerhöhung,
- Minderung der Bilanzsumme und
- Beeinflussung der Bilanzstruktur.

Sachverhaltsgestaltungen zur Gewinnminderung

- Vorziehen von Maßnahmen, die zu Aufwand führen (z. B. Instandhaltungsmaßnahmen, Werbemaßnahmen, Beratungsleistungen etc.),
- beschleunigte Anschaffung von Anlagegütern, damit höhere Abschreibungen genutzt werden können,
- Verzögerung von Warenauslieferungen in das nächste Geschäftsjahr,
- Anschaffung von geringwertigen Wirtschaftsgütern,
- Erteilung von Pensionszusagen und
- Beginn von Verlustaufträgen (wegen der verlustfreien Bewertung wird der Verlust zumindest teilweise steuerwirksam).

Sachverhaltsgestaltungen zur Gewinnerhöhung

- Steigerung der Umsatzleistung (Umsätze aus Gewinnaufträgen), d. h. durch das Vorziehen von ursprünglich für das nächste Geschäftsjahr geplanten Lieferungen können Umsatzerlöse generiert werden,
- Verkauf von Wertpapieren, deren aktueller Börsenkurs über den Anschaffungskosten liegt,
- Verkauf von Anlagevermögen über dem Buchwert, um Buchgewinne zu erzielen,
- Veräußerung von Vorratsbeständen mit Gewinn und
- durch Hinausschieben von Investitionen werden auch die damit verbundenen aufwandswirksamen Abschreibungen verschoben.

---

[73] Küting, K. & Weber, C.-P.: Bilanzanalyse, 2012, S. 37f.

Sachverhaltsgestaltungen zur Minderung der Bilanzsumme

▣ Verrechnung (Saldierung) von Forderungen mit Verbindlichkeiten im gesetzlich zulässigen Rahmen,

▣ Vorabausschüttungen,

▣ Sale-and-lease-back (mit der Tilgung von Verbindlichkeiten aus dem Verkaufspreis),

▣ Factoring (Verkauf von Forderungen), dabei wird das Geld zur Begleichung von Verbindlichkeiten genutzt, und

▣ Ausgliederung von Teilbereichen des Unternehmens.

Sachverhaltsgestaltungen zur Beeinflussung der Bilanzstruktur

▣ Verbesserung der Kapitalstruktur durch Umfinanzierung von kurzfristigem in langfristiges Fremdkapital,

▣ bei Saisonunternehmen kann die Bilanzstruktur durch bewusste Wahl eines Bilanzstichtages außerhalb oder innerhalb der Hochsaison beeinflusst werden. Die Hochsaison kann Auswirkungen z. B. auf die Höhe der Forderungen oder die Höhe der Vorräte und der liquiden Mittel haben,

▣ bei Zahlung von fälligen Verbindlichkeiten nach dem Bilanzstichtag sind die liquiden Mittel und die Verbindlichkeiten höher als bei fristgerechter Bezahlung,

▣ Aufnahme von Krediten kurz vor dem Bilanzstichtag mit der Vereinbarung, diese kurz nach dem Bilanzstichtag wieder zu tilgen. Dies führt zu höheren liquiden Mitteln und höheren Verbindlichkeiten,

▣ durch Einlagen in das Eigenkapital kurz vor dem Bilanzstichtag, mit dem Ziel, kurz nach dem Bilanzstichtag Entnahmen vorzunehmen, werden die Höhe des Eigenkapitals und die Eigenkapitalquote positiv beeinflusst.

Die **sachverhaltsabbildende Bilanzpolitik** bezieht sich nur auf die tatsächlichen Verhältnisse zum Bilanzstichtag und demnach auf die Maßnahmen nach dem Bilanzstichtag. Bei der **Sachverhaltsabbildung** unterscheidet man üblicherweise zwischen der **materiellen** und der **formellen Bilanzpolitik**. Zur **formellen Bilanzpolitik** zählen die Gliederung der Bilanz, der Ausweis (die Platzierung der jeweiligen Posten im Jahresabschluss), die Bilanzstruktur (beispielsweise die Kapital- und Vermögensstruktur) und die Erläuterungen, z. B. im Anhang oder im Lagebericht. Die formelle Bilanzpolitik untergliedert man in Ausweis-, Gliederungs- und Erläuterungswahlrechte. Dagegen befasst sich die **materielle Bilanzpolitik** mit dem Ansatz und der Bewertung von einzelnen Posten im Jahresabschluss.

Die folgende Abbildung zeigt die Instrumente und Methoden der Bilanzpolitik.

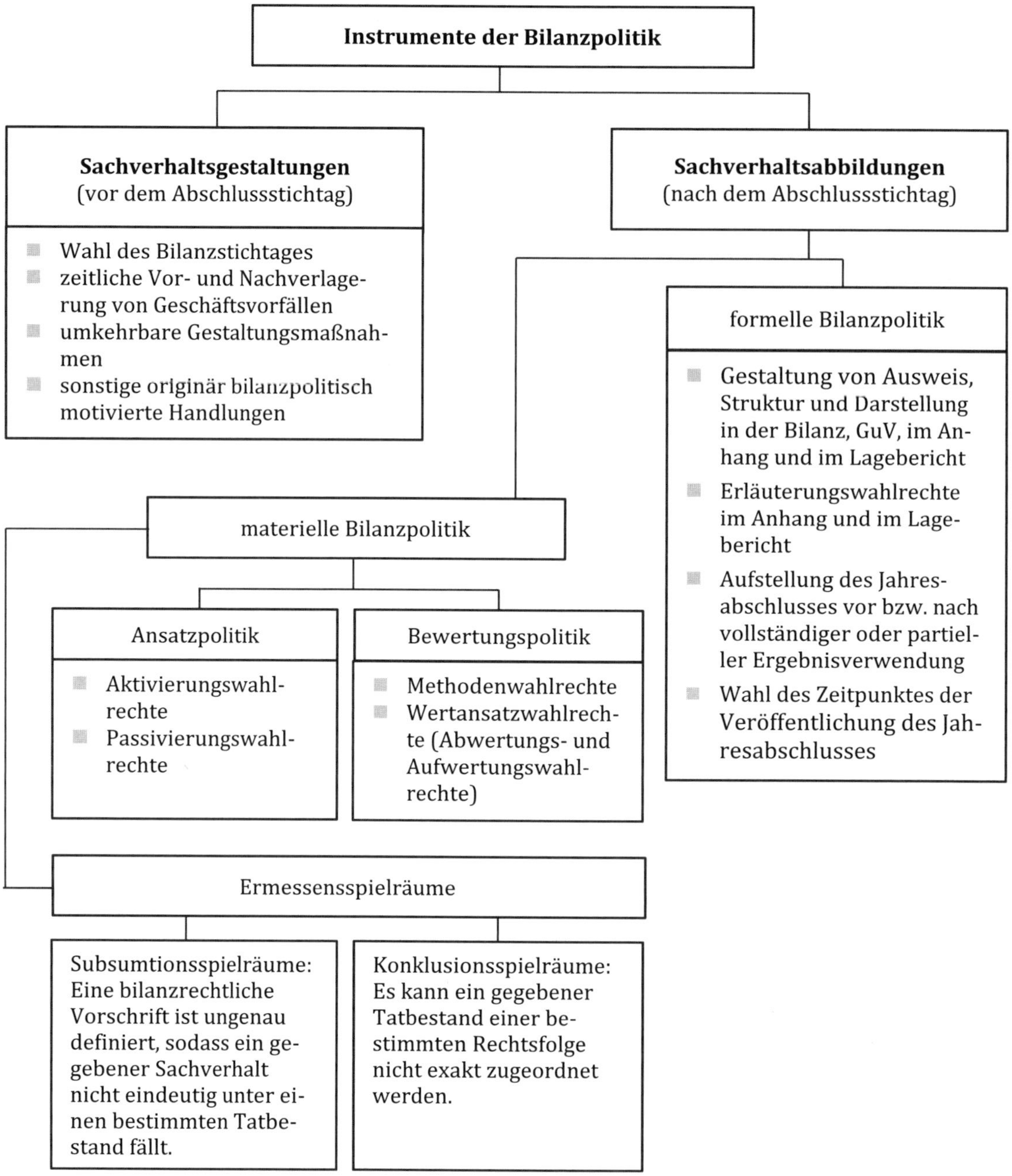

Instrumente der Bilanzpolitik

Sachverhaltsgestaltungen
(vor dem Abschlussstichtag)

- Wahl des Bilanzstichtages
- zeitliche Vor- und Nachverlagerung von Geschäftsvorfällen
- umkehrbare Gestaltungsmaßnahmen
- sonstige originär bilanzpolitisch motivierte Handlungen

Sachverhaltsabbildungen
(nach dem Abschlussstichtag)

formelle Bilanzpolitik

- Gestaltung von Ausweis, Struktur und Darstellung in der Bilanz, GuV, im Anhang und im Lagebericht
- Erläuterungswahlrechte im Anhang und im Lagebericht
- Aufstellung des Jahresabschlusses vor bzw. nach vollständiger oder partieller Ergebnisverwendung
- Wahl des Zeitpunktes der Veröffentlichung des Jahresabschlusses

materielle Bilanzpolitik

Ansatzpolitik

- Aktivierungswahlrechte
- Passivierungswahlrechte

Bewertungspolitik

- Methodenwahlrechte
- Wertansatzwahlrechte (Abwertungs- und Aufwertungswahlrechte)

Ermessensspielräume

Subsumtionsspielräume:
Eine bilanzrechtliche Vorschrift ist ungenau definiert, sodass ein gegebener Sachverhalt nicht eindeutig unter einen bestimmten Tatbestand fällt.

Konklusionsspielräume:
Es kann ein gegebener Tatbestand einer bestimmten Rechtsfolge nicht exakt zugeordnet werden.

Abb. 12.5: Instrumente zur Erreichung der bilanzpolitischen Ziele[74]

Übungsaufgabe 12.3

Diese Aufgabe finden Sie unter www.uvk-lucius.de/schritt-fuer-schritt

---

[74] In Anlehnung an: Hans-Böckler-Stiftung: Bilanzpolitik und Jahresabschlussanalyse, 2010, S. 6

12.5 Abgrenzung zwischen Wahlrechten und Ermessensspielräumen

Bei den darstellungsgestaltenden Instrumenten unterscheidet man zwischen expliziten Wahlrechten, impliziten (faktischen) Wahlrechten und Ermessensspielräumen. Dabei nimmt in dieser Reihenfolge die gesetzliche/normative Konkretisierung ab.

12.5.1 Explizite Wahlrechte

Explizite Wahlrechte werden vom Gesetzgeber ausdrücklich eingeräumt und sind durch Formulierungen wie „kann/können", „darf/dürfen" bzw. „oder" kenntlich gemacht. Sie sind bei der HGB-Rechnungslegung explizit genannte Handlungsalternativen und werden auch als gesetzliche Wahlrechte bezeichnet. Zu den expliziten Wahlrechten gehören die Aktivierungs-, die Passivierungs-, die Ausweis-, die Bewertungs- und die Ansatzwahlrechte. Nachfolgend werden die expliziten Wahlrechte der Bilanzpolitik exemplarisch dargestellt.

Bilanzierungsansatzwahlrechte nach HGB	Rechtsgrundlage
Aktivierungswahlrechte	
selbstgeschaffene immaterielle Vermögensgegenstände des Anlagevermögens	§ 248 Abs. 2 Satz 1 HGB i. V. m. § 255 Abs. 2a HGB
Disagio (aktiver Rechnungsabgrenzungsposten)	§ 250 Abs. 3 HGB
aktive latente Steuern	§ 274 Abs. 1 Satz 2 HGB
Passivierungswahlrechte	
Pensionsrückstellungen – unmittelbare Zusagen vor dem 01.01.1987 und mittelbare Zusagen	Art. 28 Abs. 1 EGHGB
Wertaufholungsrücklage	§ 58 Abs. 2a AktG, § 29 Abs. 4. GmbHG
Bewertungswahlrechte nach HGB	**Rechtsgrundlage**
Wertansatzwahlrechte	
außerplanmäßige Abschreibungen (auf den niedrigeren beizulegenden Wert) bei Finanzanlagen bei nur vorübergehender Wertminderung	§ 253 Abs. 3 Satz 4 HGB
Methodenwahlrechte	
Einzel-, Gruppen-, Festbewertung, Verbrauchsfolgeverfahren (Lifo- und Fifo-Methode)	§ 256 HGB i. V. m. §240 Abs. 3 u. 4 HGB
Ermittlung der Herstellungskosten	§ 255 Abs. 2 u. 3 HGB
Abschreibungsmethoden (z. B. linear, degressiv oder leistungsbezogen)	§ 253 Abs. 3 u. 4 HGB
Ermittlung des beizulegenden Zeitwerts	§ 255 Abs. 4 HGB

Abb. 12.6: Bewertungswahlrechte nach HGB

12.5.1.1 Bilanzielle und erfolgswirksame Auswirkung des Aktivierungswahlrechts

Die Aktivierung von zusätzlichen Vermögensgegenständen in der Bilanz führt zu einem höheren Vermögensausweis und somit zu einer höheren Bilanzsumme und dementsprechend zu einem höheren Eigenkapital. Gleichzeitig führt die Aktivierung zu einem niedrigeren Aufwand und somit zu einem höheren Gewinnausweis.[75]

---

[75] Hans-Böckler-Stiftung: Bilanzpolitik und Jahresabschlussanalyse, 2010, S. 10

Das folgende Schaubild zeigt die bilanzielle Auswirkung des Aktivierungswahlrechts.

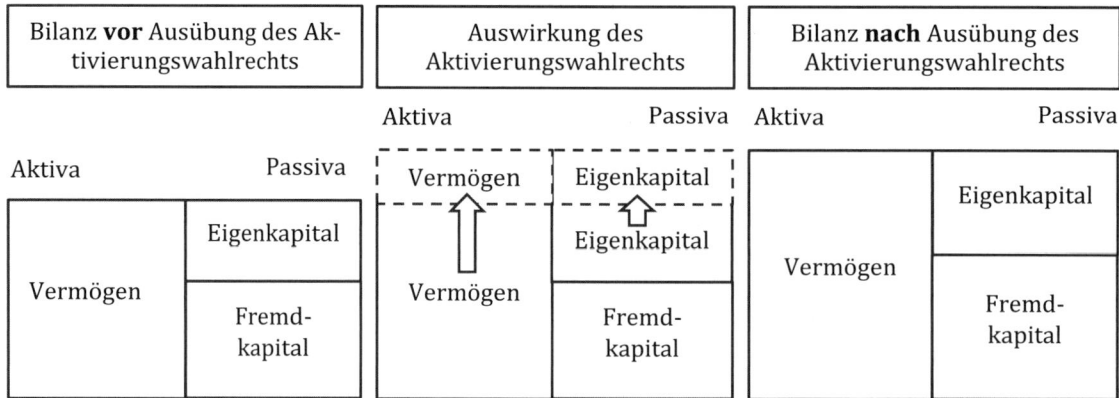

Abb. 12.7: Auswirkung des Aktivierungswahlrechts auf die Bilanz[76]

Merke: Aktivierungswahlrecht

Durch die Nutzung des Wahlrechts zur Aktivierung von selbst geschaffenen immateriellen Vermögensgegenständen des Anlagevermögens (z. B. Entwicklungskosten) wird in der Bilanz ein höheres Anlagevermögen ausgewiesen. Dies führt im Jahr der Aktivierung zu einem höheren Gewinnausweis. Aber in den Folgejahren führen die Abschreibungen auf den Vermögensgegenstand zu einer Minderung des jährlichen Gewinns.

Das folgende Schaubild zeigt die erfolgswirksame Auswirkung des Aktivierungswahlrechts.

Abb. 12.8: Auswirkung des Aktivierungswahlrechts auf die GuV[77]

---

[76] In Anlehnung an: Hans-Böckler-Stiftung: Bilanzpolitik und Jahresabschlussanalyse, 2010, S. 10

12.5.1.2 Bilanzielle und erfolgswirksame Auswirkung des Passivierungswahlrechts

Die Passivierung zusätzlicher Schulden, in der Regel Rückstellungen führt zu einem geringeren Eigenkapital (bilanzielle Wirkung), einem höheren Aufwand und somit zu einem geringeren Gewinn.

Das folgende Schaubild zeigt die bilanzielle des Passivierungswahlrechts.

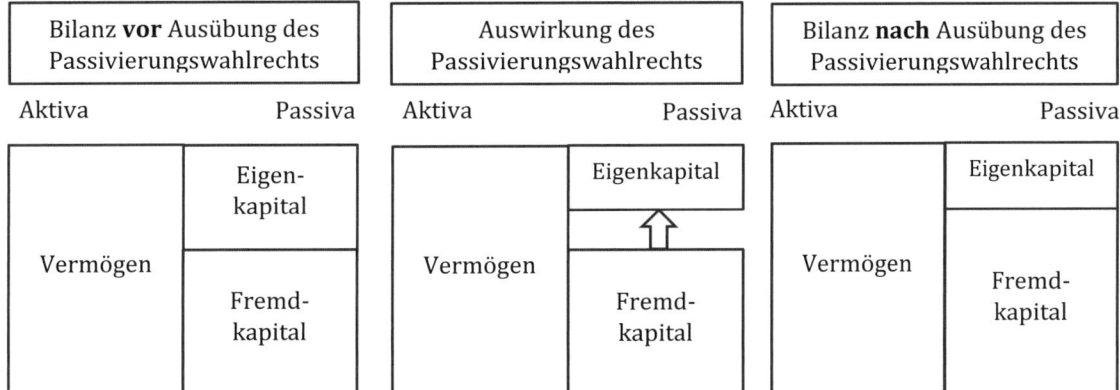

Abb. 12.9: Auswirkung des Passivierungswahlrechts auf die Bilanz[78]

Merke: **Passivierungswahlrecht**

Die Passivierung von Pensionsverpflichtungen nach Art. 28 EGHGB führt zu einem höheren Ansatz der Schulden und wirkt sich mindern auf den Gewinn aus.

Das folgende Schaubild zeigt die erfolgswirksame Auswirkung des Passivierungswahlrechts.

---

[77] In Anlehnung an: Hans-Böckler-Stiftung: Bilanzpolitik und Jahresabschlussanalyse, 2010, S. 11
[78] In Anlehnung an: Hans-Böckler-Stiftung: Bilanzpolitik und Jahresabschlussanalyse, 2010, S. 11

Auswirkung des Passivierungswahlrechts auf die GuV

GuV **vor** Ausübung des Passivierungswahlrechts	Auswirkung des Aktivierungswahlrechts	GuV **nach** Ausübung des Aktivierungswahlrechts

Aufwand · · · · · · · Ertrag   Aufwand · · · · · · · Ertrag   Aufwand · · · · · · · Ertrag

Aufwand Gewinn	Ertrag (Umsatz)	Aufwand Aufwand ⇩ Gewinn	Ertrag (Umsatz)	Aufwand Gewinn	Ertrag (Umsatz)

Abb. 12.10: Auswirkung des Passivierungswahlrechts auf die GuV[79]

Übungsaufgabe 12.4: Bilanzierungswahlrechte

Entscheiden Sie, ob Sie die folgenden Wahlrechte wahrnehmen (w) oder darauf verzichten (v) würden, um das angestrebte Ziel (Erfolgsausweis) zu erreiche.

Wahlrechte \ gewünschter Erfolgsausweis	hoher Gewinn	niedriger Gewinn
Aktivierungswahlrechte		
Passivierungswahlrechte		

12.5.1.3 Bewertungswahlrechte

Die Bewertungswahlrechte ermöglichen dem Bilanzierenden einen Ermessensspielraum, denn es geht um die Frage, **mit welchem Wertansatz** die in der Bilanz erfassten Posten ausgewiesen werden. Falls der Bilanzierende eine Bilanzpolitik mit einem niedrigen Gewinnausweis verfolgt, so erfordert dies einen niedrigeren Wertansatz bei den Vermögensgegenständen und einen höheren Wertansatz bei den Schulden (Rückstellungen). Falls der Bilanzierende einen hohen Gewinn ausweisen möchte, so ist die Vorgehensweise genau umgekehrt.

Bei den Bewertungswahlrechten haben die **planmäßigen Abschreibungen** auf Gegenstände des abnutzbaren Anlagevermögens eine große Bedeutung. Denn die Vermögensgegenstände des Anlagevermögens werden gemäß § 253 Abs. 1 Satz 1 HGB mit den fortgeführten Anschaffungs- oder Herstellungskosten, d. h., vermindert um die Abschreibungen ausgewiesen.

Die Höhe der planmäßigen Abschreibung, bezogen auf die Anschaffungs- oder Herstellungskosten, wird beeinflusst durch:

---

[79] In Anlehnung an: Hans-Böckler-Stiftung: Bilanzpolitik und Jahresabschlussanalyse, 2010, S. 12

- die Festlegung der **Nutzungsdauer:** je kürzer die Nutzungsdauer, desto höher die Abschreibung,
- die **Abschreibungsmethode**: linear, degressiv oder leistungsbezogen,
- die Wahl einer **Vereinfachungsmethode**: Sofortabschreibung von GWG oder Sammelposten.

Bestimmung der Nutzungsdauer

Gestaltungsspielräume ergeben sich vor allem dadurch, dass im Handelsrecht, im Vergleich zum Steuerrecht, das mit den AfA-Tabellen (AfA = Absetzung für Abnutzung) für jedes Wirtschaftsgut eine Nutzungsdauer vorgibt, keine bestimmte **Nutzungsdauer** vorgegeben wird. Das folgende Beispiel zeigt, welch großen Einfluss die Nutzungsdauer auf die Höhe der Abschreibung hat.

Beispiel: Einfluss der Nutzungsdauer auf die Abschreibungshöhe

Ein Unternehmen hat einen abnutzbaren Vermögensgegenstand mit Anschaffungskosten in Höhe von 300.000 € im Januar des Geschäftsjahres 01 gekauft. Die Nutzungsdauer des Vermögensgegenstandes wird im Fall a) auf fünf Jahre und im Fall b) auf zwölf Jahre geschätzt. Der Vermögensgegenstand wird linear abgeschrieben.

Im Folgenden sehen Sie die Auswirkungen auf die Bilanz und die GuV mit unterschiedlichen Nutzungsdauern. Das Eigenkapital zu Beginn des Geschäftsjahres 01 betrug 200.000 €.

Fall a): Jahresabschluss bei einer linearen Abschreibung über fünf Jahre.

Aktiva		Bilanz zum 31.12.01 (in €)	Passiva	
Anlagevermögen	300.000		Eigenkapital	190.000
minus Abschreibungen	- 60.000	240.000		
weitere Aktiva		360.000	Fremdkapital	410.000
		600.000		600.000

Gewinn- und Verlustrechnung für die Zeit vom 01.01. bis 31.12.01 (in €)			
Abschreibungen	60.000	Erträge	900.000
weitere Aufwendungen	850.000		
		Verlust (Jahresfehlbetrag)	**10.000**
	910.000		910.000

Fall b): Jahresabschluss bei einer linearen Abschreibung über zwölf Jahre.

Aktiva		Bilanz zum 31.12.01 (in €)	Passiva	
Anlagevermögen	300.000		Eigenkapital	225.000
minus Abschreibungen	-25.000	275.000		
weitere Aktiva		360.000	Fremdkapital	410.000
		635.000		635.000

Gewinn- und Verlustrechnung für die Zeit vom 01.01. bis 31.12.01 (in €)			
Abschreibungen	25.000	**Erträge**	900.000
weitere Aufwendungen	850.000		
Gewinn (Jahresüberschuss)	**25.000**		
	900.000		900.000

Wahl der Abschreibungsmethode

Bei der **linearen Abschreibung** werden die Anschaffungs- oder Herstellungskosten in jeweils gleichen Jahresbeträgen über die Nutzungsdauer verteilt. Dagegen wird bei der geometrisch-degressiven Abschreibung ein gleichbleibender Prozentsatz vom Restbuchwert angesetzt. Weitere Ausführungen finden Sie im Buch „Buchführung Schritt für Schritt" Kapitel 9.1.3 S. 152 ff.

Beispiel: Einfluss der **Abschreibungsmethode** auf die Abschreibungshöhe

Ein Unternehmen hat einen abnutzbaren Vermögensgegenstand mit Anschaffungskosten in Höhe von 300.000 € im Januar des Geschäftsjahres 01 gekauft. Die Nutzungsdauer des Vermögensgegenstands beträgt 10 Jahre. Im Fall a) wird linear und im Fall b) wird geometrisch-degressiv mit 25 % abgeschrieben.

Im Folgenden sehen Sie die Auswirkungen auf die Bilanz und die GuV mit den unterschiedlichen Abschreibungsverfahren. Das Eigenkapital zu Beginn des Geschäftsjahres 01 betrug 200.000 €.

Fall a): Jahresabschluss bei einer linearen Abschreibung über zehn Jahre.

Aktiva		Bilanz zum 31.12.01 (in €)	Passiva	
Anlagevermögen	300.000		Eigenkapital	220.000
minus Abschreibungen	-30.000	270.000		
weitere Aktiva		360.000	Fremdkapital	410.000
		630.000		630.000

Gewinn- und Verlustrechnung für die Zeit vom 01.01. bis 31.12.01 (in €)			
Abschreibungen	30.000	Erträge	900.000
weitere Aufwendungen	850.000		
Gewinn (Jahresüberschuss)	**20.000**		
	900.000		900.000

Fall b): Jahresabschluss bei einer geometrisch-degressiven Abschreibung über zwölf Jahre.

Aktiva		Bilanz zum 31.12.01 (in €)	Passiva	
Anlagevermögen	300.000		Eigenkapital	175.000
minus Abschreibungen	-75.000	225.000		
weitere Aktiva		360.000	Fremdkapital	410.000
		585.000		585.000

Gewinn- und Verlustrechnung für die Zeit vom 01.01. bis 31.12.01 (in €)			
Abschreibungen	75.000	Erträge	900.000
weitere Aufwendungen	850.000		
		Verlust (Jahresfehlbetrag)	**25.000**
	925.000		925.000

> **Merke**
>
> ▪ Bei einer kurzen Nutzungsdauer ist die Abschreibung höher und mindert das Ergebnis.
>
> ▪ Bei einer langen Nutzungsdauer ist die Abschreibung niedriger und erhöht das Ergebnis.
>
> ▪ Die degressive Abschreibung führt in den ersten Jahren einen höheren Abschreibungsbeträgen und mindert das Ergebnis.
>
> ▪ Die lineare Abschreibung führt in den ersten Jahren zu niedrigeren Abschreibungsbeträgen im Vergleich zur degressiven Abschreibung und maximiert das Ergebnis.

12.5.1.4 Bewertung der Vorräte

Es gilt zwar für die Bewertung des Rohstoff- und Warenlagers der Grundsatz der Einzelbewertung, jedoch hat der Gesetzgeber bei gleichartigen Vermögensgegenständen des Vorratsvermögens **Bewertungsvereinfachungen** zugelassen. Neben der Gruppenbewertung nach dem gewogenen Durchschnitt sind auch die Verbrauchsfolgeverfahren der Lifo- und Fifo-Methode erlaubt.

Je nach Preisentwicklung der Vorräte können durch die Bewertungsmethode stille Reserven gebildet werden.

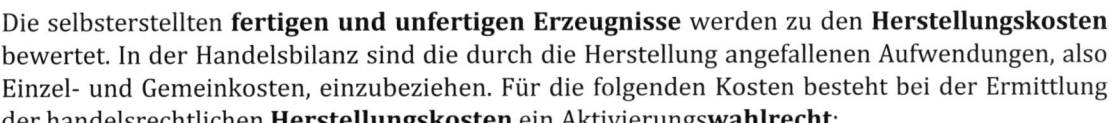

> **Merke: Verbrauchsfolgeverfahren**
>
> Bei steigenden Einkaufpreisen führt die Bewertung nach der Lifo-Methode zu einem niedrigeren Ansatz des Vermögens (Bildung von stillen Reserven) und wirkt sich somit ergebnismindernd aus.

Die selbsterstellten **fertigen und unfertigen Erzeugnisse** werden zu den **Herstellungskosten** bewertet. In der Handelsbilanz sind die durch die Herstellung angefallenen Aufwendungen, also Einzel- und Gemeinkosten, einzubeziehen. Für die folgenden Kosten besteht bei der Ermittlung der handelsrechtlichen **Herstellungskosten** ein Aktivierungs**wahlrecht**:

▪ Kosten für die allgemeine Verwaltung (nicht herstellungsbezogen),

▪ Aufwendungen für soziale Einrichtungen des Betriebs,

▪ Aufwendungen für freiwillige soziale Leistungen,

▪ Aufwendungen für die betriebliche Altersversorgung und

▪ Zinsaufwendungen (soweit sie auf den Zeitraum der Herstellung entfallen).

Durch diese Wahlrechte steht eine gewisse bilanzpolitische Manövriermasse zur Verfügung, d. h. es kann eine höhere oder eine niedrigere Bewertung der Erzeugnisse erfolgen und somit ein höheres oder niedrigeres Ergebnis ausgewiesen werden.

> **Merke: Herstellungskosten**
> Werden die selbst erstellten Erzeugnisse mit der Wertobergrenze der Herstellungskosten bewertet, so erfolgt ein höherer Wertansatz des Vermögens. Dies führt zu einem höheren Ergebnis.

Übungsaufgabe 12.5

Diese Aufgabe finden Sie unter www.uvk-lucius.de/schritt-fuer-schritt

12.5.2   Implizite Wahlrechte

Implizite (faktische) Wahlrechte sind im Gesetz nicht explizit aufgeführt, vielmehr handelt es sich um Ausgestaltungsmöglichkeiten innerhalb einer vorgeschriebenen Norm. Dies bedeutet, dass bei diesem Wahlrecht ein verdecktes Wahlrecht vorliegt. Der Gesetzgeber gibt gewisse Gebote und Verbote vor. Allerdings entstehen für die Bilanzierenden Spielräume in der Auslegung von weitgefassten Bilanzierungsnormen und unbestimmter Rechtsbegriffe. Daraus ergeben sich Bilanzansatzwahlrechte und Bewertungswahlrechte, die die Bilanzanalyse erschweren.

12.5.3   Ermessensspielräume

Neben den expliziten und impliziten Wahlrechten hat der Bilanzierende auch Ermessensspielräume. Ermessensspielräume ergeben sich immer dann, wenn durch die jeweilige Rechnungslegungsnorm der Ansatz oder die Bewertung von Vermögenswerten oder Schulden geregelt ist, die Voraussetzungen oder Methode zur Bestimmung von Ansatz oder Bewertung jedoch offenbleiben.[80] Dem Bilanzierenden wird so die Entscheidung über den genauen Wertansatz innerhalb einer für möglich erachteten Bandbreite von Ansätzen überlassen.

12.5.3.1   Außerplanmäßige Abschreibungen

Jeder Gegenstand des abnutzbaren Anlagevermögens wird planmäßig über die Nutzungsdauer abgeschrieben. Es kann jedoch der Fall eintreten, dass sich für einen abnutzbaren Vermögensgegenstand aufgrund von Änderungen der Abnutzung oder des Wiederbeschaffungswertes ein neuer Abschreibungswert ergibt. Daher besteht die Möglichkeit, diesen Gegenstand außerplanmäßig auf den niedrigeren Wert abzuschreiben, wenn die unerwartete Wertminderung voraussichtlich von Dauer ist. Bei Finanzanlagen darf eine außerplanmäßige Abschreibung auch bei voraussichtlich nicht dauernder Wertminderung durchgeführt werden (§ 253 Abs. 3 Satz 3 und 4 HGB).[81] Dagegen sind außerplanmäßige Abschreibungen bei Anlagevermögen für eine voraussichtlich nicht dauernde Wertminderung unzulässig.

Für die Unternehmen stellt sich regelmäßig die Frage: Ist die Wertminderung dauerhaft oder nur vorübergehend? Dadurch ergibt sich für die Unternehmen ein entsprechender Gestaltungsspielraum. Je nach Argumentation kann man teilweise die Wertminderung als dauerhaft oder als vorübergehend einschätzen. Der Bilanzersteller wird je nach Zielsetzung die Auslegung in seinem Sinne steuern.

Möchte der Bilanzierende das Ergebnis mindern, so sind hohe außerplanmäßige Abschreibungen zu empfehlen. Ist der Bilanzierende an einem hohen Ergebnisausweis interessiert, so wird er

---

[80] Vgl. Küting, K., Weber, C.-P.: Bilanzanalyse, 2012, S. 41

[81] Vgl. http://www.boeckler.de/pdf/mbf_bilanzpolitik_ja-analyse_kapitel2.pdf

seine Argumentation so aufbauen, um eine Abwertung (außerplanmäßige Abschreibung) möglichst zu vermeiden.

Falls die Ursache für eine außerplanmäßige Abschreibung nicht mehr vorhanden ist, so liegt handels- und steuerrechtlich ein **Wertaufholungsgebot** bis maximal zu den theoretisch fortgeführten Anschaffungs- oder Herstellungskosten vor. Einzige Ausnahme ist der derivative Geschäfts- oder Firmenwert. Hier besteht ein Wertaufholungsverbot. Wird eine Wertaufholung vorgenommen, so werden stille Reserven aufgelöst und das Ergebnis verbessert sich.

> **Merke**
>
> Bei einer hohen außerplanmäßigen Abschreibung verringert sich zum einen das Vermögen und zum anderen das Ergebnis.
>
> Niedrige außerplanmäßige Abschreibungen verringern das Vermögen nur minimal und dienen dem Ziel der Maximierung des Unternehmensergebnisses.

12.5.3.2 Zuordnung der Wertpapiere im Anlage- oder Umlaufvermögen

Für die Bewertung der Vermögensgegenstände des **Umlaufvermögens** gilt das **strenge Niederstwertprinzip**, d. h. es muss immer auf den niedrigeren Wert abgeschrieben werden. Dagegen gilt beim Anlagevermögen das gemilderte Niederstwertprinzip. In diesen Fall muss auf den niedrigeren Wert nur dann abgeschrieben werden, wenn die Wertminderung voraussichtlich von Dauer ist. Bei den Finanzanlagen besteht ein Wahlrecht, wodurch eine außerplanmäßige Abschreibung auch bei einer voraussichtlich nicht dauernden Wertminderung vorgenommen werden kann.

Dadurch, dass die Wertpapiere sowohl dem Anlage-, als auch dem Umlaufvermögen zugeordnet werden können, entstehen für den Bilanzierenden Gestaltungsspielräume.

> **Merke**
>
> Werden bei einer vorübergehenden Wertminderung die bilanzierten Werte für die Wertpapiere des Anlagevermögens beibehalten, stellt dies eine Maßnahme zur Maximierung des Ergebnisses dar.
>
> Werden bei einer vorübergehenden Wertminderung außerplanmäßige Abschreibungen auf die Wertpapiere des Anlagevermögens vorgenommen, stellt dies eine Maßnahme zur Minimierung des Ergebnisses dar.

12.5.3.3 Bemessung von Pauschal- und Einzelwertberichtigungen zu Forderungen

Grundsätzlich werden Forderungen aus Lieferungen und Leistungen mit ihrem Nennwert bilanziert, wenn sie einwandfrei sind. Es gibt aber auch zweifelhafte Forderungen, bei denen ein Ausfallrisiko besteht. In Höhe des erwarteten Ausfallrisikos ist eine Einzelwertberichtigung zu bilden. Da die Höhe des Ausfallrisikos nicht exakt ermittelt werden kann, ergibt sich für den Bilanzierenden ein gewisser Ermessensspielraum. Dabei gilt die folgende Regel:

- Bei einer pessimistischen Einschätzung des Ausfallrisikos wird eine hohe Einzelwertberichtigung gebildet. Dies führt zu einem niedrigeren Wertansatz des Vermögens und somit zu einem geringeren Ergebnisausweis.

▪ Bei einer optimistischen Einschätzung des Ausfallrisikos wird eine niedrige Einzelwertberichtigung gebildet. Dies führt zu einem größeren Wertansatz des Vermögens und somit zu einem höheren Ergebnisausweis.

Pauschalwertberichtigungen können für das allgemeine Ausfallrisiko von Forderungen gebildet werden. Bemessungsgrundlage für die Pauschalwertberichtigung ist der gesamte Netto-Forderungsbestand zum Geschäftsjahresende abzüglich der einzelwertberichtigten Forderungen. Auf diese Bemessungsgrundlage ist ein unter Berücksichtigung von Erfahrungswerten und sich bereits abzeichnender Entwicklungen geschätzter Prozentsatz anzuwenden.[82] Auch hier ergibt sich ein Ermessensspielraum wie bei den Einzelwertberichtigungen.

Weitere Details zu den Wertberichtigungen auf Forderungen finden Sie im Buch von Jörg Wöltje „Buchführung Schritt für Schritt" im Kapital 9.3 „Abschreibungen und Wertberichtigungen auf Forderungen aLuL" S. 165 ff.

12.5.4 Rückstellungen

Rückstellungen sind „in Höhe des nach vernünftiger kaufmännischer Beurteilung notwendigen Erfüllungsbetrages anzusetzen" (§253 Abs. 1 Satz 2 HGB). Die Schätzungen müssen unter Berücksichtigung hinreichend objektiver Hinweise und auf Basis des Vorsichtsprinzips vorgenommen werden, sodass die Schätzwerte innerhalb einer plausiblen Bandbreite liegen. Problematisch ist dies, da so ein Spielraum und eine undurchschaubare Bemessung der Rückstellungen möglich werden. Allein die Formulierung „nach vernünftiger kaufmännischer Beurteilung" ist sehr schwammig.

Bei den Rückstellungen für ungewisse Verbindlichkeiten ergibt sich beispielsweise ein Ermessensspielraum bezüglich der Höhe und der Eintrittswahrscheinlichkeit.

Aus der Erfahrung weiß man, dass in wirtschaftlich sehr guten Geschäftsjahren die Kreativität auf der Suche nach neuen Rückstellungsmöglichkeiten vielfach höher ausfallen wird als in wirtschaftlich schwachen Geschäftsjahren.

Auch bei der Bemessung von Garantierückstellungen ergeben sich Spielräume. Bei der Festlegung der Höhe sind auch Schadensfälle einzubeziehen, die zwar im vergangenen Geschäftsjahr angefallen sind, dem Unternehmen aber noch nicht gemeldet wurden. So bleibt ein großer Ermessensspielraum, da ein wesentlicher Teil der Garantierückstellungen nur geschätzt werden kann.

Rückstellungen haben die Wirkung eines zinslosen Kredits. Der Aufwand wird vorgezogen, aber ohne dass bereits finanzielle Mittel abfließen. Das Vorziehen des Aufwandes verringert den zu versteuernden Gewinn und stärkt die Liquidität der Unternehmung. Durch den eingesparten Steuerbetrag verfügt ein Unternehmen über mehr liquide Mittel. Je langfristiger Rückstellungen angelegt sind, desto interessanter sind diese für die Innenfinanzierung. Durch die Vorteile, die Rückstellungen mit sich bringen, wird das eine oder andere Unternehmen verleitet Rückstellungen auszureizen.

---

[82] Coenenberg et al.: Jahresabschluss und Jahresabschlussanalyse, 2014, S. 258

> **Merke**
>
> Bei einer pessimistischen Risikoeinschätzung werden höhere Rückstellungen gebildet, dies führt zu einem geringerem Ergebnisausweis (Gewinn).
>
> Bei einer optimistischeren Risikoeinschätzung werden niedrigere Rückstellungen gebildet, dies führt zu einem höheren Ergebnisausweis (Gewinn).

12.5.5 Abgrenzung von Herstellungs- und Erhaltungsaufwand

Bei Durchführung von Instandhaltungs-, Instandsetzungs- oder Unterhaltungsarbeiten kann es fraglich sein, ob dadurch eine aktivierungsfähige Vermögensmehrung entstanden ist, d. h. ob diese Kosten als nachträgliche Anschaffungs- oder Herstellungskosten aktiviert werden können oder aber als Aufwand in der GuV erfasst werden.[83]

Herstellungskosten sind laut §255 Abs. 2 Satz 1 HGB Aufwendungen zur wesentlichen Verbesserung eines Vermögensgegenstandes oder zur Substanzerweiterung und werden aktiviert, d. h. der Wert eines Vermögensgegenstandes nimmt zu. Die aktivierten Herstellungskosten werden über die Nutzungsdauer planmäßig abgeschrieben.

Der Erhaltungsaufwand dient dazu, die Nutzungsmöglichkeit und die Substanz eines Vermögensgegenstandes zu erhalten (Instandhaltungsaufwand) oder diesen wiederherzustellen (Instandsetzungsaufwand). Diese Aufwandsart ist als Werbungskosten oder Betriebsausgaben absetzbar und wird sofort als Aufwand in der GuV erfasst, d. h. das Ergebnis (Gewinn) wird gemindert und es müssen weniger Steuern bezahlt werden.

Es entsteht ein Steuervorteil bei Festlegung eines Erhaltungsaufwands anstatt der Aktivierung der Herstellungskosten. Denn beim Erhaltungsaufwand fließen zwar, wie bei der Aktivierung der Herstellungskosten, die liquiden Mittel sofort ab, aber dies führt unmittelbar zu einer verminderten Steuerlast im gleichen Jahr, da die Erhaltungsaufwendungen das Ergebnis mindern.

Aufgrund der steuerrechtlichen Vorteile bietet es sich für den Bilanzierenden an, die Ausgaben als Erhaltungsaufwand zu verbuchen. Die Abgrenzung zwischen Erhaltungsaufwand und Herstellungskosten fällt schwer, da sie fließend verläuft. Dies stellt somit einen bilanzpolitischen Ermessensspielraum dar, indem zwischen der Verbesserung eines Vermögensgegenstands (Herstellungskosten) und der Erhaltung, dessen Zustands (Erhaltungsaufwand) unterschieden werden muss.

---

[83] Coenenberg; Haller; Mattner & Schultze: Einführung in das Rechnungswesen, 2014, S. 342

Übungsaufgabe 12.6: Auswirkungen von Sachverhaltsgestaltungen

Kreuzen Sie bitte an, welches bilanzpolitische Ziel, mit welcher Transaktionsentscheidung erreicht werden kann.

Transaktionsentscheidungen	Bilanzpolitische Zielsetzung		
	hohes Ergebnis	niedriges Ergebnis	höhere Liquidität
Verkauf von Forderungen (Factoring)			
Aktivierung eines Disagios			
Einforderung von Anzahlungen			
Vorziehen des Kaufs einer Maschine zwecks Antizipation der Abschreibung			
Späterer Verkauf eines Grundstücks (Erlös > Buchwert)			
Vorziehen einer Großreparatur			
Vorziehen der Abwicklung eines Auftrags mit großer Gewinnspanne			
Spätere Abwicklung eines Auftrags mit großer Gewinnspanne			
Veräußerung von Wertpapieren (Erlös > Buchwert)			
Leasing anstatt Kauf von Anlagevermögensgegenständen			
Vorziehen einer Pensionszusage			
Sale-and-lease-back einer Produktionsanlage (Erlös > Buchwert)			

Übungsaufgabe 12.7

Diese Aufgabe finden Sie unter www.uvk-lucius.de/schritt-fuer-schritt

Merke

Trotz verschiedener Möglichkeiten die Ihnen die Bilanzpolitik bietet, sollten Sie den bilanzpolitischen Spielraum nicht überschätzen, und zwar aus folgendem Grund: Wenn Sie bei Ihrem aktuellen Jahresabschluss mithilfe der Bilanzpolitik z. B. den Ergebnisausweis minimieren möchten – beispielsweise durch überhöhte Abschreibungen –, dann werden Sie in den nächsten Geschäftsjahren ein höheres Ergebnis ausweisen, weil Ihnen dann das entsprechende Abschreibungsvolumen fehlt.

Schritt 13: Jahresabschlussanalyse

Lernziele

In diesem Kapitel werden Sie lernen, dass die Jahresabschlussanalyse ein Instrument darstellt, mit dessen Hilfe aus dem Jahresabschluss, zumindest teilweise, die gewünschten Informationen über die Finanz-, Vermögens- und Ertragslage des Unternehmens gewonnen werden können. Sie werden sehen, dass die im Jahresabschluss enthaltenen Posten aufgespalten, bereinigt und in geeigneter Form zusammengefasst werden. Um die Aussagefähigkeit des Jahresabschlusses zu erhöhen, werden die Basisdaten verdichtet und Kennzahlen gebildet.

Nachdem Sie diese Kapitel bearbeitet haben, wissen Sie:

- für welche Zwecke die Jahresabschlussanalyse eingesetzt werden kann,
- in welchen Schritten eine Jahresabschlussanalyse durchgeführt werden sollte,
- mit welchen Kennzahlen Sie die Vermögens-, Kapitalstruktur und Rentabilität eines Unternehmens beurteilen können,
- wie Sie einen Jahresabschluss für die Jahresabschlussanalyse aufbereiten und
- wie Sie den Unternehmenserfolg auf der Grundlage von Jahresabschlüssen analysieren können.

Sie werden die Lage und die Entwicklung eines Unternehmens anhand aufbereiteter Kennzahlen aus der Bilanz und der GuV beurteilen können.

13.1 Einführung

Im vorangegangenen Kapitel „Bilanzpolitik" wurden die Möglichkeiten dargestellt, wie die Unternehmen den Ausweis ihrer Vermögens-, Finanz- und Ertragslage zielorientiert gestalten können. Die Adressaten des Jahresabschlusses möchten jedoch von dem Unternehmen ein den tatsächlichen Verhältnissen möglichst entsprechendes Bild von der gegenwärtigen wirtschaftlichen Lage und der zukünftigen Unternehmensentwicklung gewinnen.

Mit einer systematischen **Auswertung des Jahresabschlusses lässt sich die Aussagekraft** der Bilanz und Gewinn- und Verlustrechnung **erhöhen**. Auf der Basis von vergangenheitsorientierten Daten und Informationen des aktuellen Jahresabschlusses wird versucht, Erkenntnisse über die zu erwartende künftige Entwicklung des Unternehmens zu erlangen. Im Rahmen der Jahresabschlussanalyse werden Posten des Jahresabschlusses zu aussagefähigen und in der Analyse verwertbaren Größen zusammengefasst, aufgespalten oder saldiert, um ausgewählte Basisgrößen für die Analyse zu erhalten.

13.2 Ziele, Aufgaben und Ablauf der Jahresabschlussanalyse

Die Aufgabe der Jahresabschlussanalyse, die häufig auch als Bilanzanalyse bezeichnet wird, ist die Beurteilung der wirtschaftlichen Lage eines Unternehmens. Sie verfolgt im weitesten Sinne die folgenden Ziele und Aufgaben:

- Analyse der Ertragslage und der Ergebnisentwicklung,
- Untersuchung der Art und Struktur von Mittelherkunft und Mittelverwendung,
- Feststellung des Ausmaßes der realisierten Kapitalerhaltung und
- Analyse der finanziellen Lage.

Die folgende Abbildung zeigt die Zielsetzung der Jahresabschlussanalyse der verschiedenen Adressaten.

Adressaten	Zielsetzungen
Gläubiger	Überprüfung der Kreditwürdigkeit und des Kapitaldienstes (Tilgung + Zins) sowie die Risikoeinschätzung bei Kreditvergabe; Analyseschwerpunkt = finanzwirtschaftliche Bilanzanalyse
Anteilseigner	Ermittlung der Eigenkapitalrendite und Analyse der künftigen Risiken; Analyseschwerpunkt = erfolgswirtschaftliche Bilanzanalyse
Konkurrenzunternehmen	Vergleich mit dem eigenen Unternehmen, und der verschiedenen Bereiche. Insbesondere der Umsatzerlöse, der Ertragslage, der Rentabilitätskennziffern sowie der Kapitalstruktur
unternehmensinterne Interessenten	Informations- und Steuerungsfunktion

Abb. 13.1: Zielsetzung der Jahresabschlussanalyse

In der folgenden Abbildung ist der Ablauf einer Jahresabschlussanalyse schematisch dargestellt.

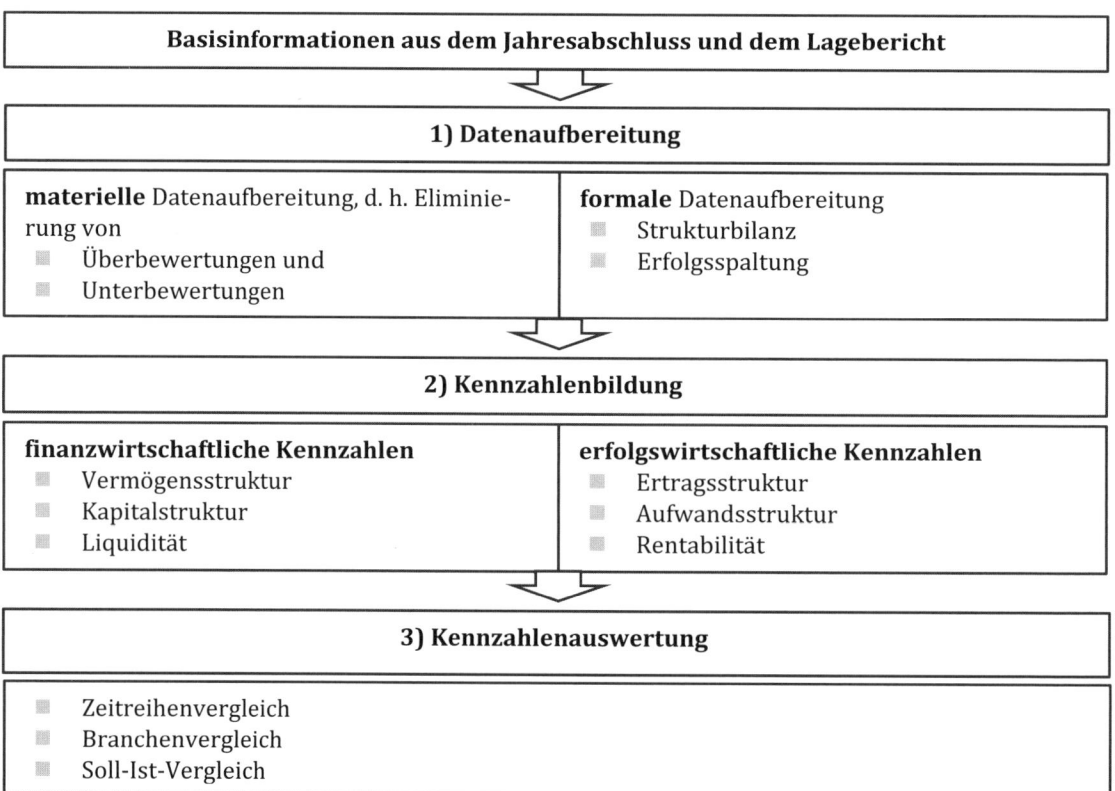

Abb. 13.2: Ablauf der Jahresabschlussanalyse

13.3 Kennzahlen als Instrument der Jahresabschlussanalyse

Kennzahlen stellen in der Analysepraxis das wesentliche Instrument zur Untersuchung von Jahresabschlüssen dar. Ziel der Anwendung von Kennzahlen ist es, komplexe Sachverhalte und Prozesse in stark konzentrierter Form darzustellen, um daraus erfolgreiche Maßnahmen abzuleiten. Kennzahlen können als **absolute Zahlen**, wie z. B. Einzelzahlen oder Summen, oder als Verhältniszahlen existieren. Bereits Einzelzahlen können eine gewisse Aussagekraft haben. So handelt es sich beispielsweise bei den Größen Umsatzerlöse, Gesamtleistung, Eigenkapital, Cashflow, Rohergebnis, Betriebsergebnis oder Bilanzsumme um Kennzahlen mit hohem Erkenntniswert.

Besonders **Verhältniszahlen** haben eine hohe Aussagekraft. Bei diesen relativen Zahlen werden zwei absolute Zahlen in Quotientenform zueinander in Beziehung gesetzt. Bei Verhältniszahlen ist das sogenannte Entsprechungsprinzip zu beachten, welches besagt, dass die Zahlen in einem sinnvollen inneren Zusammenhang stehen müssen. Die Verhältniszahlen können in Gliederungs-, Beziehungs- und Indexzahlen gruppiert werden.

Gliederungszahlen: Gliederungszahlen geben eine Teilgröße im Vergleich zur Gesamtgröße an. Sie bestehen immer aus einem Quotienten. Bei den Gliederungszahlen ist der Zähler immer auch Bestandteil des Nenners. Da Gliederungszahlen in Prozent angegeben werden, bietet sich ein Vergleich von Betrieben unterschiedlicher Größe an. Ein Beispiel für eine Gliederungszahl ist die Eigenkapitalquote, wobei das Eigenkapital eine Teilgröße des Gesamtkapitals darstellt:

$$\text{Eigenkapitalquote} = \frac{\text{Eigenkapital}}{\text{Gesamtkapital}}$$

Beziehungszahlen: Bei den Beziehungszahlen, die ebenfalls aus einem Quotienten gebildet werden, setzt man verschiedenartige Gesamtheiten in Beziehung zueinander, die in einem sinnvollen Zusammenhang stehen. Dies kann zum Beispiel eine Mittel-Zweck-Relation sein. So kann der Gewinn als Zweck z. B. dem Eigenkapital als Mittel gegenübergestellt werden.[84]

Indexzahlen: Indexzahlen zeigen Entwicklungen/Trends einer Größe über die Zeit, indem der Wert eines Basiszeitpunktes gleich 100 gesetzt wird und alle anderen Größen im Verhältnis zum Basiswert gemessen werden. Bei der Auswahl des Basiswertes sollte darauf geachtet werden, dass ein repräsentativer Wert ausgesucht wird, da bei „extremen" Basiswerten normale Folgewerte als außergewöhnlich erscheinen können.[85] Beispiele für Indexzahlen sind Aktien- oder Preisindices.

13.4 Basisgrößen für die Jahresabschlussanalyse

Sie stellen die Grundlage für die Kennzahlenanalyse dar.

Die Feststellung des **Anlagevermögens** ist einfach, da es in jeder Bilanz gesondert ausgewiesen wird. Das **Umlaufvermögen** wird in drei Gruppen eingeteilt:

- liquide Mittel,
- monetäres Umlaufvermögen und
- gesamtes Umlaufvermögen.

---

[84] Vgl. Coenenberg et al.: Jahresabschluss und Jahresabschlussanalyse, 2014, S. 1024f.

[85] Vgl. Littkemann, J. & Krehl, H.: Krisendiagnose durch Bilanzanalyse, 2000, S. 21

Zu den **liquiden Mitteln** des Umlaufvermögens gehören z. B.:

	flüssige Mittel (Kassenbestand, Bundesbankguthaben, Guthaben bei Kreditinstituten und Schecks)	Aktiva B. IV.
+	Wertpapiere, die an der Börse gehandelt werden	Aktiva B. III.
=	**liquide Mittel**	

Abb. 13.3: Ermittlung der liquiden Mittel

Die liquiden Mittel werden bei der Liquiditätsanalyse als „Mittel 1. Grades" bezeichnet.

Das **monetäre Umlaufvermögen** können Sie nach folgendem Schema ermitteln:

	Forderungen und sonstige Vermögensgegenstände	Aktiva B. II.
+	Wertpapiere, die an der Börse gehandelt werden	Aktiva B. III.
+	flüssige Mittel (Kassenbestand, Bundesbankguthaben, Guthaben bei Kreditinstituten und Schecks)	Aktiva B. IV.
+	aktive Rechnungsabgrenzungsposten (ohne Disagio)	Aktiva C.
=	**monetäres Umlaufvermögen**	

Abb. 13.4: Ermittlung des monetären Umlaufvermögens

Das **monetäre Umlaufvermögen** wird z. B. für die Berechnung der Liquidität zweiten Grades benötigt.

Zum **bilanzanalytischen Umlaufvermögen** gehören:

	Vorräte	Aktiva B. I.
+	Forderungen und sonstige Vermögensgegenstände	Aktiva B. II.
+	Wertpapiere, die an der Börse gehandelt werden	Aktiva B. III.
+	flüssige Mittel (Kassenbestand, Bundesbankguthaben, Guthaben bei Kreditinstituten und Schecks)	Aktiva B. IV.
+	aktive Rechnungsabgrenzungsposten (ohne Disagio)	Aktiva C.
-	aktiviertes Disagio (Angabepflicht in der Bilanz oder im Anhang gemäß § 268 Abs. 6 HGB)	
=	**bilanzanalytisches Umlaufvermögen**	

Abb. 13.5: Ermittlung des bilanzanalytischen Umlaufvermögens

Bei der Passiva der Bilanz ist zwischen der Aufbereitung des Eigen- und des Fremdkapitals zu unterscheiden. Für die Analyse der Kapitalstruktur wird unter anderem das bilanzanalytische Eigenkapital benötigt. Zum **bilanzanalytischen Eigenkapital** gehören:

	gezeichnetes Kapital	Passiva A. I.
-	ausstehende Einlagen (sowohl nicht eingeforderte ausstehende Einlagen als auch eingeforderte ausstehende Einlagen)	
+	Kapitalrücklage	Passiva A. II.
+	Gewinnrücklagen	Passiva A. III.
+/-	Bilanzgewinn/Bilanzverlust	
-	Ausschüttungsbetrag (auf der Grundlage des publizitätspflichtigen Gewinnvorschlags (§ 170 Abs. 2 Nr. 1 AktG) oder des publizitätspflichtigen Gewinnverwendungsbeschlusses (§ 174 Abs. 2 Nr. AktG))	
-	eigene Anteile	Passiva A. I.
=	**bilanzanalytisches Eigenkapital**	

Abb. 13.6: Ermittlung des bilanzanalytischen Eigenkapitals

Das **Fremdkapital (FK)** wird in **kurzfristiges, mittelfristiges und langfristiges Fremdkapital** eingeteilt. Zum **kurzfristigen Fremdkapital** gehören Verbindlichkeiten, die innerhalb von 90 Tagen (Handelswechsel) und teilweise innerhalb von 12 Monaten fällig werden, die Abgrenzung zu dem mittelfristigen Fremdkapital ist fließend. Das kurz- und mittelfristige Fremdkapital können Sie wie folgt ermitteln:

	Verbindlichkeiten mit einer Restlaufzeit ≤ 1 Jahr	Passiva C.
+	Steuerrückstellungen (einschließlich latenter Steuern)	Passiva B. 2.
+	sonstige Rückstellungen (ggf. abzüglich Aufwandsrückstellungen)	Passiva B. 3.
+	Ausschüttungsbetrag	
+	passive Rechnungsabgrenzungsposten	Passiva D.
=	**kurzfristiges Fremdkapital**	
+	Verbindlichkeiten mit Restlaufzeit > 1 Jahr und zugleich ≤ 5 Jahre	
+	erhaltene Anzahlungen auf Bestellungen	Passiva C. 3.
=	**kurz- und mittelfristiges Fremdkapital**	

Abb. 13.7: Ermittlung des kurz- und mittelfristigen Fremdkapitals

Zum langfristigen Fremdkapital gehören Verbindlichkeiten und Rückstellungen, die nach Ablauf von fünf Jahren fällig werden. Hierzu gehören:

	Verbindlichkeiten mit einer Restlaufzeit von > 5 Jahre	siehe Anhang
+	Rückstellungen für Pensionen und ähnliche Verpflichtungen	Passiva B. 1.
+	Fremdkapitalanteil der unterlassenen, nicht bilanzierungspflichtigen Pensionsrückstellungen (Art. 28 Abs. 2 EGHGB)	
=	**langfristiges Fremdkapital**	

Abb. 13.8: Ermittlung des langfristigen Fremdkapitals

Cashflow

Der Cashflow stellt einen Erfolgsindikator dar und wird nach der Praktiker-Formel wie folgt berechnet:

	Jahresüberschuss oder Jahresfehlbetrag
+	Abschreibungen
-	Zuschreibungen
+	Zuführungen zu den Pensionsrückstellungen bzw. anderen langfristigen Rückstellungen
-	Auflösungen von Pensionsrückstellungen bzw. anderen langfristigen Rückstellungen
+/-	andere nicht zahlungswirksame Aufwendungen/Erträge von wesentlicher Bedeutung
=	**Cashflow**

Abb. 13.9: Ermittlung des Cashflows

Finanzschulden

Die Finanzschulden stellen den verzinslichen Anteil des Fremdkapitals dar. Das verzinsliche Fremdkapital kann wie folgt berechnet werden:[86]

	Anleihen
+	Verbindlichkeiten gegenüber Kreditinstituten
+	Akzeptverbindlichkeiten
+	in den restlichen Schulden enthaltene verzinsliche Anteile (gewöhnlich ohne Pensionsrückstellungen)
=	**Finanzschulden (verzinsliche Anteile des Fremdkapitals)**

Abb. 13.10: Ermittlung der Finanzschulden

Nettofinanzschulden

Die Nettofinanzschulden können Sie berechnen, indem Sie von der Summe der zinstragenden Verbindlichkeiten (Finanzschulden) die liquiden Mittel subtrahieren.

	Finanzschulden (verzinsliche Fremdkapital)
-	flüssige Mittel (Kasse, Bankguthaben etc.)
-	Wertpapiere des Umlaufvermögens
=	**Nettofinanzschulden**

Abb. 13.11: Ermittlung der Nettofinanzschulden

---

[86] Vgl. Coenenberg A. G et al.: Jahresabschluss und -analyse, 2014, S. 1084

Effektivverschuldung

	Fremdkapital
-	monetäres Umlaufvermögen (abzgl. Forderungen mit einer Restlaufzeit > 1 Jahr)
=	**Effektivverschuldung**

Abb. 13.12: Ermittlung der Effektivverschuldung

13.5 Strukturbilanz

Die Strukturbilanz ist das Ergebnis der Aufbereitungsmaßnahmen. Sie ist die Voraussetzung für eine einheitliche und präzise Kennzahlenanalyse. Bei der Strukturbilanz erfolgt auf der Aktivseite eine Zuordnung in langfristiges Anlagevermögen und kurzfristiges Umlaufvermögen. Auf der Passivseite wird differenziert zwischen dem Eigenkapital, dem langfristigen Fremdkapital und dem kurzfristigen Fremdkapital. Die folgende Abbildung zeigt den Aufbau einer Strukturbilanz.

Aufbau einer Strukturbilanz für die Jahresabschlussanalyse		
Aktiva	**Bilanz**	Passiva
Anlagevermögen	Eigenkapital	
Umlaufvermögen	langfristiges Fremdkapital	
	kurzfristiges Fremdkapital	
Bilanzsumme	Bilanzsumme	

Abb. 13.13: Strukturbilanz

13.6 Bilanzkennzahlen

Aus einer **aufbereiteten Bilanz** können insbesondere Kennzahlen zur

1. Vermögensstruktur (Konstitution),
2. Kapitalstruktur (Finanzierung),
3. Investierung und
4. Liquidität

abgeleitet werden.

13.6.1 Analyse der Vermögensstruktur

Die Kennzahlen zur Vermögenslage beziehen sich auf die Mittelverwendungsseite der Bilanz. Interessant bei diesen Kennzahlen sind vor allem die Branchen- oder Zeitreihenvergleiche.

Anlagenintensität

Die Anlagenintensität gibt Auskunft darüber, wie hoch der Anteil des Anlagevermögens am Gesamtkapital (Bilanzsumme) ist.

$$\text{Anlagenintensität} = \frac{\text{Anlagevermögen}}{\text{Gesamtvermögen}} \times 100$$

Eine hohe Anlagenintensität kennzeichnet eine hohe langfristige Kapitalbindung und in der Konsequenz einen hohen (Re)-Investitionsbedarf. In der Regel gilt: Je höher die Anlagenintensität, desto konjunkturabhängiger ist ein Unternehmen und desto geringer die finanz- und erfolgswirtschaftliche Stabilität.

Niedrige **Anlagevermögen** stehen für betriebliche Flexibilität, da die Unternehmensleitung schneller auf grundlegende Marktveränderungen und Beschäftigungsschwankungen reagieren kann. Eine erforderliche Verringerung umfangreicher Anlagevermögen geht dagegen nur schwerfällig vor sich. Weiterhin werden bei **kleineren Anlagevermögen geringere Fixkosten** aufgrund der **niedrigeren Kapitalbindung** vermutet. **Niedrigere Anlagevermögen** können aber auch bedeuten, dass Unternehmen mit veralteten und bereits **stark abgeschriebenen Anlagen** produzieren und nicht für die Zukunft gerüstet sind.

Die Anlagenintensität gibt Auskunft über den Grad der Beweglichkeit des Unternehmens.

Umlaufintensität

Die **Umlaufintensität** – auch als Arbeitsintensität bezeichnet – gibt die Beziehung zwischen dem Umlaufvermögen und dem Gesamtvermögen an.

$$\text{Arbeitsintensität} = \frac{\text{Umlaufvermögen}}{\text{Gesamtvermögen}} \times 100$$

Eine **ausgeprägte Umlaufintensität** deutet bei materialintensiven Branchen auf einen **zu hohen Lagerbestand** und entsprechend hohe Lagerhaltungskosten hin. Auslöser kann aber auch ein **hoher Forderungsbestand** sein. Anhand der Zusammensetzung des Umlaufvermögens können Sie feststellen, ob ein Unternehmen vorrats- oder forderungsintensiv ist.

Vorratsintensität

Im Einzelhandel entfällt ein hoher Anteil der Bilanzsumme auf das Warensortiment und das Warenlager. Die Vorratsintensität können Sie wie folgt ermitteln:

$$\text{Vorratsintensität} = \frac{\text{Vorräte}}{\text{Gesamtvermögen}} \times 100$$

Investitionsquote

Die Investitionsquote gibt Aufschluss über die Investitionsneigung und die Zukunftsvorsorge des Unternehmens.[87] Sie gibt an, wie viel Prozent der historischen Anschaffungs- oder Herstellungskosten zu Beginn des Geschäftsjahres im betrachteten Jahr neu investiert wurden, d. h., wie viel Prozent der Sachanlagengüter neu zum Sachanlagevermögen hinzugekommen sind. In einem Zeitreihenvergleich kann man feststellen, wie sich die langfristige Investitionstätigkeit entwickelt hat.

$$\text{Investitionsquote} = \frac{\text{Neuinvestionen in das Sachanlagevermögen}}{\text{Sachanlagevermögen zu AHK zu Periodenbeginn}} \times 100^{[88]}$$

Das gesamte Investitionsvolumen eines Geschäftsjahres kann man im Anlagenspiegel der Spalte „Zugänge" entnehmen. Je größer das Investitionsvolumen ist, desto besser scheint das Unternehmen für die Zukunft gerüstet. Diese Einschätzung ist zu relativieren, wenn die Abgänge zu Restbuchwerten einen verhältnismäßig großen Umfang haben. Dies bedeutet, dass den Zugängen im Geschäftsjahr Desinvestitionen gegenüber stehen, die eventuell auf frühere Fehlinvesti-

---

[87] Vgl. Küting, K. & Weber, C.-P.: Die Bilanzanalyse, 2012, S. 129

[88] AHK = Anschaffungs- oder Herstellungskosten

onen zurückzuführen sind. Damit Fehleinschätzungen vermieden werden, ist die **Nettoinvestition** zu verwenden. Die Nettoinvestitionen des Sachanlagevermögens können wie folgt berechnet werden:

Zugänge von Sachanlagen des Geschäftsjahres (gemäß Anlagespiegel)

- Abgänge zu Restbuchwerten

= **Nettoinvestitionen des Sachanlagevermögens**

Abb. 13.14: Ermittlung der Nettoinvestitionen des Sachanlagevermögens

Abschreibungsquote

Mit der Abschreibungsquote können Erkenntnisse über die durchschnittliche Nutzungsdauer der Sachanlagen gewonnen werden. Die **Abschreibungsquote** sollte zur Beurteilung des Investitionsbedarfs ergänzend herangezogen werden:

$$\text{Abschreibungsquote} = \frac{\text{Jahresabschreibungen auf Sachanlagen}}{\text{Sachanlagevermögen zu AHK am Periodenende}} \times 100$$

Je höher die Abschreibungsquote, desto kürzer ist die Nutzungsdauer des Sachanlagevermögens und umso größer ist der Investitionsbedarf. Dies kann aber auch bedeuten, dass der Anlagenbestand schneller erneuert und modernisiert wird, sodass das Unternehmen für die Zukunft besser gerüstet ist. Dagegen kann eine geringe Abschreibungsquote auf eine ertragswirtschaftliche Schrumpfung hinweisen.

13.6.2 Finanzierungsanalyse

Eigenkapitalquote

Im Mittelpunkt der **Kapitalstrukturanalyse** steht die Eigenkapitalquote, die anhand der folgenden Kennzahl gemessen wird:

$$\text{Eigenkapitalquote} = \frac{\text{Eigenkapital}}{\text{Gesamtkapital}} \times 100$$

Die Eigenkapitalquote besagt, wie hoch der Prozentsatz der eigenen Mittel an der Finanzierung ist. Bei der Berechnung des Eigenkapitals ist auch der Jahresüberschuss (Gewinn) bzw. der Jahresfehlbetrag (Verlust) des betrachteten Geschäftsjahres mit einzubeziehen.

Je höher der **Eigenkapitalanteil** am Gesamtkapital ist, umso **kreditwürdiger** und **konkurrenzfähiger** ist ein Unternehmen. Mit steigendem Eigenkapitalanteil vergrößert sich die **Haftungssubstanz** des Unternehmens. Dies bedeutet, dass die Gefahr für die Fremdkapitalgeber, auf Zinszahlungen verzichten müssen oder gar ihr Kapital nicht wieder zurückgezahlt zu bekommen, gering ist, falls das Unternehmen Verluste machen sollte. Denn die Verluste haben zunächst nur die Eigenkapitalgeber zu tragen. Des Weiteren wird bei einer hohen Eigenkapitalquote die **Beschaffung von Fremdkapital** erleichtert und somit die Möglichkeit einer **Wachstumsfinanzierung** ermöglicht.

Anspannungsgrad

Der Anspannungsgrad (Fremdkapitalquote) gibt – analog zur Eigenkapitalquote – den Anteil des Fremdkapitals am Gesamtkapital an. Der Anspannungsgrad wird folgendermaßen errechnet:

$$\text{Anspannungsgrad} = \frac{\text{Fremdkapital}}{\text{Gesamtkapital}} \times 100$$

Je höher der Anspannungsgrad, umso abgeneigter sind die Banken bei der Kreditvergabe.

Statischer Verschuldungsgrad

Der statische Verschuldungsgrad liefert eine Aussage über die Kreditwürdigkeit eines Unternehmens. Wenn er steigt, wächst die Abhängigkeit von Fremdkapitalgebern und die Möglichkeit, weiteres Fremdkapital aufzunehmen, nimmt ab. In Zeiten hoher Zinsen und nachlassender Erträge kann hieraus ein Unternehmensrisiko entstehen, das nicht unterschätzt werden sollte.

$$\text{Verschuldungsgrad} = \frac{\text{Fremdkapital}}{\text{Eigenkapital}} \times 100$$

Als **Faustregel** gilt, dass das Eigenkapital etwa ein Drittel des Gesamtkapitals ausmachen sollte, d. h. das **Verhältnis von Fremd- zu Eigenkapital sollte 2 : 1** sein.

Laufzeit des Fremdkapitals

Die Aussagefähigkeit einer Jahresabschlussanalyse wird erhöht, wenn die Laufzeit des Fremdkapitals in langfristiges sowie kurzfristiges Fremdkapital untergliedert wird. Denn das Anlagevermögen sollte nur mit langfristigem Kapital finanziert werden.

$$\text{kurzfristiges Fremdkapital in \%} = \frac{\text{kurzfristiges Fremdkapital}}{\text{Gesamtkapital}} \times 100$$

$$\text{langfristiges Fremdkapital in \%} = \frac{\text{langfristiges Fremdkapital}}{\text{Gesamtkapital}} \times 100$$

Intensität des langfristigen Kapitals

Die **Intensität des langfristigen Kapitals** wird auch als **langfristige Kapitalquote** bezeichnet. Sie gibt darüber Auskunft, wie hoch der Anteil des langfristig (länger als fünf Jahre) zur Verfügung stehenden Eigen- und Fremdkapitals ist.

$$\text{Intensität des langfristigen Kapitals} = \frac{\text{Eigenkapital+ langfristiges Fremdkapital}}{\text{Gesamtkapital}} \times 100$$

Kreditorenziel

Das „Kreditorenziel (Lieferantenziel) in Tagen" informiert über die Zahlungsmoral des Unternehmens. Sie gibt an, wie viele Tage durchschnittlich Lieferantenkredite bis zur Zahlung der ausstehenden Rechnungen in Anspruch genommen werden. Ein hoher Kennzahlenwert deutet entweder auf Zahlungsprobleme des beschaffenden Unternehmens, die bewusste Ausschöpfung von Lieferantenkrediten oder gegebenenfalls die Nichtinanspruchnahme von Skonti hin.[89]

$$\text{Kreditorenziel} = \frac{\text{durchschnittlicher Bestand an Warenschulden}}{\text{Wareneingang}} \times 365 \text{ Tage}$$

Schuldentilgungsdauer (dynamischer Verschuldungsgrad)

Die Schuldentilgungsdauer zeigt an, wie viele Jahre ein Unternehmen benötigt, um die Nettoverschuldung aus dem Cashflow zu begleichen. Sie ist ein Maßstab für die Schuldendeckungsfähigkeit.

$$\text{Schuldentilgungsdauer} = \frac{\text{Effektivverschuldung}}{\text{operativen Cashflow}} \times 100 \text{ bzw.} = \frac{\text{Effektivverschuldung}}{\text{EBITDA}} \times 100$$

Gearing

Das Gearing misst die Finanzierungsstruktur des Unternehmens als Verhältnis der Nettofinanzschulden in Relation zum Eigenkapital. Diese Kennzahl informiert über das Risiko, das von Eigentümern und Kreditoren eingegangen worden ist und zeigt den Spielraum für eine mögliche

---

[89] Vgl. Kirsch, H.: Finanz- und erfolgswirtschaftliche Jahresabschlussanalyse nach IFRS, 2007, S. 174

Aufnahme von neuen Schulden. Je höher das Gearing, desto größer das Risiko und umso mehr steigt die Abhängigkeit des Unternehmens von seinen Fremdkapitalgebern.

$$\text{Gearing} = \frac{\text{Nettofinanzschulden}}{\text{Eigenkapital}} \times 100$$

13.6.3 Liquiditätsanalyse

Unter dem Begriff „Liquidität" versteht man die Fähigkeit eines Unternehmens, seinen Zahlungsverpflichtungen zu jedem Zeitpunkt uneingeschränkt nachzukommen.

Mithilfe der Liquiditätsgrade soll Auskunft darüber gegeben werden, ob und inwieweit die kurzfristigen Verbindlichkeiten in ihrer Höhe und Fälligkeit mit den Zahlungsmittelbeständen und anderen kurzfristigen Deckungsmitteln übereinstimmen. Zur Wahrung des finanziellen Gleichgewichts ist eine dauernde Überwachung der Liquidität erforderlich. Aus der Relation von Vermögensteilen zu Verbindlichkeiten lässt sich die Liquidität eines Unternehmens anhand von Kennzahlen beurteilen.

Zur Beurteilung der kurzfristigen Liquidationssituation eines Unternehmens werden die Kennzahlen Liquidität 1. Grades, 2. Grades oder 3. Grades ermittelt.

$$\text{Liquidität 1. Grades} = \frac{\text{liquide Mittel}}{\text{kurzfristiges Fremdkapital}} \times 100$$

Je größer diese Kennzahl, die auch als Barliquidität bezeichnet wird, desto liquider ist ein Unternehmen.

$$\text{Liquidität 2. Grades} = \frac{\text{monetäres Umlaufvermögen}}{\text{kurzfristiges Fremdkapital}} \times 100$$

$$\text{Liquidität 3. Grades} = \frac{\text{monetäres Umlaufvermögen} + \text{Vorräte}}{\text{kurzfristiges Fremdkapital}} \times 100$$

Aussagefähiger als die Liquidität 1. Grades ist die **Liquidität 2. Grades**, weil bei ihr neben den Barmitteln noch die **kurzfristigen Forderungen** einbezogen werden, die einem Unternehmen bei Liquiditätsengpässen auch noch zur Verfügung stehen.

In der Praxis prüfen insbesondere Banken die Kreditwürdigkeit mithilfe dieser Grade, wobei die Prozentwerte für den ersten Grad mindestens 20 % betragen sollten. Ab dem zweiten Grad sollten 100 % erreicht werden und mit dem dritten Grad deutlich übertroffen werden, d. h. die Liquidität 3. Grades sollte größer als 150 % sein. Allgemein gilt, je höher die Liquiditätsgrade, desto besser ist die Liquidität eines Unternehmens.

Der dritte Grad kann auch als absolute Zahl in Form des **Working Capital** dargestellt werden, welches Aussagen zum Überschuss des kurzfristig gebundenen Umlaufvermögens über das kurzfristige Fremdkapital macht.

Working Capital

Das Working Capital entspricht dem Nettoumlaufvermögen, da vom Umlaufvermögen das kurzfristige Fremdkapital abgezogen wird.

Working Capital = Umlaufvermögen - kurzfristiges Fremdkapital

Es wird gefolgert, dass die zukünftige **Liquiditätslage umso besser ist**, je **höher das Working Capital** ist.

Kundenziel

Das Kundenziel, auch Debitorenziel genannt, gibt Auskunft über das durchschnittliche Zahlungsverhalten der Kunden, d. h. darüber, wie lange es dauert, bis die Umsatzerlöse in liquide Mittel umgewandelt werden oder, in anderen Worten gefasst, wie viele Tage das Unternehmen durchschnittlich auf die Bezahlung seiner Rechnungen warten muss. Die Kennzahl sollte möglichst niedrig gehalten werden. Das Debitorenziel können Sie nach folgender Formel berechnen:

$$\text{Kundenziel} = \frac{\text{durchschnittlicher Bestand an Forderungen aLuL}}{\text{Umsatzerlöse}} \times 365 \text{ Tage}$$

Cashflow

Um zu einer finanzwirtschaftlich aussagefähigen Kennzahl zu kommen, müssen alle diejenigen Aufwendungen, die nicht zu Auszahlungen und alle diejenigen Erträge, die nicht zu Einzahlungen geführt haben, aus der Gewinn- und Verlustrechnung eliminiert werden. Dies geschieht mit der Ermittlung des Cashflows.

Der Cashflow, als absolute Kennzahl, wird zur Beurteilung der Finanzkraft bzw. Innenfinanzierungskraft eines Unternehmens herangezogen. Er kann bei Finanzierung von neuen Anlageinvestitionen zur Schuldentilgung, für Dividendenzahlungen oder Steuerzahlungen herangezogen werden. Den Cashflow auf direktem Wege können Sie unternehmensintern wie folgt bestimmen:

	einzahlungswirksame Erträge
-	auszahlungswirksame Aufwendungen
=	**Cashflow**

Abb. 13.15: Ermittlung des Cashflows

Die Grunddefinition des Cashflows wurde bereits bei der Ermittlung der Basisdaten dargestellt. In der Kapitalflussrechnung wird der Cashflow drei Bereichen zugeordnet:

	Mittelherkunft
Operative Tätigkeit	Dies ist der aus der laufenden Geschäftstätigkeit ermittelte Cashflow. Üblicherweise wird als Ausgangspunkt das Jahresergebnis verwendet.
Investitionstätigkeit	Aus der Investitionstätigkeit des Unternehmens werden Mittelabflüsse für Investitionen und Mittelzuflüsse aus Desinvestitionen (Veräußerung von Anlagevermögen) gegenübergestellt. Der Cashflow ist bei regelmäßiger Investitionstätigkeit i. d. R. negativ.
Finanzierungstätigkeit	Der aus der Finanzierungstätigkeit des Unternehmens erzielte Mittelzufluss und Mittelabfluss z. B. durch Aufnahme und Tilgung von Darlehen, Auszahlungen an bzw. Einzahlungen von Anteilseignern.

Abb. 13.16: Cashflows in der Kapitalflussrechnung

Die Summe der Cashflows aus den drei Bereichen ergibt die Veränderung des Finanzmittelbestandes.

Der Cashflow wird wegen seiner weitgehenden Bewertungsunabhängigkeit gerne zu erfolgswirtschaftlichen Analysen benutzt. Bei der Benutzung als Analyseinstrument können folgende Hinweise hilfreich sein:

- Ein konstanter oder gar steigender Jahresüberschuss bei sinkendem Cashflow kann darauf zurückzuführen sein, dass das Unternehmen den Erfolgsausweis durch zu niedrige Abschreibungs- und Rückstellungsbemessung verbessern wollte, ohne jedoch tatsächlich erfolgreich gewesen zu sein. Dies ist für Analysten ein Warnsignal.

- Ein steigender Cashflow bei gesunkener, konstanter oder proportional geringerer Steigerung des Jahresüberschusses kann auf Bildung stiller Reserven hinweisen: Das Unternehmen war erfolgreicher, als in dem ausgewiesenen Ergebnis gezeigt wird. Erfolgte Investitionen als Ursache hoher Abschreibungen wirken sich auf die Folgeperioden positiv aus.

- Aus der Existenz eines hohen Cashflows kann geschlossen werden, dass das Unternehmen in der Lage ist, im kommenden Geschäftsjahr Erweiterungs- und Rationalisierungsinvestitionen mit positiver Wirkung für die Ertragskraft zu finanzieren.

Die finanziellen Möglichkeiten eines Unternehmens sind umso größer, je höher der Cashflow ist. Die Aussagekraft des Cashflows für die finanzielle Lage des Unternehmens wird verbessert, wenn man den Cashflow zu bestimmten Größen in Beziehung setzt, z. B. den Cashflow zum Umsatz als sogenannte Cashflow-Umsatzrate.

Cashflow-Umsatzrate

Die Cashflow-Umsatzrate zeigt, wie viel Prozent der Umsatzerlöse zur Selbstfinanzierung, Kredittilgung und Gewinnausschüttung zur Verfügung stehen. Je höher der Prozentsatz, desto höher ist der finanzielle liquiditätswirksame Überschuss der Periode. Sie wird wie folgt berechnet:

$$\text{Cashflow-Umsatzrate} = \frac{\text{Cashflow}}{\text{Umsatzerlöse}} \times 100$$

Deckungsgrad A

Der (Anlagen-)Deckungsgrad A zeigt Ihnen, inwieweit das Anlagevermögen durch Eigenkapital gedeckt und inwieweit jederzeit eine fristenkongruente Finanzierung sichergestellt ist. Darüber hinaus signalisiert diese Kennzahl die Kreditwürdigkeit des Betriebs. Wünschenswert wäre ein Mindestwert von 100 % (Goldene Bilanzregel im engeren Sinne).

$$\text{Deckungsgrad A} = \frac{\text{Eigenkapital}}{\text{Anlagevermögen}} \times 100$$

Deckungsgrad B

Der (Anlagen-)Deckungsgrad B ist die Erweiterung des (Anlagen-)Deckungsgrades A. Zusätzlich zum Eigenkapital wird noch das langfristige Fremdkapital hinzugerechnet. Insofern ist der Deckungsgrad B eine Gegenüberstellung von langfristigem Kapital zum Anlagevermögen.

Die „Goldene Bilanzregel" im weiteren Sinne fordert, dass das Anlagevermögen durch langfristig zur Verfügung stehendes Kapital finanziert werden soll. Daher sollte das Ergebnis dieser Kennzahl mindestens 100 % betragen, ansonsten ist die Finanzierung des Unternehmens nicht optimal.

$$\text{Deckungsgrad B} = \frac{\text{Eigenkapital} + \text{langfristiges Fremdkapital}}{\text{Anlagevermögen}} \times 100$$

Je größer die Kennzahl der Anlagendeckung, umso solider ist die Finanzierung. Der Anteil, der die hundertprozentige Deckung des Anlagevermögens übersteigt, finanziert zusätzlich das Umlaufvermögen.

13.6.4 Ergebnis- und Rentabilitätsanalyse

Analyse der Erfolgsstruktur

Eine sehr bedeutende Analysegröße der Erfolgsstruktur ist die **Gesamtleistung** bei Anwendung des Gesamtkostenverfahrens. Sie stellt die Ausgangsgröße für die Erfolgsermittlung dar und repräsentiert das operative Leistungsvermögen des Unternehmens unabhängig vom tatsächlichen Absatz innerhalb einer Abrechnungsperiode. Die Gesamtleistung wird wie folgt berechnet:

	Umsatzerlöse
+/-	Bestandserhöhung/Bestandsminderung der fertigen und unfertigen Erzeugnisse
+	andere aktivierte Eigenleistungen
=	**Gesamtleistung**

Abb. 13.17: Ermittlung der Gesamtleistung

Neben der Gesamtleistung stellen das Rohergebnis, die Betriebsleistung und das Betriebsergebnis weitere wichtige Analysegrößen dar. Sie werden folgendermaßen berechnet.

	Umsatzerlöse
+/-	Bestandserhöhung/Bestandsminderung der fertigen und unfertigen Erzeugnisse
+	andere aktivierte Eigenleistungen
=	**Gesamtleistung**
+	sonstige betriebliche Erträge
=	**Betriebsleistung**
-	Materialaufwand
=	**Rohergebnis**
-	betrieblicher Gesamtaufwand
=	**Betriebsergebnis**

Abb. 13.18: Ermittlung des Betriebsergebnisses

Das Betriebsergebnis ist eine sehr wichtige Größe zur Beurteilung der nachhaltigen Ertragskraft eines Unternehmens.

Earnings-before-Kennzahlen

Zu den wichtigsten Publizitätskennzahlen gehören die sogenannten Pro-forma-Kennzahlen der **„Earnings-before-Kennzahlen"**. Sie zeigen die Ertragskraft des operativen Geschäfts eines Unternehmens. Die häufigsten Pro-forma-Kennzahlen sind:

- EBT (Earnings before Taxes),
- EBIT (Earnings before Interest and Taxes),
- EBITDA (Earnings before Interest, Taxes, Depreciation and Amortization),

Besonders das EBIT (Ergebnis vor Zinsen und Ertragssteuern) wird häufig für Unternehmensvergleiche herangezogen, da es eine finanzierungs- und steuerneutrale Darstellung des Unternehmensergebnisses ermöglicht. Ferner eignet sich für einen Unternehmensvergleich auch das EBITDA, da das Unternehmensergebnis zusätzlich um die Abschreibungen korrigiert wird.

Leider wird die Kennzahl „EBIT" nicht einheitlich berechnet. Es bietet sich aber die folgende Berechnung auf Basis einer handelsrechtlichen GuV-Gliederung an:

	Jahresüberschuss/Jahresfehlbetrag
+/-	Ertragssteuern
+/-	außerordentliches Ergebnis
=	**EBT (Ergebnis der gewöhnlichen Geschäftstätigkeit)**
+	Zinsaufwand
=	**EBIT**
+	Abschreibungen auf Sachanlagen und immaterielles Anlagevermögen
=	**EBITDA**

Abb. 13.19: Ermittlung der Earnings-before-Kennzahlen

Rentabilitätskennziffern

Hier kann beispielsweise zwischen der Eigenkapitalrentabilität, der Gesamtkapitalrentabilität und der Umsatzrentabilität unterschieden werden. Die Rentabilität ist eine Verhältniszahl aus wertmäßigen Ertragsgrößen wie Jahresüberschuss, Steuerbilanzgewinn oder Cashflow und verschiedenen Kapitalien als Einsatzgrößen.

Eigenkapitalrentabilität

Die Eigenkapitalrentabilität stellt die Relation zwischen dem Gewinn und dem eingebrachten Kapital dar. Sie gibt die Verzinsung des eingesetzten Kapitals an. Es kann unterschieden werden zwischen der Eigenkapitalrentabilität vor Steuern und nach Steuern.

$$\text{Eigenkapitalrentabilität (nach Steuern)} = \frac{\text{Jahresüberschuss}}{\text{Eigenkapital}} \times 100$$

$$\text{Eigenkapitalrentabilität (vor Steuern)} = \frac{\text{Jahresüberschuss + Steuern vom Einkommen und Ertrag}}{\text{Eigenkapital}} \times 100$$

Eigenkapitalgeber fordern einen angemessenen Gewinn für das von ihnen eingesetzte Kapital. Sie interessiert die Verzinsung im Vergleich zu anderen Investitionsalternativen, z. B. dem Kauf einer Anleihe am Kapitalmarkt.

Die Eigenkapitalrentabilität wird auch als ROE (Return On Equity – before taxes) bezeichnet.

Gesamtkapitalrentabilität

Die Gesamtkapitalrentabilität stellt für Unternehmen eine aussagekräftigere Kennzahl dar als die Eigenkapitalrentabilität. Bei der Gesamtkapitalrentabilität wird auch der dem Fremdkapital zufließende Zinsaufwand mit einbezogen, sodass die Größe „Ergebnis vor Steuer" durch die Größe „EBIT" ersetzt wird. Unter Berücksichtigung des im Unternehmen arbeitenden Fremdkapitals analysiert die Gesamtkapitalrentabilität die Leistungsfähigkeit des gesamten im Unternehmen eingesetzten Kapitals. Sie wird in der Regel vor Steuern berechnet.

$$\text{Gesamtkapitalrentabilität (vor Steuern)} = \frac{\substack{\text{Jahresüberschuss + Zinsaufwand} \\ \text{+ Steuern von Einkommen und Ertrag}}}{\text{Gesamtkapital}} \times 100$$

$$\text{Gesamtkapitalrentabilität (vor Steuern)} = \frac{\text{EBIT}}{\text{Gesamtkapital}} \times 100$$

Hier wird die tatsächliche Effektivität des Unternehmens – im Gegensatz zu der Eigentümersichtweise der Eigenkapitalrentabilität – gezeigt. Die Einbeziehung der Fremdkapitalzinsen berücksichtigt wesentlich stärker unterschiedliche Finanzierungsstrukturen. Diese Kennzahl beurteilt die **Leistungsfähigkeit** eines Unternehmens besser als die Eigenkapitalrentabilität.

Umsatzrentabilität

Die Umsatzrentabilität gibt den Anteil des Gewinns am Umsatz an.

Die Kennzahl **Umsatzrentabilität** wird in der Literatur in zweifacher Weise gedeutet. Zum einen kann die Netto-Umsatzrentabilität und zum anderen die Brutto-Umsatzrentabilität ermittelt werden.

$$\text{Netto-Umsatzrentabilität} = \frac{\text{Jahresüberschuss}}{\text{Gesamtkapital}} \times 100$$

$$\text{Brutto-Umsatzrentabilität} = \frac{\text{EBIT}}{\text{Gesamtkapital}} \times 100$$

ROCE

Der ROCE (Return On Capital Employed) ist eine Weiterentwicklung der Gesamtkapitalrentabilität und zeigt die Verzinsung des langfristig gebundenen Kapitals. Er gibt an, wie erfolgreich ein Unternehmen mit dem Eigen- und Fremdkapital gearbeitet hat. Er bezeichnet das Verhältnis von EBIT in Relation zum Capital Employed. Dies entspricht der periodenbezogenen Verzinsung des eingesetzten Kapitals.

$$\text{ROCE} = \frac{\text{EBIT}}{\text{Capital Employed (gebundenes Kapital)}} \times 100$$

Zur Berechnung nach der allgemeinen Formel wird das durchschnittliche Capital Employed zwischen zwei Geschäftsperioden herangezogen. Es setzt sich wie folgt zusammen:

	durchschnittliches Eigenkapital
+	durchschnittliche Pensionsrückstellungen
+	durchschnittliche Finanzschulden
=	**durchschnittliches Capital Employed**

Abb. 13.20: Ermittlung des Capital Employed

Ein steigender ROCE zeugt von Sicherheit am Kapitalmarkt und deutet auf eine profitable Zukunft hin. Ein Unternehmen erweist sich als erfolgreich, wenn die erreichte Vermögensrendite die Kapitalkosten übersteigt.[90]

---

[90] Wöltje J.: Bilanzen lesen, verstehen und gestalten, 2013, S. 18

Aufwandsstrukturkennzahlen

Hier werden die wichtigsten Produktionsfaktorgruppen, die einen produktiven Beitrag zum Unternehmensertrag leisten, analysiert. Als Bezugsgröße nimmt man beim Gesamtkostenverfahren (GKV) die Gesamtleistung und beim Umsatzkostenverfahren (UKV) die Umsatzerlöse.

Die erste Gruppe sind die Personalkosten mit der Kennzahl **„Personalintensität"**. Es werden die Personalkosten beim Gesamtkostenverfahren relativ zur Gesamtleistung und beim Umsatzkostenverfahren zu den Umsatzerlösen betrachtet.

$$\text{Personalintensität} = \frac{\text{Personalaufwand}}{\text{Gesamtleistung}} \times 100 \text{ oder } \frac{\text{Personalaufwand}}{\text{Umsatzerlöse}} \times 100$$

Bei der Personalintensität stehen die Personalaufwendungen (Löhne und Gehälter, Sozialabgaben sowie die Aufwendungen für Altersversorgung und Unterstützung) im Zähler. Es liegt nahe, dieser Kennzahl bei besonders personalintensiven Unternehmen hohe Priorität beizulegen.

Die zweite Gruppe umfasst die Materialien. Der Materialaufwand zur Gesamtleistung oder zu den Umsatzerlösen ergibt die zweite Kennzahl **„Materialintensität"**. Die Materialintensität dokumentiert, ob ein Unternehmen material- oder lohnintensiv ist. Sie wird wie folgt berechnet:

$$\text{Materialintensität} = \frac{\text{Materialaufwand}}{\text{Gesamtleistung}} \times 100 \text{ oder } \frac{\text{Materialaufwand}}{\text{Umsatzerlöse}} \times 100$$

Die Materialintensität zeigt den Anteil des Materialaufwands an der Gesamtleistung. Der Materialaufwand kann aus der Gewinn- und Verlustrechnung (beim GKV) als „Aufwand für Roh-, Hilfs- und Betriebsstoffe" zuzüglich „Aufwendungen für bezogene Leistungen" oder gemäß § 285 Absatz 8a HGB aus dem Anhang (beim UKV) entnommen werden.

Die Materialintensität wird von vier Einflussfaktoren beeinflusst:

▪ **Umfang der Vorfertigung:** Je höher der Kennzahlenwert, desto höher ist für gewöhnlich der Anteil fremdbezogener Materialien und desto höher die Abhängigkeit von Zulieferern.

▪ **Produktionstiefe:** Je höher die Materialintensität, desto niedriger ist oftmals die Fertigungstiefe, d. h. die Zahl der unterschiedlichen Produktionsstufen, wodurch beispielsweise das Risiko von Beschäftigungsschwankungen an Zulieferer weitergegeben wird.

▪ **Preisniveau:** Eine Steigerung der Materialintensität kann mit Einstandspreisen zusammenhängen, die stärker als die Verkaufspreise gestiegen sind.

▪ **Wirtschaftlichkeit des Betriebsablaufs:** Bei einer geringen Ausschussquote ist die Materialintensität geringer als bei einer hohen Ausschussquote.

Des Weiteren sind die Betriebsmittel zu betrachten. Dabei sollte die Kennzahl **„Abschreibungsintensität"**, die die Abschreibungen zur Gesamtleistung ermittelt werden.

$$\text{Abschreibungsintensität} = \frac{\text{Abschreibung}}{\text{Gesamtleistung}} \times 100 \text{ oder } = \frac{\text{Abschreibung}}{\text{Umsatzerlöse}} \times 100$$

Die Abschreibungsintensität ist abhängig von der Investitionstätigkeit, der Intensität der Nutzung der Produktionskapazitäten (z. B. Mehrschichtbetrieb), der angewandten Abschreibungsverfahren (linear oder degressiv) sowie der Nutzungsdauer des Anlagegegenstandes.

Zur Beurteilung der finanzwirtschaftlichen Verhältnisse wird gerne gefragt, inwieweit die Unternehmung in der Lage war, ihre Investitionen aus dem Cashflow zu finanzieren.

$$\text{Innenfinanzierungsgrad} = \frac{\text{Cashflow}}{\text{Neuinvestitionen}} \times 100$$

Diese Kennzahl dient als Maßstab für die Investitionskraft des Unternehmens. Dabei wird als Investitionskraft das Ausmaß verstanden, in dem ein Unternehmen Investitionen durchführen kann, ohne den Geld- oder Kapitalmarkt in Anspruch nehmen zu müssen.

Übungsaufgabe 13.1: Bilanzanalyse

Die vorläufige Bilanz und die vorläufige Gewinn- und Verlustrechnung einer GmbH weisen die folgenden Werte aus (alle Angaben in T€):

Aktiva	vorläufige Bilanz zum 31.12.01		Passiva
Grundstücke	1.000	Stammkapital	500
Gebäude	1.200	Gewinnrücklagen	1.150
Maschinen	900	Jahresüberschuss	350
Fuhrpark	670		
Betriebs- und Geschäftsausstattung (BGA)	300	Pensionsrückstellungen	840
Roh-, Hilfs- u. Betriebsstoffe	80	langfristige Bankverbindlichkeiten	1.300
unfertige Erzeugnisse	70	kurzfristige Bankverbindlichkeiten	480
fertige Erzeugnisse	260	Verbindlichkeiten aLuL	930
Forderungen aLuL	950		
Wertpapiere	40		
Kasse, Bank	80		
Bilanzsumme	5.550	Bilanzsumme	5.550

Vorläufige Gewinn- und Verlustrechnung zum 31.12.01		
	Umsatzerlöse	12.430
+	Bestandserhöhungen	+ 40
+	andere aktivierte Eigenleistungen	+ 60
=	Gesamtleistung	= 12.530
+	sonstige betriebliche Erträge	+ 320
=	**Betriebsleistung**	**= 12.850**
-	Materialaufwand	- 3.980
-	Personalaufwand (davon Zuführungen zu Pensionsrückstellungen = 35)	- 5.120
-	Abschreibungen	- 510
-	sonstige betriebliche Aufwendungen	- 2.620
=	**Betriebsergebnis (EBIT)**	**620**
	Zinserträge	10
-	Zinsaufwendungen	- 130
=	**Finanzergebnis**	**= - 120**
	Ergebnis der gewöhnlichen Geschäftstätigkeit	**= 500**
-	Steuern	- 150
=	**Jahresüberschuss (Reingewinn)**	**= 350**

a) Berechnen Sie die folgenden Kennzahlen und geben Sie Formeln für die Kennzahlen an:

- (Sach-)Anlagenintensität
- Umschlagsdauer der Vorräte
- Kundenziel
- Eigenkapitalquote
- Statischer Verschuldungsgrad
- Liquidität 1. Grades
- Liquidität 2. Grades
- Eigenkapitalrentabilität
- Gesamtkapitalrentabilität
- Netto-Umsatzrentabilität
- Brutto-Umsatzrentabilität
- Cashflow

b) Im Juli des Jahres 01 erwirbt die GmbH eine Laserbearbeitungsmaschine für 115.500 €. Die Transportkosten betrugen 2.000 € sowie die Kosten für die Aufstellung und Inbetriebnahme 2.500 €. Die Maschine hat eine Nutzungsdauer von 10 Jahren und wird linear abgeschrieben. Mit welchem Wert ist die Maschine am 31.12.01 zu bilanzieren?

Übungsaufgabe 13.2 und 13.3

Diese Aufgaben finden Sie unter www.uvk-lucius.de/schritt-fuer-schritt

Übungsaufgabe 13.4: Bilanzanalyse

Von der Auto-Sport AG liegt Ihnen der Jahresabschluss des Geschäftsjahres 01 vor. Die schon teilweise aufbereitete Bilanz sieht wie folgt aus:

Aktiva	Bilanz des Geschäftsjahres 01	Passiva	
Grundstücke	3.000	Gezeichnetes Kapital	12.500
Gebäude	9.000	Gewinnrücklagen	4.400
Maschinen	4.200	Bilanzgewinn	1.000
Betriebs- und Geschäftsausstattung (BGA)	3.500	Pensionsrückstellungen	3.500
Finanzanlagen (AV)	2.800	sonstige Rückstellungen	2.600
Vorräte	9.600	Hypothekendarlehen	7.000
Forderungen aLuL	5.250	Verbindlichkeiten aLuL	3.800
Wertpapiere (UV)	1.200	sonstige Verbindlichkeiten	350
flüssige Mittel	2.900	kurzfristiger Bankkredit	6.300
Bilanzsumme	41.450	Bilanzsumme	41.450

Vom Bilanzgewinn sollen 20 % in die Gewinnrücklagen eingestellt werden und 80 % an die Aktionäre ausgeschüttet werden.

a) Erstellen Sie die Strukturbilanz. Nutzen Sie dafür bitte die folgende Tabelle.

Aktiva	Strukturbilanz des Geschäftsjahres 01	Passiva
Sachanlagen	Gezeichnetes Kapital	
Finanzanlagen	Gewinnrücklage	
Anlagevermögen	**Eigenkapital**	
Forderungen aLuL	**langfristiges Fremdkapital**	
Vorräte	**kurzfristiges Fremdkapital**	
liquide Mittel		
Umlaufvermögen		
Gesamtvermögen	**Gesamtkapital**	

b) Ermitteln Sie die folgenden Kennzahlen:

- Liquidität 1. Grades und Liquidität 2. Grades
- Deckungsgrad A und Deckungsgrad B

c) Welche Möglichkeiten hat ein Unternehmen die Liquidität 1. Grades zu verbessern?

Übungsaufgabe 13.5

Diese Aufgabe finden Sie unter www.uvk-lucius.de/schritt-fuer-schritt

Literaturverzeichnis

Bähr, G.; Fischer-Winkelmann, W.-F.; List, S.: Buchführung und Jahresabschluss, 9. Auflage, Wiesbaden, 2006

Baetge, J.; Kirsch, H.-J.; Thiele, S.: Bilanzen, 12. Auflage, Düsseldorf, 2012

Beyer, M.; Haug, I.; Heyd, R.; Zorn, D.: Bilanzierung nach HGB in Schaubildern – Die Grundlagen von Einzel- und Konzernabschlüssen, München, 2014

Baus, J.: Bilanzpolitik, Berlin, 1999

Berkau, C.: BWL-Crash-Kurs-Bilanzen, Konstanz, 2009

Bertram, K,; Brinkmann, R.; Kessler, H.; Müller, S.: Haufe HGB Bilanz Kommentar, Freiburg, München, Berlin, Würzburg, 2009

Bieg, H.: Buchführung, 5. Auflage, Herne, 2008

Bieg, H. und Kußmaul H.: Externes Rechnungswesen, 6. Auflage, München und Wien, 2012

Bieg, H.; Kußmaul, H.: Finanzierung, 2. Auflage, München , 2009

Bitz, M.; Schneeloch, D.; Wittstock, W.: Der Jahresabschluss – Nationale und internationale Rechtsvorschriften Analyse und Politik: 5. Auflage, München, 2011

Bordewin, A.; Tonner, N.: Leasing im Steuerrecht, 4. Auflage, Heidelberg, 2003

Bornhofen, M. und Bornhofen M. C.: Buchführung 1 DATEV-Kontenrahmen 2013, 25. Auflage, Wiesbaden, 2013

Bornhofen, M. und Bornhofen M. C.: Lösungen zum Lehrbuch Buchführung 1 DATEV-Kontenrahmen 2013, 25. Auflage, Wiesbaden, 2013

Bornhofen, M. und Bornhofen M. C.: Buchführung 2 DATEV-Kontenrahmen 2013, 25. Auflage, Wiesbaden, 2014

Bornhofen, M. und Bornhofen M. C.: Lösungen zum Lehrbuch Buchführung 2 DATEV-Kontenrahmen 2013, 25. Auflage, Wiesbaden, 2014

Brönner, H.; Bareis, P.; Hahn, K.; Maurer, T.; Schramm, U.: Die Bilanz nach Handels- und Steuerrecht, 10. Auflage, Stuttgart, 2011

Brösel, G.: Bilanzanalyse, 15. Auflage, Berlin, 2014

Buchholz, R.: Internationale Rechnungslegung , 11. Auflage, Berlin, 2014

Buchholz, R.: Grundzüge des Jahresabschlusses nach HGB und IFRS, 8. Auflage, München, 2013

Bussiek, J. und Ehrmann, H.: Buchführung, 8. Auflage, Ludwigshafen, 2004

Coenenberg, A. G.; Haller, A.; Schultze, W.: Jahresabschluss und Jahresabschlussanalyse, 23. Auflage, Stuttgart, 2014

Coenenberg, A. G.; Haller, A.; Mattner, G.; Schultze, W.: Einführung in das Rechnungswesen, 5. Auflage, Stuttgart, 2014

Deutsche Telekom: Geschäftsbericht 2013, Bonn, 2014

Ditges, J. und Arendt, U.: Bilanzen, 13. Auflage, Ludwigshafen, 2010

DMG MORI SEIKI AG: Geschäftsbericht 2013, Bielefeld, 2014

Döring, U. und Buchholz, R.: Buchhaltung und Jahresabschluss, 10. Auflage, Berlin, 2007

Ellrott, H., Grottel, B., Schmidt, S., Förschle, G., Kozikowski, M., Winkeljohann, N., Budde, W., Pankow, M., Clemm, H. und Sarx, M.: Beck'scher Bilanz-Kommentar – Handels- und Steuerbilanz, 8. Auflage, München, 2012

ElringKlinger AG: Jahresabschluss 2013, Dettingen, 2014

Eisele, W.; Knobloch, A. P.: Technik des betrieblichen Rechnungswesens, 8. Auflage, München, 2011

Endriss, H. W. (Hrsg.): Bilanzbuchhalterhandbuch, 9. Auflage, Herne, 2013

Falterbaum, H.; Bolk, W.; Reiß, W.: Buchführung und Bilanz, 21. Auflage, Achim, 2010

Federmann, R.: Bilanzierung nach Handelsrecht, Steuerrecht und IAS/IFRS, 12. Auflage, Berlin, 2010

Fink, C.; Kajüter, P.; Winkeljohann, N.: Lageberichterstattung: HGB, DRS und IFRS Practice Statement Management Commentary, Stuttgart, 2013.

Freidank, C.-C.; Velte, P.: Rechnungslegung und Rechnungslegungspolitik, 2. Auflage, München, 2013

Gräfer, H.; Schneider, G.; Gerenkamp, T.: Bilanzanalyse, 12. Auflage, Herne, 2012

Gräfer, H. und Schneider, G.: Rechnungslegung, 4. Auflage, Herne, 2009

Grefe, C.: Kompakt Training Bilanzen, 5. Auflage, Ludwigshafen 2007

Grünberger, D.: IFRS 2013, 11. Auflage, Herne, 2012

Hahn, K.: BilMoG Kompakt, Weil, 2009

Hans-Böckler-Stiftung: Bilanzpolitik und Jahresabschlussanalyse, Düsseldorf, 2010

Hayn, S.; Benzel, U., Waldersee, G.: HGB und Steuerbilanz im Vergleich: Synoptische Darstellung von Handels- und Steuerrecht, 2. Auflage, Stuttgart 2012

Heesen, B.: Bilanzgestaltung – Fallorientierte Bilanzerstellung und Beratung, Wiesbaden, 2009.

Heno, R.: Jahresabschluss nach Handelsrecht, Steuerrecht und internationalen Standards (IFRS), 6. Auflage, Heidelberg [u.a.], 2010

Heyd, R.: Business Wissen A–Z. Bilanzierung, Wiesbaden, 2005

Heyd, R.; Beyer, M.; Zorn, D.: Bilanzierung nach HGB in Schaubildern, München, 2014

Hilke, W.: Bilanzpolitik, 5. Auflage, Wiesbaden, 2000

Hoffmann, W.-D. und Lüdenbach, N.: NWB Kommentar Bilanzierung, 5. Auflage, Herne, 2014

Hofmann, C.; Hofmann, Y. E.; Küpper, H.-U.: Übungsbuch zur Finanzbuchhaltung, München, 2004

Jung, H.: Allgemeine Betriebswirtschaftslehre, 12. Auflage, München, Wien, 2010

Kirsch, H.: Finanz- und erfolgswirtschaftliche Jahresabschlussanalyse nach IFRS, 2. Auflage, München, 2007

Kratzer, J.: Leasing kompakt, Köln, 2005

Kratzer, J.; Kreuzmair, B.: Leasing in Theorie und Praxis, 2. Auflage, Wiesbaden 2002

Kresse, W.; Leuz: Rechnungswesen, 12. Auflage, Stuttgart, 2010

Küting, K. und Weber, C.-P.: Die Bilanzanalyse – Beurteilung von Abschlüssen nach HGB und IFRS, 10. Auflage, Stuttgart, 2012

Küting, K.; Pfitzer, N.; Weber, C.-P.: Das neue deutsche Bilanzrecht, 2. Auflage, Stuttgart, 2009

Kuhnle, H.: Bilanzen, Stuttgart, 2004

Littkemann, J.; Holtrup, M.; Reinbacher, P.: Jahresabschluss – Grundlagen, Übungen, Klausurvorbereitung –, Norderstedt, 2014

Littkemann, J. und Krehl, H.: Krisendiagnose durch Bilanzanalyse, 2.Auflage, Köln, 2000

Meyer, C.: Bilanzierung nach Handels- und Steuerrecht, 24. Auflage, Herne, 2013

Perridon, L.; Steiner, M.; Rathgeber, A.: Finanzwirtschaft der Unternehmung, 16. Auflage, München, 2012

Pfleger, G.: Die neue Praxis der Bilanzpolitik, Freiburg, 1991

Prätsch, J.; Schikorra, U.; Ludwig, E.: Finanzmanagement, 3. Auflage, Berlin, Heidelberg, 2007

Püttner, R.: Geringwertige Wirtschaftsgüter 2010, BBK 2/2010, S. 66–71

Quick, R. und Wolz, M.: Bilanzierung in Fällen, 5. Auflage, Stuttgart, 2012

Rollwage, N.: Bilanzen, 5. Auflage, Köln, 2006

RWE AG: Geschäftsbericht 2013, Essen, 2014

Santander Consumer Bank: Geschäftsbericht 2012, Mönchengladbach, 2013

Schenk, G.: Buchführung schnell erfasst, 2. Auflage, Berlin und Heidelberg, 2007

Schierenbeck, H. und Wöhle, C.: Grundzüge der Betriebswirtschaftslehre, 18. Auflage, München, 2012

Schildbach, T.; Stobbe, T.; Brösel, G.: Der handelsrechtliche Jahresabschluss, 10. Auflage, Sternenfels, 2013

Schöttler, J. und Spulak, R.: Technik des betrieblichen Rechnungswesens, 9. Auflage, München und Wien, 2003

Schöttler, J. und Spulak, R.: Übungsaufgaben Technik des betrieblichen Rechnungswesens, 10. Auflage, München, 2010

Schüler, M.: Einführung in das betriebliche Rechnungswesen, Heidelberg, 2006

Siegel, T.: Wahlrecht; In: Handwörterbuch unbestimmter Rechtsbegriffe im Bilanzrecht des HGB; Hrsg.: Leffson, U.; Rückle, D. u. Großfeld; B.; Köln 1986; S. 417–427

Vahs, D. und Schäfer-Kunz, J.: Einführung in die Betriebswirtschaftslehre, 6. Auflage, Stuttgart, 2012

Volkswagen AG: Geschäftsbericht 2013, Wolfsburg, 2014

von Eitzen, B. u. Zimmermann, M.: Bilanzierung nach HGB und IFRS, 2. Auflage, Weil im Schönbuch, 2013

Wehrheim, M. und Renz, A.: Die Handels- und Steuerbilanz, 3. Auflage, München, 2011

Weiss, M.: Praxishandbuch Leasingbilanzierung – Grundlagen und Praxis der Bilanzierung nach HGB und IFRS, Saarbrücken, 2006

Wöhe, G. und Döring, U.: Einführung in die Allgemeine Betriebswirtschaftslehre, 25. Auflage, München, 2013

Wöhe, G. und Kußmaul, H.: Grundzüge der Buchführung und Bilanztechnik, 5. Auflage, München, 2006

Wöltje, J.: ABC des Finanz- und Rechnungswesens, Freiburg, 2010

Wöltje:, J. Bilanzen – lesen, verstehen, gestalten – , 11. Auflage, Freiburg, 2013

Wöltje, J.: Buchführung und Jahresabschluss, Rinteln, 3. Auflage, 2012

Wöltje, J.: Betriebswirtschaftliche Formelsammlung, 6. Auflage, Freiburg, 2012

Wöltje, J.: IFRS, 6. Auflage, Freiburg, 2013

Wöltje, J.: Schnelleinstieg Rechnungswesen, Planegg, 2008

Wöltje, J.: Schriftlicher Lehrgang „Bilanzierung nach dem neuen HGB" – Lektion 2 „Darstellung des Jahresabschlusses nach dem neuen HGB, 3. Auflage, Freiburg, 2013

Wöltje, J.: Buchführung Schritt für Schritt, Konstanz und München, 2014

Wöltje, J.: Fit für die Prüfung: Finanzbuchführung: Lerntafel, Konstanz, 2014

Wulf, I.; Müller, S.: Bilanztraining – Jahresabschluss, Ansatz und Bewertung –, 13. Auflage, Freiburg, 2013

Wulf, I.; Rentzsch, N.: Lageberichterstattung von immateriellen Werten insbesondere in KMU, in: Fischer, T.; Wulf, I. (Hrsg.): Wissensbilanzen im Mittelstand, Stuttgart, 2013

Zdrowomyslaw, N. und Kuba, K.: Buchführung und Jahresabschluss, 3. Auflage München und Wien, 2002

Zdrowomyslaw, N.: Jahresabschluss und Jahresabschlussanalyse, München und Wien, 2001

Index